高职院校毕业设计(论文)指南

自动化类专业
毕业设计 指南

第二版

◎主　　编　狄建雄
◎副主编　陶国正
　　　　　　王永红

南京大学出版社

内容简介

本书系统地介绍了高职院校自动化类专业学生毕业设计的要求，共分 9 章，内容包括：自动化类专业毕业设计基本原则和要求、自动化类专业毕业设计基本流程、PLC 应用系统设计、变频器应用系统设计、单片机应用系统设计、楼宇自动化系统设计、现代照明控制系统设计、企业供配电系统设计、过程自动化系统设计。

本教材是根据高职人才培养突出毕业设计实践训练的特点编写的，是一本集毕业设计工作指导和自动化类典型系统设计指导于一体的教材。本书既注重内容的实用性，又突出实践性，着重培养学生的综合职业能力，符合高职培养生产一线技术技能型专门人才的目标。

本书可作为高职院校自动化类专业教材，也可作为电气工程技术人员、维修电工技师和高级技师培训的参考用书。

图书在版编目（CIP）数据

自动化类专业毕业设计指南/狄建雄主编. —2 版.
—南京：南京大学出版社，2013.8（2016.7 重印）
（高职院校毕业设计（论文）指南）
ISBN 978 - 7 - 305 - 11436 - 6

Ⅰ. ①自…　Ⅱ. ①狄…　Ⅲ. ①自动化技术－毕业实践
－高等职业教育－教学参考资料　Ⅳ. ①TP

中国版本图书馆 CIP 数据核字（2013）第 095289 号

出版发行　南京大学出版社
社　　址　南京市汉口路 22 号　　　邮编 210093
出 版 人　金鑫荣
丛 书 名　高职院校毕业设计（论文）指南
书　　名　**自动化类专业毕业设计指南（第二版）**
主　　编　狄建雄
副 主 编　陶国正　王永红
责任编辑　吴　华　　　　　　编辑热线　025-83596997
照　　排　南京理工大学资产经营有限公司
印　　刷　宜兴市盛世文化印刷有限公司
开　　本　787×1 092　1/16　印张 15　字数 365 千
版　　次　2013 年 8 月第 2 版　2016 年 7 月第 4 次印刷
印　　数　10201～13800
ISBN　978 - 7 - 305 - 11436 - 6

定　　价　29.80 元
网　　址：http://www.njupco.com
官方微博：http://weibo.com/njupco
官方微信号：njupress
销售咨询热线：(025)83594756

前　言

高等职业教育的培养目标是以就业为导向,走产学结合道路,培养高素质的技术技能型专门人才,要提高学生的实践能力、创造能力、就业能力和创业能力,使学生能适应职业岗位和岗位群的要求,胜任第一线需要的生产、建设、服务和管理工作。毕业设计是完成人才培养目标的重要实践性教学环节,学生通过毕业实习,根据毕业设计课题要求,在实习过程中针对工程实际问题,在指导教师指导下,综合运用所学的知识和技能,独立解决实际的工程技术问题。

本教材是根据近几年高职自动化类专业学生的毕业设计的要求编写的,是集毕业设计工作指导和自动化典型系统设计指导于一体的教材,突出了新颖、实用、简明的特点,便于自动化类学生在毕业设计时能掌握毕业设计的基本程序,从选题、接受毕业设计任务、设计、编制说明书、答辩等方面给予指导。本教材突出教材内容的实用性和实践性特点,在具体的系统设计章节中都有设计的一般原则、软硬件设计、设备选型和学生毕业设计实例,能指导帮助学生进行毕业设计。

全书共分9章。第1～2章是介绍毕业设计的原则、要求和程序,第3～9章是自动化典型系统设计方法和实例。教材适用于高职院校自动化类专业的学生,也可作为机电一体化、应用电子等专业的参考教材,并可作为维修电工技师和高级技师进行论文写作时的参考用书。

本教材由南京工业职业技术学院狄建雄老师主编,常州机电职业技术学院陶国正老师和南京化工职业技术学院王永红老师担任副主编。其中,狄建雄老师编写第1章、第6章和第7章,并完成全书的统稿工作;陶国正、耿永刚、王斌老师编写第 3 章、第 5 章,赵文兵老师编写第 4 章;王永红老师编写第 2 章和第 9 章的大部分内容,严金云老师编写第 8 章,邓素萍老师编写第 9 章的部分内容;在教材编写过程中还得到了梁仁杰、张小明等老师的关心和帮助。教材中选用了部分学生的毕业设计,在此一并表示衷心的感谢。另外,本书为 2007 年江苏省高等学校立项建设精品教材,得到了南京工业职业技术学院、南京化工职业技术学院和常州机电职业技术学院精品教材建设资金的资助。本书在 2009 年还获得华东地区大学出版社第八届优秀教材二等奖。

在本次修订中,主要修改了一些选题参考目录,对部分毕业设计的范文进行了更新,在保证原书特色的基础上紧跟专业发展的实际。

由于编者水平和经验有限,书中难免有错误和不妥之处,敬请读者批评指正。

编　者

2013 年 4 月

目　录

第1章

自动化类专业毕业设计基本原则和要求

1.1 毕业设计的目的

高职院校学生毕业设计(实习)是教学计划的最后一个实践性教学环节,目的是培养学生综合运用所学的基础理论和专业知识,分析和解决实际工程技术问题的能力。通过毕业设计(实习)使学生熟悉企业工程设计过程或企业生产全过程,掌握现场设备的运行、操作和维护能力,结合毕业设计课题,掌握工程设计方法和一般技能,完成技术技能型人才的基本训练。

1.2 毕业设计的基本要求

(1) 学生运用所学的基础理论和专业知识,熟悉企业生产过程、相关设备的操作和维护规程,解决实际的工程技术问题。

(2) 通过毕业设计(实习),学生应熟悉企业工程设计的基本过程,使学生掌握基本设计方法,培养处理各种技术问题的能力。

(3) 培养学生调查研究、查阅文献、收集资料、翻译外文专业资料以及使用各种设计标准规范、手册的能力。

(4) 学生学会编制毕业设计(实习)论文。

(5) 培养学生应用计算机解决工程设计问题的能力。

(6) 培养学生的工作创新能力。

(7) 通过毕业答辩,培养学生在专业领域的语言表述能力。

1.3 自动化类专业毕业设计选题

1.3.1 毕业设计选题的意义

选题必须符合自动化类专业的培养目标,必须满足教学基本要求,有利于学生运用所学知识和技能进行综合训练,有利于培养学生独立工作的能力,并且巩固、深化、扩大学生所学知识。

1.3.2　毕业设计选题的原则

(1) 毕业设计的题目应贯彻理论联系实际,培养学生技术应用能力的原则,尽可能选择与生产、科研开发等实际相结合的真实题目。

(2) 对有实习单位的学生,选题要充分利用实习单位的有利条件,选择与实习工作岗位紧密结合的、与所学专业相关的题目。对暂时没有实习单位的学生,学校安排部分题目供学生选择,学生在校内专业实验室内完成毕业设计。

(3) 题目内容不宜过窄过细,应体现综合运用知识和培养能力的原则,有利于应用型人才培养目标的实现。题目的难度和分量要适当,应使学生在规定时间内,在教师或实习单位工程技术人员指导下,经过努力都能完成。

(4) 在保证培养目标的前提下,学生可根据自身特点,选内容不同的题目,使得在基础和能力等方面有差异的学生均能充分发挥其主动性和创造性,以便顺利完成毕业设计(实习)任务。

(5) 提倡跨专业、跨学科的题目,因为此类选题可拓宽专业面,开阔学生眼界,提高毕业设计(实习)的水平。

(6) 如题目内容过大,可形成团队由若干学生共同完成,团队中要明确每个学生的具体任务,并应保证每个学生经历该设计任务的全过程,不能仅孤立地完成局部任务。

(7) 学生选题后,各班应汇总,报至教研室主任处审批。如因故需要更改题目,必须在毕业设计(实习)开始后两周内提出申请,由教研室主任批准后报系部备案。

1.3.3　毕业设计选题的范围

(1) 企业电气设备操作岗位。从事企业电气设备操作的学生,选题内容可结合机电设备工作流程,电气设备控制原理、操作步骤、图纸分析,设备常见故障原因分析等。

(2) 企业设备维修组。选题内容可包括关键设备工作原理、设备维修技术、设备常见故障分析及排除方法。

(3) 企业生产自动线上安装调试岗位。选题内容可包括设备安装步骤,电气设备安装图纸分析,设备防护措施、调试过程及方法,关键技术的解决方案。

(4) 电子产品车间的安装、调试、检测岗位。选题内容可包括电子流水线的生产工艺(如器件筛选、PCB检测、老化等)、安装步骤、技术参数要求、调试和测试方法、各种工艺技术文件等。

(5) 各类企业电气和电器产品研发部。选题内容可选择已研制或正在研制的产品详细资料,包括产品使用说明、硬件设计、软件设计、涉及到的相关技术和开发工具。

(6) 企业变电所和车间供配电系统电气部分初步设计或维修维护技术和继电保护设计、变压器保护系统配置方案。

(7) 电子电器产品、家电产品营销岗位。选题内容包括所销售产品的功能和典型应用、专业知识和营销策略结合的典型成功案例。

（8）楼宇大厦工程部电气设备管理岗位。选题内容包括楼宇大厦中自动化系统的种类、典型系统工作过程分析、集中控制管理软件的功能、设备维护相关技术、系统故障分析。

（9）电气工程项目管理岗位。选题内容包括从事工程的项目分类，重点介绍某一项目设计、施工、调试、验收的全过程，涉及到的有关设备工作原理，项目经理应具备的经验和技术知识。

（10）可选择楼宇监控系统、消防与安防系统、门禁系统、中央空调系统、弱电系统设计、电梯系统、收费系统等其中一个系统进行详细的设计说明。

1.3.4 毕业设计选题参考目录

1. PLC 应用系统类

① PLC 在机器人工业自动化中的应用
② PLC 在工业锅炉自动控制系统中的应用
③ PLC 在火电厂输煤程控系统中的应用
④ 恒压供水系统设计
⑤ PLC 和步进电机控制洗瓶机
⑥ PLC 住宅楼电梯控制系统
⑦ PLC 控制水电厂油压装置
⑧ PLC 在汽车部件自动清洗机的应用
⑨ PLC 在液压送料机中的应用
⑩ 自动喷泉的 PLC 控制
⑪ 基于 PLC 的反应器清洗自动控制系统
⑫ 基于 PLC 控制的玻璃生产流水线
⑬ 饮料罐装生产流水线 PLC 控制
⑭ 基于 PLC 隧道通风系统设计

2. 变频器应用系统类

① 变频器在数控机床上的应用
② 变频器在塑料薄膜生产线上的应用
③ 基于变频器的交流异步电机调速系统
④ 变频恒压供水控制系统
⑤ 基于 DSP 变压变频电源设计
⑥ 变频器在停车场系统中的应用
⑦ PWM 型稳压电源设计
⑧ 啤酒生产线上的变频器应用
⑨ 工业污水处理控制系统
⑩ 变频器在直进式拉丝机上的应用

3. 单片机应用系统类

① LED 电子显示屏设计
② 基于 8031 单片机的调压稳压电源控制器的设计
③ LCD 数字显示体温计
④ 用单片机控制直流电机
⑤ 冷库智能温度测控系统设计
⑥ 利用 GP-IP 接口和单片机实现在线自动检测
⑦ 单片机控制超滤膜机
⑧ 单片机智能测温控制系统
⑨ 智能调光控制器
⑩ 绕线机张力控制仪设计
⑪ 基于 16 位单片机的液晶显示技术
⑫ 可编程恒流源的设计
⑬ 城市交通地图显示

4. 楼宇自动化系统类

① 楼宇智能监控系统
② 智能 IC 卡电梯门禁控制系统
③ 智能建筑中火灾自动报警系统
④ profibus现场总线在冷库监控系统中的应用
⑤ 停车场管理系统设计方案
⑥ 煤气泄露报警控制系统设计
⑦ ABBi-bus EIB 智能型安装系统
⑧ 智能楼宇的电气保护与接地
⑨ 数字视频监控系统在变电站中的应用
⑩ 中央空调收费系统硬件设计
⑪ 闸站消防自动报警控制系统
⑫ 智能化小区的闭路监视系统
⑬ 机房刷卡控制管理系统
⑭ 智能楼宇对讲系统
⑮ 智能大楼应急系统设计
⑯ 小区家庭监控系统设计
⑰ 冷库智能温度测控系统设计

5. 现代照明系统类

① LED 显示屏的调试及维修
② 城乡交通灯控制系统
③ 大楼夜景泛光照明设计
④ 智能控制技术在照明控制系统中的应用
⑤ 城市亮化与灯光污染
⑥ 舞台灯光照明的智能控制系统
⑦ LED 彩灯控制器设计
⑧ 霓虹灯广告屏控制器的设计

6. 企业供配电系统类

① 企业供配电系统技术改造
② GPRS电力负荷控制管理系统中的应用
③ 用于医疗系统的交流配电盒设计
④ 工厂车间变配电所设计
⑤ 高层建筑变配电所低压配电主接线
⑥ 变压器运行的安全与继电保护
⑦ 造纸厂 35 kV 总降及 10 kV 车间变电所设计

7. 过程自动化类

① 全自动洗衣机的模糊控制
② 温度传感器在多路温度测量系统中的应用
③ 温室智能测控系统设计
④ 智能检测仪表电路设计
⑤ 废热锅炉自控设计
⑥ 氨合成塔自控设计
⑦ 精馏塔自控设计
⑧ 加热炉自控设计
⑨ 聚合釜自控设计
⑩ 发酵过程自控设计
⑪ 自动分拣自控设计
⑫ 自动包装自控设计
⑬ 自动灌装自控设计

8. 其他类

① UPS 不间断电源
② 温度程序控制器
③ 某造纸机晶闸管串级调速系统
④ 普通机床(车床、铣床、刨床等)电器控制系统技术改造

1.4　毕业设计的论文写作要求

1.4.1　论文写作内容

一份完整的毕业设计论文应包括以下几个方面：

1. 标题

标题应该简短、明确,有概括性。标题字数要适当,不宜超过 20 个字,如果有些细节必须放进标题,可以分成主标题和副标题。

2. 摘要

摘要要概括毕业设计的内容,摘要在 300 字左右,关键词一般以 3～5 个为妥。

3. 目录

目录按三级标题编写(即:1……、1.1……、1.1.1……),要求标题层次清晰。目录中的标题应与正文中的标题一致,附录也应依次列入目录。

4. 正文

毕业设计正文包括绪论、正文主体与结论。

绪论应说明本课题的意义、目的,简述本课题在国内外的发展概况,阐述本课题应解决的主要问题及技术要求。

正文主体内容包括:问题的提出,设计方案的拟定及论证,设计计算的主要方法和内容,课题得出的结果以及对结果的讨论等。

结论是对毕业设计工作进行归纳和综合而得出的总结,是对所得结果与已有结果的比较以及进一步开展研究的见解与建议。结论要写得概括、简短。

5. 结束语

结束语包括撰写论文的收获和体会以及存在问题和不足,对在毕业设计的论文撰写过程中给予帮助的人员表示自己的谢意。

6. 参考文献与附录

参考文献是毕业设计不可缺少的组成部分,它反映毕业设计的取材来源、材料的广博程度和可靠程度,不过毕业设计的参考文献不宜过多。

附录是有参考价值的内容,便于读者查阅。

1.4.2 论文写作要求

1. 书写

毕业设计论文统一使用学校制作的封面、稿纸格式。毕业设计论文和图纸原则上需要打印稿。

2. 标点符号

毕业设计论文中的标点符号应按新闻出版署公布的"标点符号用法"使用。

3. 名词、名称

科学技术名词术语尽量采用国家标准和行业标准中规定的名称。

4. 量和单位

量和单位必须采用中华人民共和国的国家标准 GB3100～GB3102—93，它是以国际单位制（SI）为基础的。非物理量的单位，如件、台、人、元等，可用汉字与符号构成组合形式的单位。

5. 数字

毕业设计论文中的测量统计数据一律用阿拉伯数字，但在叙述不很大的数目时，一般不用阿拉伯数字。

6. 标题层次

毕业设计论文的全部标题层次应有条不紊，整齐清晰。相同的层次应采用统一的表示体例，正文中各级标题下的内容应同各自的标题对应，不应有与标题无关的内容。

章节编号方法一般采用分级阿拉伯数字编号方法，第一级为"1"、"2"、"3"等，第二级为"2.1"、"2.2"、"2.3"等，第三级为"2.2.1"、"2.2.2"、"2.2.3"等，但分级阿拉伯数字的编号一般不超过四级，两级之间用下角圆点隔开，每一级的末尾不加标点。

各层标题均单独占行书写。第一级标题居中书写；第二级标题序数顶格书写，后空一格接写标题，末尾不加标点；第三级和第四级标题均空两格书写序数，后空一格书写标题；第四级以下单独占行的标题顺序采用 A. B. C. …和 a. b. c. …两层，标题均空两格书写序数，后空一格写标题。正文中对总项包括的分项采用(1)(2)(3)…单独序号，对分项中的小项采用①②③…的序号或数字加半括号，括号后不再加其他标点。

7. 注释

毕业设计论文中有个别名词或情况需要解释时，可加注说明，注释可用页末注（将注文放在加注页的下端）或篇末注（将全部注文集中在文章末尾），而不可用行中注（夹在正文中的注）。注释只限于写在注释符号出现的同页，不得隔页。

8. 公式

公式应居中书写,公式的编号用圆括号括起放在公式右边行末,公式和编号之间不加虚线。

9. 表格

每个表格应有表序和表题,表序和表题应写在表格上方正中,表序后空一格书写表题。表格允许下页接写,表题可省略,表头应重复写,并在右上方写"续表××"。

10. 插图

毕业设计的插图必须精心制作,线条粗细要合适,图面要整洁美观。每幅插图应有图序和图题,图序和图题应放在图位下方居中处,可以用计算机绘图。

11. 参考文献

参考文献一律放在文后,参考文献的书写格式要按国家标准 GB7714—87 规定。参考文献按文中出现的先后统一用阿拉伯数字进行自然编号,一般序码用方括号括起,不用圆括号括起。

1.4.3　论文提交要求

1. 论文提交内容

(1)毕业设计论文的文本,包括:

① 毕业设计论文封面;　　　　　　　⑥ 结论;

② 毕业设计论文任务书;　　　　　　⑦ 结束语;

③ 毕业设计论文目录;　　　　　　　⑧ 附录;

④ 前言;　　　　　　　　　　　　　⑨ 参考文献。

⑤ 毕业论文主体部分;

(2)有关设备的外文或中文使用手册。

(3)指导老师的评分与评价意见。

(4)评阅老师对学生毕业设计论文评价意见。

(5)毕业设计论文答辩小组成员、答辩小组意见。

(6)学生毕业设计论文总评分数。

2. 对提交内容的要求

(1)封面:内容包括班级、学号、设计题目、专业、学生姓名、指导教师姓名。

(2)任务书:按统一规定的格式,内容包括班级、姓名、学号、设计题目、指导教师的姓名、题目依据、对学生综合训练方面的要求、完成期限,教研室主任还需在任务书上签字。

(3)目录:按论文章节次序编页码,设计图纸要有标号。

(4)毕业论文主体部分要求:论理正确、逻辑性强、文理通顺、层次分明、表达确切。

论文内容要上升到理论知识或应用理论的高度,最终解决实际问题,并提出自己的见解和观点。要求图纸结构合理、视图正确、图表完备。毕业论文及设计图纸尽量在计算机上完成。

（5）附录：与论文有关的数据表、程序、运行结果、主要设备、仪器仪表的性能指标和测试精度。

（6）参考文献：学生可从期刊文献上查阅资料,亦可采用期刊文献查阅与网上查阅相结合的方式。

（7）毕业论文字数一般在5 000字以上。

3. 论文提交的注意事项

学生论文完成后按"论文提交内容"的顺序装订好,装入毕业设计（实习）论文资料袋中。资料袋封面内容要填写完整,包括：编号、设计（实习）论文题目、学院、院（系）、专业、班级,学生、指导老师和教研室主任的姓名。

1.5 毕业设计的评价标准

1.5.1 毕业设计评阅标准

（1）毕业设计工作期间,工作刻苦,态度认真,严格遵守各项纪律,表现出色。（15%）

（2）能按时、全面、独立地完成与毕业设计有关的各项任务,表现出较强的综合分析问题和解决问题的能力。（20%）

（3）立论正确或设计方案合理,分析透彻,解决问题方案恰当,结论正确,并且有一定创新性,有较大的实用价值。（25%）

（4）概念使用正确,语言表达准确,结构严谨,条理清楚,逻辑性强。（15%）

（5）书写工整,写作格式规范,符合有关规定,图表和图纸制作规范,能够执行国家有关标准。（15%）

（6）原始数据搜集得当,计算结论准确。（10%）

1.5.2 毕业设计答辩评分标准

（1）毕业设计立论正确,设计方案合理,结构严谨,条理清楚,分析透彻,逻辑性强,解决问题方案恰当,结论正确。（30%）

（2）书写工整,写作格式规范,图纸、图表制作规范,符合国家标准。（20%）

（3）毕业设计具有一定的创新性,研究结果具有实用和推广价值。（10%）

（4）分析问题和解决问题的能力强。（10%）

（5）论文答辩时,思路清晰,语言表述流畅,能简明、正确地叙述设计的主要内容。（15%）

（6）回答问题时,概念清晰,反应敏捷,能完整、准确、深入地回答主要问题。（15%）

第2章

自动化类专业毕业设计基本流程

自动化类专业毕业设计基本流程由选题、下达毕业设计任务、学生开题、撰写设计、教师指导、毕业设计答辩、成绩评定等环节组成,如图2-1所示。

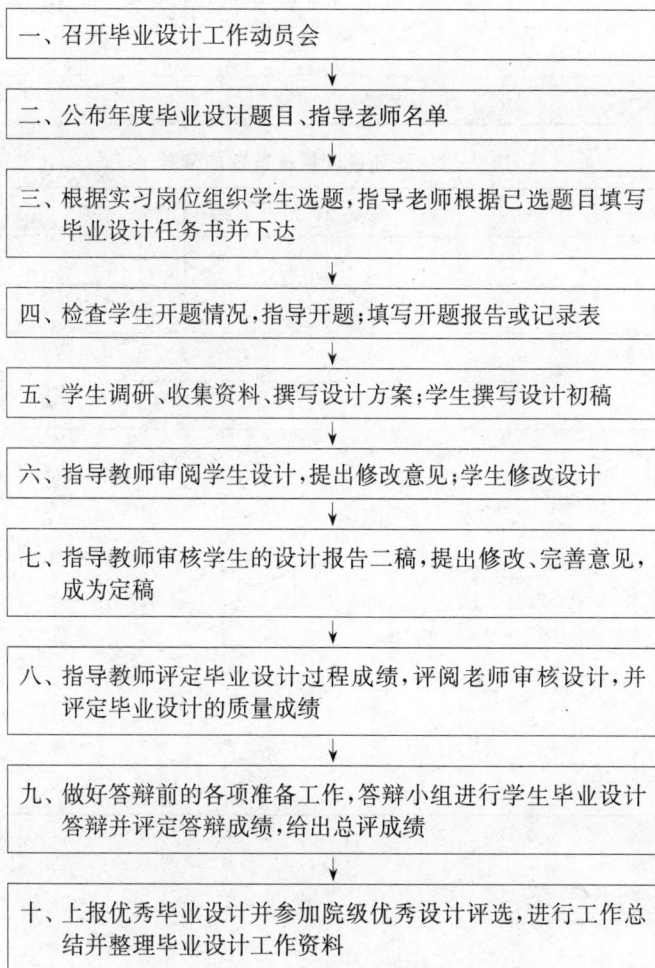

一、召开毕业设计工作动员会

二、公布年度毕业设计题目、指导老师名单

三、根据实习岗位组织学生选题,指导老师根据已选题目填写毕业设计任务书并下达

四、检查学生开题情况,指导开题;填写开题报告或记录表

五、学生调研、收集资料、撰写设计方案;学生撰写设计初稿

六、指导教师审阅学生设计,提出修改意见;学生修改设计

七、指导教师审核学生的设计报告二稿,提出修改、完善意见,成为定稿

八、指导教师评定毕业设计过程成绩,评阅老师审核设计,并评定毕业设计的质量成绩

九、做好答辩前的各项准备工作,答辩小组进行学生毕业设计答辩并评定答辩成绩,给出总评成绩

十、上报优秀毕业设计并参加院级优秀设计评选,进行工作总结并整理毕业设计工作资料

图 2-1　毕业设计基本流程

2.1 毕业设计的选题和任务书

2.1.1 毕业设计选题

　　选题是保证毕业设计质量的重要环节,在进入毕业设计阶段以前,必须全部落实选题。学生根据本系部公布的毕业设计选题计划,结合自己顶岗实习的具体情况进行选题,也可选择来自顶岗实习企业的实际选题,填写毕业设计选题申请单(见表2-1),也可根据实习单位的具体情况自行选题并得到系部毕业设计指导小组的认可同意。如需要更换毕业设计选题要提出申请,填写更改选题申请单(见表2-2)。

表 2-1　毕业设计选题申请单

专　　业		班　　级	
姓　　名		学　　号	
题　　目			
指导教师			

表 2-2　毕业设计更改选题申请单

专　　业		班　　级	
姓　　名		学　　号	
原 题 目			
指导教师			
现 题 目			
指导教师			
更改理由			

2.1.2 毕业设计任务书

　　在学生明确选题情况下,由指导教师下达毕业设计任务书(见表2-3),学生接受任务书后应根据任务开始毕业设计工作。如遇特殊情况需要更换选题,学生要提出申请,待批准后再由指导教师下达新的任务书。

表 2－3　毕业设计任务书

题目名称					
学生姓名		所学专业		班　　级	
指导教师姓名		所学专业		职　　称	
1. 设计的主要任务					
2. 设计的主要技术指标					
3. 设计的基本要求					
4. 主要参考文献					
5. 毕业设计进度安排					
6. 备注					

2.2　毕业设计的开题

　　毕业设计开题,是指学生有计划地进行毕业设计的总体安排,并开始启动毕业设计工作。学生在接受毕业设计任务后,要明确选题,认真消化任务书的主要任务和内容,查找资料,进行毕业设计课题可行性分析,了解课题的现状和发展趋势,关注本课题需要解决的技术问题,寻求解决课题技术问题的思路和方案,在全面了解课题的基础上,填写毕业设计开题报告(见表 2-4)。

表 2-4　毕业设计开题报告

题目名称					
学生姓名		专　业		班　级	
1. 本课题的背景及意义					
2. 本课题的基本内容及关键问题					
3. 本课题调研情况综述					
4. 本课题的方案论证					
5. 本课题时间进度安排					
6. 指导教师意见					

2.3　毕业设计的设计过程

学生在明确毕业设计任务后,要具体安排好毕业设计工作的进程,结合毕业实习工作进行毕业设计的调研,收集和课题有关的技术资料。

(1) 根据毕业设计任务书的要求初步确定设计方案,并对设计方案进行详细的分析比较,对方案的技术性能、经济指标、实施的可行性等方面进行论证,在就有关问题与指导老师协商后确定最佳方案。

(2) 毕业设计要根据工艺要求进行总体设计和部件设计(分硬件设计和软件设计),设计过程中要明确设计思路和工作原理,进行自动化工作过程分析,有些设计还需必要的计算和元器件的选型。

(3) 绘制系统原理图和部件原理图、安装接线图。

(4) 编制毕业设计说明书。

2.4　毕业设计的指导和中期检查

每位学生毕业设计都要有指导教师,毕业设计指导教师要熟悉所带的课题,原则上由学院的教师和企业工程技术人员担任,需具有一定的理论和工程实践经验以及求真务实、认真负责的工作作风,要对学生整个毕业设计过程负责。

1. 毕业设计指导要求

(1) 根据学生所学专业,有针对性地编制毕业设计任务书,内容包括课题背景和技术指标,设计主要任务、内容及要求,毕业设计时间安排,参考资料等。在确定学生毕业设计题目后下达毕业设计任务书。

(2) 指导学生查阅有关资料,在规定的时间内,在学生了解课题,进行必要的调研后,要求学生撰写毕业设计开题报告,并对课题的开题报告进行审阅,重点对提出的设计要点和工作进度进行指导检查。

(3) 指导学生开展毕业设计,对学生进行分阶段、有重点的指导,了解学生的毕业设计能力和水平,针对学生的具体情况及时辅导。

(4) 审阅学生的毕业设计报告,评定学生的毕业设计成绩并写出评语,指导学生做好答辩准备,评阅毕业设计论文。

2. 毕业设计的中期检查

毕业设计的中期检查的重点是检查学生毕业设计工作进展情况、存在的问题,填写毕业设计(论文)中期进展情况表(见表 2-5),使指导教师和教研室了解学生毕业设计的总体情况,针对存在的问题及时加强指导,确保毕业设计工作保质保量并在规定的时间内完成。

表 2－5　毕业设计中期进展情况检查表

学生姓名		专业班级		指导教师	
设计题目					
指 导 教 师 意 见	检查情况（毕业设计完成情况、存在问题及解决方法） 指导教师签名：				
专 业 教研室 意 见	 主任签名：				
备 注					

检查日期：　　　年　月　日

2.5　毕业设计的答辩与成绩评定

毕业设计答辩工作是在毕业设计完成之后进行的。每位学生必须经过答辩环节才可取得毕业设计成绩。

1. 答辩的程序和时间

毕业设计答辩可参照下列程序和时间进行。

(1) 答辩主持人宣布答辩学生的姓名和该生毕业设计的课题名称。

(2) 参加答辩的学生利用约 15 分钟的时间,简明扼要地讲述下面五个方面的问题:

① 设计题目,设计目的、要求和主要特点。

② 确定自动化方案和器件类型的主要依据。

③ 分析计算系统应用的基本原理和方法、主要依据和结论。

④ 设计所遵循的主要设计标准和参考的主要资料,对原设计的重大修改及理由,设计中存在的主要问题和解决办法。

⑤ 毕业设计的心得体会、主要收获。

(3) 指导教师在审阅学生做的毕业设计文件和图纸的基础上,用约 15 分钟的时间进行提问、答辩。一个学生的毕业答辩时间以不超过 45 分钟为宜。

2. 答辩提问的主要内容

答辩所提的问题,包括毕业设计课题、几年来所学过的课程和实习中涉及的有关内容。通过毕业答辩,教师主要考查学生分析问题、解决生产实际问题的能力,了解学生对基本理论、基本知识和基本技能掌握的程度。

在答辩过程中,允许对基础较差的学生进行启发和引导,对学生普遍回答不出而又有必要让学生了解的问题,指导教师在征得主持人同意后可以作简要解答,帮助学生了解和掌握这些知识。

3. 答辩的基本要求

在毕业答辩过程中,学生应严肃认真,讲文明礼貌,回答问题要清楚,重点突出,论据充分,有条有理。对回答不出来的问题要实事求是,不可强词夺理,蛮横争辩。对没有听清楚的问题可以提请解释。

没有答辩的同学可以参加旁听,不要大声喧哗,影响答辩工作,不做与答辩无关的事情,自觉维护答辩秩序。

4. 答辩小组的基本组成

答辩工作开始前一个月内成立答辩工作委员会,具体负责本院(系)的学生答辩工作。具体答辩工作分答辩小组进行,答辩小组一般由 3~5 人组成,并设组长 1 名,组员由相关课题领域的具有中级以上职称的教师和工程技术人员担任。指导教师不得参加自己所指导的设计的答辩小组。

5. 答辩的成绩评定

毕业设计成绩由评审教师根据指导教师的建议成绩和选题的价值、课题难度、课题工作量、课题完成质量等进行综合评定,其中设计阶段的表现成绩由设计指导教师进行评定,答辩成绩由答辩小组综合评定,按一定比例折合而成,采用"优秀、良好、中等、及格、不及格"五级计分,毕业设计成绩评定表见表2-6。

表 2‑6 毕业设计成绩评定表

设计题目:				
学　　生		专业班级		
指导教师评语				
	成绩(总分):	签字:		年　月　日
毕业设计评阅评语				
	成绩(总分):	签字:		年　月　日
答辩小组评语				
	成绩(总分):	签字:		年　月　日
毕业设计总成绩:				
备注				

第3章

PLC 应用系统设计

3.1 PLC 应用系统设计一般原则

任何一种电器控制系统都是为了实现被控对象(生产设备或生产过程)的工艺要求,以提高生产效率和产品质量。因此,在设计 PLC 控制系统时,设计人员应遵循以下基本原则:

① 最大限度地满足被控对象的控制要求。设计前,应深入现场进行调查研究,搜集资料,并与机械部分或生产工艺的设计人员和实际操作人员密切配合,共同拟定电气控制方案,协同解决设计中出现的各种问题。

② 在满足控制要求的前提下,力求使控制系统简单、经济,使用及维修方便。

③ 保证控制系统的安全、可靠。

④ 考虑到生产的发展和工艺的改进,在选择 PLC 容量时,应适当留有余量。

PLC 控制系统是由 PLC 与用户输入、输出设备连接而成的,因此,PLC 控制系统设计的基本内容应包括:

① 选择用户输入设备(按钮、操作开关、限位开关、传感器等)、输出设备(继电器、接触器、信号灯等执行元件)以及由输出设备驱动的控制对象(电动机、电磁阀等)。这些设备属于一般的电器元件,其选择的方法在其他有关书籍中已有介绍。

② PLC 的选择。PLC 是 PLC 控制系统的核心部件,正确选择 PLC 对于保证整个控制系统的技术经济性能指标起着重要的作用。PLC 的选择应包括机型的选择、容量的选择、I/O 模块的选择、电源模块的选择等。

③ 分配 I/O 点,绘制 I/O 连接图。

④ 设计控制程序,包括设计梯形图、语句表(即程序清单)或控制系统流程图。控制程序是控制整个系统工作的条件,是保证系统工作正常、安全、可靠的关键。控制系统的设计必须经过反复调试、修改,直到满足要求为止。

⑤ 必要时还需设计控制台(柜)。

⑥ 编制控制系统技术文件,包括说明书、电器图及电器元件明细表等。传统的电器图,一般包括电器原理图、电器布置图及电器安装图。在 PLC 控制系统中,这一部分图可以统称为"硬件图"。它在传统电器图的基础上增加了 PLC 部分,因此在电器原理图中应增加

PLC 的 I/O 连接图。

此外,在 PLC 控制系统的电器图中还应包括程序图(梯形图),可以称它为"软件图"。向用户提供"软件图",可便于用户在生产发展或工艺改进时修改程序,并有利于用户在维修时分析和排除故障。

3.2 PLC 应用系统的硬件设计

PLC 控制系统的硬件设计是至关重要的一个环节,这关系着 PLC 控制系统运行的可靠性、安全性、稳定性。

3.2.1 PLC 的选型

在工程中主要根据工艺要求、控制对象、用户需要等方面选择合适的 PLC,以获得最佳的性能价格比。就一个控制系统而言,PLC 的选型原则和考虑因素如下:

(1) PLC 一般用于以开关量控制为主,兼有模拟量控制的系统,尤其适合于动作频繁、逻辑关系复杂、程序多变的系统。PLC 应用于这样的系统,将会最大限度发挥技术经济效果。

(2) 是否与计算机连接,是否要求构成网络信息系统,是否需要中断输入、双机热备、位置控制、高速计数器等特殊模块和智能模块以及对远程站的设置要求。

(3) 开关量 I/O 点数、模拟量 I/O 路数、电压等级及输出功率、内存容量。I/O 点数直接关系到 PLC 输入/输出模块的选择,I/O 点数一般要考虑 10%～20% 的余量,特别是开关量输入更应考虑多些余量;合适的电压等级可提高 PLC 的抗干扰能力;主机用户内存容量的大小对设备费的影响不大,故建议内存容量可选大一些。

(4) 其他考虑因素。选择 PLC 还要对其外形、结构、系统组成、设置条件、价格、技术服务、应用业绩等多项指标进行综合分析比较,然后才能确定理想的 PLC 产品。

3.2.2 系统的安装

无远程功能的 PLC 用在单机或控制范围不大的系统,有远程功能的 PLC 则用于大范围的控制系统。远程系统中,本地站一般设在集中控制室,远程站一般设在低压配电室或仪表室,这样可使 PLC 的外部接线最短。PLC 忌安装在高温、潮湿、特别是有振动冲击的场所。

3.2.3 输入/输出块的选择

1. 模块电源

在选择交流 I/O 模块时,宜采用隔离变压器为其供电,这样可防止外部电路故障冲击模块。电源线采用双绞线,绞距 1～2 cm。隔离变压器的容量按 PLC 电源组件容量的 1.5～2 倍选择。直流模块的外接电源,其波纹值应满足模块要求;若是模拟量直流模块,尚需用稳压电源。

2. 电压等级

在选择 I/O 模块时,电压等级是一个比较重要的参数,它要根据现场设备与模块之间的距离来选择。当外部线路较长时,可选用 AC220V 模块;当外线短且控制相对集中时,可选择 DC24V 模块。

3. 输出电路

PLC 的模块输出方式一般有 3 种:晶体管输出、继电器输出、双向可控硅输出。

确定负载类型可根据 PLC 输出端所带的负载是直流型还是交流型,是大电流还是小电流,以及 PLC 输出点动作的频率等,确定输出端采用继电器输出,还是晶体管或双向可控硅输出。不同的负载选用不同的输出方式,对保证系统的稳定运行起着重要的作用。

每个输出点、每组输出点、每个输出模块的负载电源不得超过额定电流,其中继电器输出模块的负载电流不能过于接近额定电流,当接近额定电流时,最好先带动一个小型中继,再通过中继扩展输出模块的输出容量。

采用双向可控硅输出模块,其负载电流必须大于双向可控硅的维持电流,否则应在负载上并联电阻。

对于动作频繁、电感性或功率因素低的负载,不宜选用继电器输出模块,而应该采用晶体管输出模块。

建议如下:电磁阀的开闭、大电感负载、动作频率低的设备的 PLC 输出端采用继电器输出或者固态继电器输出;各种指示灯、变频器/数字直流调速器的启动和停止应采用晶体管输出。

如果 PLC 输出带感性负载,负载断电时会对 PLC 的输出造成浪涌电流的冲击,为此,如果在直流感性负载旁边并接续流二极管,在交流感性负载旁边并接浪涌吸收电路,就可有效保护 PLC。

当频率为 10 次/min 以下时,既可采用继电器输出方式,也可采用 PLC 输出驱动中间继电器或者固态继电器(SSR),再驱动负载的方式。以继电器输出为例,一般 R 为 $1 \sim 2$ kΩ,C 为 $2.2 \sim 4.7$ μF,如图 3-1 所示。

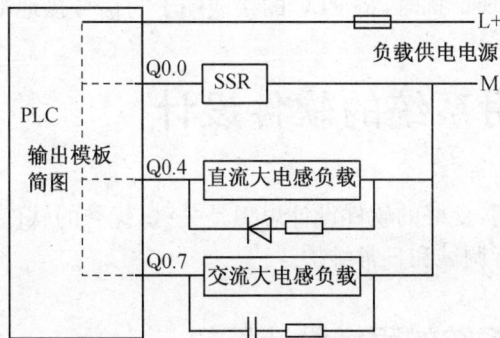

图 3-1

对于两个重要的输出量,不仅需在 PLC 内部互锁,建议在 PLC 外部也进行硬件上的互锁,以加强 PLC 系统运行的安全性、可靠性。

4. 输入电路

PLC 输入电路电源一般应采用 DC24 V,这对系统供电安全和 PLC 安全至关重要,同时其带负载(接近开关等)时要注意容量并做好防短路措施(因为该电源的过载或短路都将影响 PLC 的运行)。建议该电源的容量为输入电路功率的两倍,PLC 输入电路电源支路需加装适宜的熔丝,防止短路,以直流输入模板为例,如图 3-2 所示。

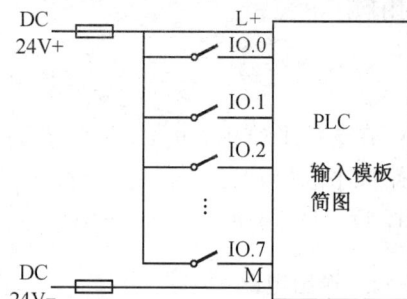

图 3-2

3.2.4 开关量 I/O 点的节省和模拟量 I/O 模块的代用

相同控制作用且每个接点在编程中仅使用一次的若干个输入接点,可在外部电路进行串、并联后作为一个输入点处理,编程时用常开编程接点。如某个设备的多个故障信号接点可在外部电路串联后接在一个输入点上,而不必占用多个输入点。

相同控制逻辑的输出,如集中联锁控制系统发往各现场的启动预告信号,可只用一个输出点,再用接线端子扩展至各现场电铃。

3.2.5 抗干扰措施

由于产生干扰的因素是复杂而多样的,因此采取的抗干扰措施要根据情况而定。

PLC 供电电源一般为 AC85～240V,适应电源范围较宽,但为了抗干扰,应加装电源净化元件(如电源滤波器、1∶1 隔离变压器等);隔离变压器也可以采用双隔离技术,即变压器的初、次级线圈屏蔽层与初级电气中性点接地,次级线圈屏蔽层接 PLC 输入电路的地,以减小高低频脉冲干扰。

设置一个 PLC 信号专用接地装置,该装置不能和防雷接地装置、电器设备接地装置有金属连接。接地电阻可参见使用说明书,一般小于 100 Ω 即可。接地线进入 PLC 控制柜中的信号接地端子排,当出现干扰时,将 PLC 的接线端子与信号接地端子相连。

3.3 PLC 应用系统的软件设计

在控制工程中的应用,良好的软件设计思想是关键,优秀的软件设计便于工程技术人员理解掌握系统并对其进行调试和日常维护。

3.3.1 PLC 控制系统的程序设计思想

由于生产过程控制要求的复杂程度不同,可将程序按结构形式分为基本程序和模块化程序。基本程序既可以作为独立程序控制简单的生产工艺过程,也可以作为组合模块结构中的单元程序。依据计算机程序的设计思想,基本程序的结构方式只有三种:顺序结构、条件分支结构和循环结构,如图3-3所示。

把一个总的控制目标程序分成多个具有明确子任务的程序模块,分别编写和调试,最后组合成一个完成总任务的完整程序,这种方法叫做模块化程序设计。我们建议经常采用这种程序设计思想,因为各模块具有相对独立性,相互连接关系简单,特别在用于有复杂控制要求的生产过程时易于调试修改程序。

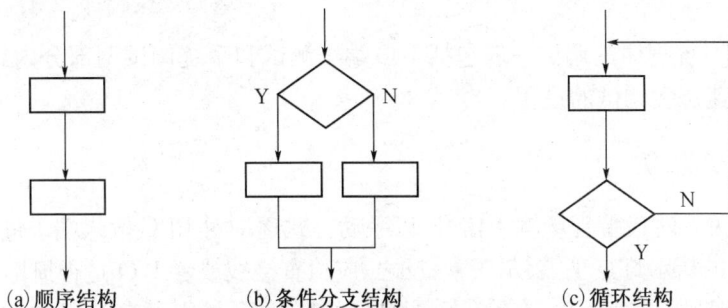

(a)顺序结构   (b)条件分支结构   (c)循环结构

图3-3　基本结构

3.3.2　PLC控制系统的程序设计要点

1. PLC控制系统I/O分配

依据生产流水线从前至后的顺序,I/O点数由小到大,尽可能地把一个系统、设备或部件的I/O信号集中编址,以利于维护。

定时器、计数器要统一编号,不可重复使用同一编号,以确保PLC工作运行的可靠性。程序中大量使用的内部继电器或者中间标志位(不是I/O位)也要统一编号,进行分配。

在地址分配完成后,应列出I/O分配表和内部继电器或者中间标志位分配表。彼此有关的输出器件,如电机的正/反转等,其输出地址应连续安排,如Y1,Y2等。

2. PLC控制系统编程技巧

PLC程序设计的原则是逻辑关系简明,易于编程输入,少占内存,减少扫描时间,这是PLC编程必须遵循的原则。下面介绍几点技巧:

(1) PLC各种触点可以多次重复使用,无需用复杂的程序来减少触点使用次数。

(2) 同一个继电器线圈在同一个程序中使用两次称为双线圈输出。双线圈输出容易引起误动作,在程序中尽量要避免线圈重复使用。如果必须是双线圈输出,可以采用置位和复位操作(以三菱为例,如SET Y0或者RST Y0)。

(3) 如果要使PLC多个输出为固定值1(闭合),可以采用字传送指令完成,例如Y0,Y1,Y2,Y3同时都为1,可以使用一条指令将数据K15直接传送K1Y0即可。

(4) 对于非重要设备,可以通过硬件上多个触点串联后再接入PLC输入端或者通过PLC编程来减少I/O点数,节约资源,如二分频。使用一个按钮来控制设备的启动/停止,就可以采用二分频来实现。

（5）模块化编程思想的应用。例如,我们可以把正反自锁互锁转程序封装成为一个模块,正反转点动封装成为一个模块等等,在 PLC 程序中可以重复调用该模块,不但减少编程量,而且减少内存占用量,有利于大型 PLC 程序的编制。

3.3.3 PLC 控制系统程序的调试

PLC 控制系统程序的调试一般包括 I/O 端子测试和系统调试两部分内容,良好的调试步骤有利于加速总装调试的过程。

1. I/O 端子测试

用手动开关暂时代替现场输入信号,以手动方式逐一对 PLC 输入端子进行检查、验证,PLC 输入端子的指示灯点亮,表示正常;反之,应检查接线或者 I/O 是否损坏。

我们可以编写一个小程序,在输出电源良好的情况下,检查所有 PLC 输出端子指示灯是否全亮。PLC 输出端子的指示灯点亮,表示正常;反之,应检查接线或者 I/O 是否损坏。

2. 系统调试

系统调试应首先按控制要求将电源、外部电路与输入/输出端子连接好,然后装载程序于 PLC 中,运行 PLC 进行调试。调试中多数是控制程序问题。调试流程图如图 3 - 4 所示:

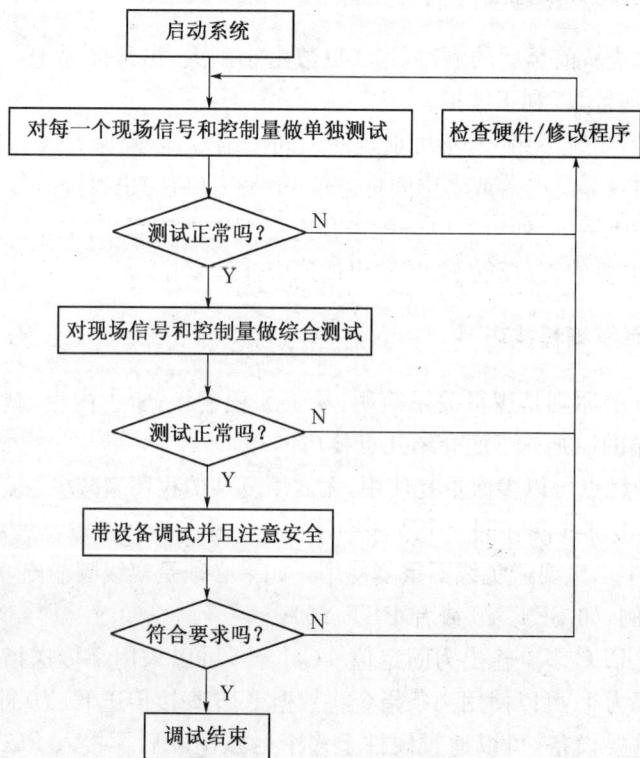

图 3 - 4 调试流程图

PLC控制系统的设计是一个有序的系统工程,学生需要反复地设计和实践,才能积累经验,提高设计水平。

3.4 PLC应用系统设计实例——机车减震弹簧计算机测控系统研究与开发

3.4.1 绪 论

近几年来,我国铁路企业对机车行走减震弹簧的智能检测有了长足的进步。随着检测技术和计算机技术的快速发展,各种检测传感器、检测仪器已比较齐备,而且性能稳定,这为机车行走减震弹簧检测系统的研制提供了有利的条件。

采用计算机的自动测试系统可以控制测量过程、记录与显示测量结果、处理测试数据,在测试功能、测量精度等各项指标上都远远超过了传统的测试方法,使机车行走减震弹簧测试步入了新的时代。

中国南车集团戚墅堰机车车辆厂是我国铁路内燃机车生产基地,拥有职工万余人,是一家有着100多年历史的国有大型企业。根据企业生产需要,研究开发了基于PLC的"机车减震弹簧计算机测试系统",对DF4型内燃机车减震弹簧的性能参数进行自动检测。

3.4.2 机车减震弹簧测试系统的总体方案设计

DF4型内燃机车减震弹簧最大负荷达30 000 N,属重负荷弹簧,故弹簧测试机的机械结构采用液压式结构,由液压系统驱动油压机压缩弹簧,在弹簧压缩过程中检测弹簧的技术数据。

1. 机车减震弹簧测试机的组成及工作原理

(1)机车减震弹簧测试机的组成 机车减震弹簧测试机由三部分:油压机、液压系统、测试系统组成。机车减震弹簧测试机外形如图3-5所示。

① 油压机:油压机主要由立柱、压头、底座等组成。液压系统产生的高压压力油通入主油缸,驱动压头下移压缩弹簧或上移释放弹簧。

② 液压系统:液压系统主要由油泵、主油缸、升降油缸、蓄能器、电磁换向阀、调速阀、溢流阀、压力继电器等组成。液压系统向油压机提供高压压力油。

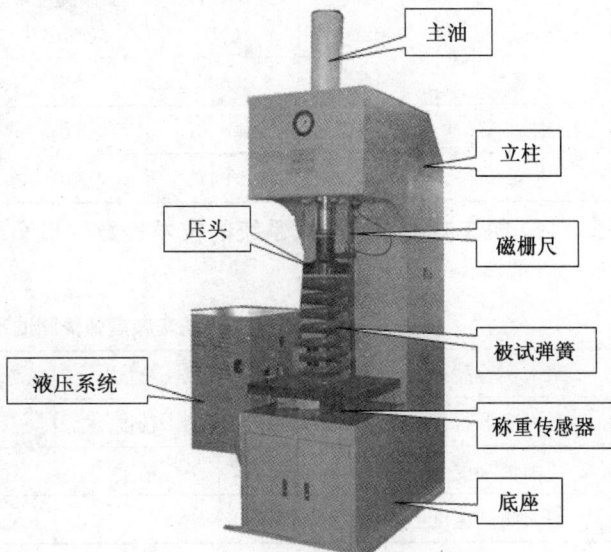

图3-5 机车减震弹簧测试机外形图

③ 测试系统:测试系统控制系统的运行,并采集弹簧数据,生成数据表格和弹簧压缩力—压缩量的关系曲线。

(2) **机车减震弹簧测试机的工作原理** 将被测弹簧放置在油压机的底座上,并保证在压头的正下方。起动液压系统,如果压头距离弹簧较远,按下快进按钮,压头快速下降;当压头接近弹簧时,按下测试按钮,压头慢速下降,开始压缩弹簧。在压缩弹簧的过程中,测试系统记录弹簧高和压缩量及与其对应的弹簧负荷,当弹簧负荷达到设定的最大负荷时,压头停止下降并快速上升,停止在弹簧上方 100 mm 左右处,测试过程结束。

2. 机车减震弹簧测试系统的技术指标

(1) **机车减震弹簧测试系统的用途** 机车减震弹簧测试系统用来对机车行走减震弹簧的技术参数及性能进行检测。通过这些检验,可以全部或部分地反映被试弹簧的相关性能数据,利用这些数据,判断被试产品是否符合设计要求、品质的优劣以及相近参数的弹簧配对。

(2) **机车减震弹簧测试系统的适用对象** DF4 型内燃机车的外簧、中簧、内簧。

(3) **机车减震弹簧的技术参数** 机车弹簧减震的技术参数有:

① 自由高:弹簧在自由状态下的高度;

② 工作载荷 2:最小工作负荷;

③ 工作高度 2:最小工作负荷下的弹簧高度;

④ 工作载荷 1:最大工作负荷;

⑤ 工作高度 1:最大工作负荷下的弹簧高度;

⑥ 挠度差:工作高度 2 与工作高度 1 的差;

⑦ 压缩量与弹簧力(载荷)的关系曲线。

具体数据见表 3-1 所示。

表 3-1 DF4 机车减震弹簧技术参数

参数\型号	自由高 (mm)	工作载荷 2 (N)	工作高度 2 (mm)	工作载荷 1 (N)	工作高度 1 (mm)	挠度差 (mm)
外簧	388	9 800	340	26 950	255	85
中簧	388	4 868	340	13 397	255	85
内簧	388	1 947	340	4 863	255	85

(4) **机车减震弹簧测试系统的技术参数** 机车减震弹簧测试系统主要技术参数见表3-2所示。

表 3-2 机车减震弹簧测试系统技术参数

最大实验载荷	30 000 N	精度	1%	分辨率	1 N
最大变形行程	500 mm	精度	0.1%	分辨率	0.1 mm
弹簧刚度		精度	1.5%		
最大测试速度	4 mm/s				

3. 测试系统的总体方案

本系统采用可编程序控制器 PLC 作为测控核心,与计算机构成两级控制结构。其中 PLC 是整个测控系统的核心部分,液压系统的控制、弹簧数据的检测、传感器线性度的校正、故障诊断以及系统安全控制等,都是由 PLC 完成。

PLC 由基本单元、A/D 转换模块、通信模块组成。PLC 基本单元负责按钮信号、磁栅尺信号的输入,并发出信号控制油泵电机以及各电磁阀,进而控制液压系统工作,同时控制相应指示灯的显示;A/D 转换模块负责将负荷传感器的模拟量信号转换为数字量信号;通信模块负责 PLC 与计算机的通信与数据交换。

计算机系统由主机、显示器、打印机组成。通过 RS232 串行口与 PLC 的第二 RS485 接口(编程口为第一 RS485 接口)连接,控制 PLC 的运行,读取 PLC 检测的弹簧数据,并以 Access 数据库的形式保存在硬盘中,供用户调用,形成测试数据报表与刚度曲线。

考虑到在工控机出现故障的情况下,PLC 检测的弹簧数据仍可显示,而不至于使整个系统陷入瘫痪,选用一种简易的人机界面——文本显示器,与 PLC 的编程口连接,读取、显示 PLC 检测的弹簧数据,由人工进行记录。机车减震弹簧测控系统硬件结构如图 3 - 6 所示。

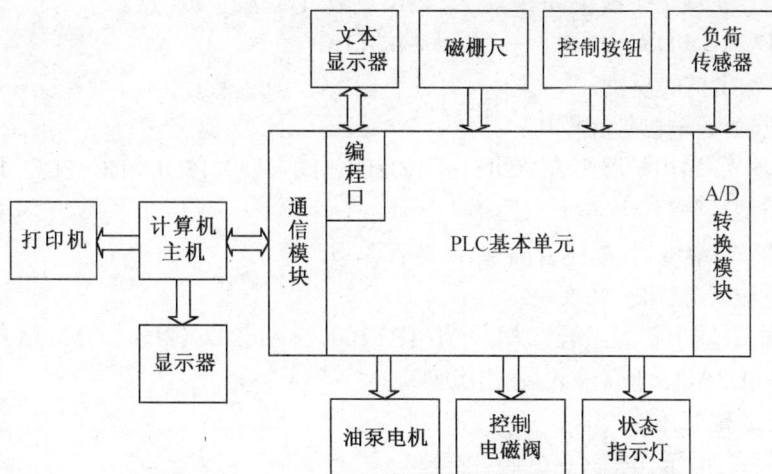

图 3 - 6　机车减震弹簧测控系统硬件结构图

4. 测控系统的硬件配置

机车减震弹簧计算机测控系统的硬件主要包括计算机系统(主机、显示器、打印机)、PLC 基本单元、PLC 模拟量扩展单元、PLC 通信模块、文本显示器、磁栅尺、负荷传感器等。另外还有接触器、控制按钮、指示灯、电磁阀等常规元器件,不一一列出。

(1) **PLC 的选型及其模块配置**　PLC 是一种通用的工业控制装置,其组成与一般的微机系统基本相同。按结构形式的不同,PLC 可分为整体式和组合式两类。整体式 PLC 是将中央处理单元(CPU)、存储器、输入单元、输出单元、电源、通信接口等组装成一体,构成基本单元。另外还有独立的 I/O 扩展单元与基本单元配合使用。基本单元中,CPU

是 PLC 的核心,I/O 单元是连接 CPU 与现场设备之间的接口电路,通信接口用于 PLC 与编程器和上位机等外部设备的连接。组合式 PLC 将 CPU 单元、输入单元、输出单元、智能 I/O 单元、通信单元等分别做成相应的电路板或模块,各模块插在底板上,模块之间通过底板上的总线相互联系。装有 CPU 单元的底板称为 CPU 底板,其他称为扩展底板。CPU 底板与扩展底板之间通过电缆连接。无论哪种结构类型的 PLC,都可以根据需要进行配置与组合。

PLC 的选型及其模块配置必须满足系统的需要,在进行此项工作之前必须分析所控制的设备或系统。

经过分析统计,本系统需要配置 9 个开关量的输入(DI),2 个磁栅尺 A、B 二相脉冲输入(DI),6 个输出信号(DO),3 路模拟量输入(AI),另外还需配置与上位机通信的通信模块。

下面重点介绍一下 Schneider(施耐德)Twido 系列小型 PLC 的特性。

Twido 适用于由 10 到 264 个输入/输出组成的标准应用系统。

① 本体模块(基本单元):

➢ 具有一体型(10、16、24、40 点)和模块型(20、40 点)两种本体模块,满足不同场合、习惯的需求。它们可共用相同的选件、输入/输出扩展模块和编程软件。

➢ 最大可以扩展 7 个模块,最大输入/输出点数可以达到 264 点。

➢ TWDLCAE40DRF 内置了一个以太网端口。

② 输入/输出扩展模块:

➢ 离散量输入/输出扩展模块:

a. 15 种输入/输出扩展组合:8DI、16DI、32DI、4DI/4DO、16DI/8DO、8DO、16DO、32DO(输入/输出类型),等等。

b. 输出形式:继电器、晶体管漏型、晶体管源型。

➢ 模拟量输入/输出扩展模块:

a. 9 种输入/输出扩展组合:2AI、4AI(4PT100)、8AI、2TC(2PT100)/1AO、2AI/1AO、4AI/2AO、1AO、2AO、8TC(输入/输出类型)。

b. 精度:最高 12 位。

c. 输入形式:电压、电流、热电偶、铂电阻。

③ 通信模块:

除了现有的远程连接、MODBUS、自由协议、AS-I 等通讯方式外,新增 CANopen、以太网功能。

④ Twidosoft 编程软件:

➢ 全中文的编程软件,符合国内客户的使用习惯。

➢ 支持梯形图、指令表、步进梯形图(Grafcet)等编程方式。

根据系统的要求,选择施耐德公司的 Twido 系列小型 PLC 完全满足需要。

① PLC 基本单元的选型:

根据电气控制要求,需要 9 个开关量的输入信号,分别是:自校开始、自校停止、试验开始、试验停止、快升、快降、顶升、降落以及校验、手动、自动三个工作方式的选择。

弹簧高度的检测采用磁栅尺来实现。磁栅尺将位移信号转换为 A、B 二相相位相差 90°

的脉冲信号,通过 PLC 特定的开关量输入点输入,由 PLC 内部的 A、B 二相加减高速计数器对磁栅尺的脉冲信号进行计数,再根据脉冲当量换算成位移量。

输出控制共有 6 个电磁阀以及信号指示灯,至少需要 8 个输出点。

根据输入、输出点数的数量,以及需要 A、B 二相加减高速计数器的要求,PLC 的基本单元选用施耐德公司的 Twido 型 PLC,型号为 TWD LMDA 20DRT。

TWD LMDA 20DRT 型 PLC 本体模块的主要技术参数如下:

➤ 电源:DC24V。

➤ 输入:DC24V,12 点。

➤ 输出:DC24V 晶体管输出 2 点,AC220 继电器输出 6 点。

➤ 内置 2 个 A、B 二相加减高速计数器。

② PLC 模拟量输入模块的选型:

模拟量输入在过程控制中的应用很广,如常用的温度、压力、速度、流量、酸碱度、位移的各种工业检测都是对应于电压、电流的模拟量值,再通过一定运算(PID)后,控制生产过程达到一定的目的。模拟量输入电平大多是从传感器通过变换后得到的,模拟量的输入信号为 4～20 mA 的电流信号或 1～5V、−10～10V、0～10V 的直流电压信号。输入模块接收这种模拟信号之后,把它转换成二进制数字信号,送给中央处理器进行处理,因此模拟量输入模块又叫 A/D 转换输入模块。总之,模拟量输入单元的作用是把现场连续变化的模拟量标准信号转换成 PLC 内部处理的、由若干位表示的数字信号。模拟量输入单元一般由滤波、A/D 转换器、光耦合器隔离等部分组成。其原理框图如图 3-7 所示。

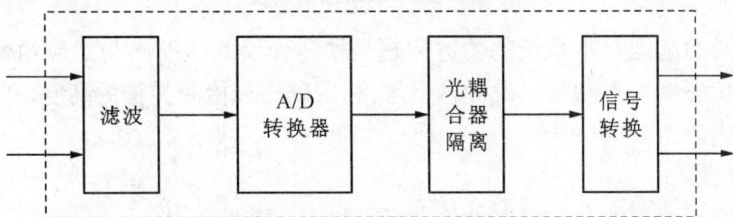

图 3-7　模拟量输入单元框图

测量弹簧所受的负荷是通过负荷传感器来实现的。根据弹簧测试机的机械结构,需要三个负荷传感器来支撑底板保持平衡,故选择三个负荷传感器。

负荷传感器将负荷信号转换为标准的 4～20 mA 的电流信号,需要通过 A/D 转换模块,将该模拟量信号转换成数字量,供 PLC 读取使用。

根据要求,选用 2 块施耐德公司的 Twido 型模拟量输入模块 TWD AMI 2HT。

TWD AMI 2HT 模拟量输入模块的主要技术参数如下:

➤ 输入通道:2 路。

➤ 输入类型:4～20 mA。

➤ 转换精度:12 位。

③ PLC 通信模块的选型:

由于 PLC 采集的数据需要传送给计算机,同时计算机要对 PLC 发送控制指令,因此,需要一块通信模块把计算机与 PLC 连接起来。根据现场的情况,选用施耐德公司的 Twido

型 RS-485 通信模块 TWD NOZ 485T。

PLC 通过 TWD NOZ 485T 通信模块，与计算机间实现通信，采用的是 Modbus 通讯协议。在系统中 PLC 作为从站，它不需要编制通讯程序，只要把通讯口的参数设置好即可，图 3-8 表示 Twido 通过通信模块和上位机连接，其站号地址为 1；波特率、数据位、校验、停止位和上位机设置保持一致。

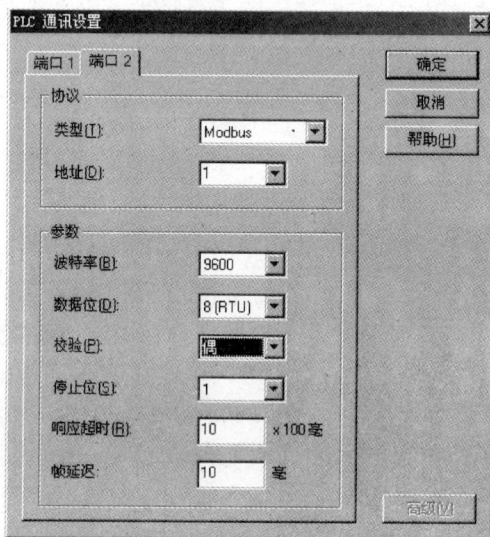

图 3-8 PLC 通信设置

（2）**传感器的选型** 本系统的关键问题是检测弹簧的压缩高与对应的弹簧压力，故需要选择合适的传感器进行测量。设计思想是：利用磁栅尺检测弹簧的高度，利用负荷传感器检测弹簧的压力。

① 负荷传感器：

测试系统要求被测弹簧的最大负荷为 30 000 N，精度为 1%。

测量弹簧所受的负荷是通过负荷传感器来实现的。根据弹簧测试机的机械结构，需要三个负荷传感器来支撑底板保持平衡，三个传感器分别承担 1/3 的负荷，故选择 3 个量程分别为 10 000 N，精度为 0.5% 的负荷传感器，可测量 30 000 N 的负荷。

负荷传感器的主要技术参数：

➤ 电源：DC24V。

➤ 最大量程：10 000 N。

➤ 输出信号：4～20 mA。

➤ 精度：0.5%。

传感器输出信号通过 PLC 的 A/D 模块转换为数字量，其转换精度为 12 位，即 1/4 096，因此弹簧负荷的测量精度满足系统的要求。

② 磁栅尺：

测试系统要求被测弹簧的最大压缩高度为 500 mm，精度为 0.1%。考虑到压头的最大行程，磁栅尺的检测长度不能小于 800 mm。

弹簧的高度检测采用磁栅尺来实现。磁栅尺将位移信号转换为 A、B 二相相位相差 90°

的脉冲信号,通过 PLC 特定的开关量输入点输入,由 PLC 内部的 A、B 二相加减高速计数器对磁栅尺的脉冲信号进行计数,再根据脉冲当量换算成位移量:

$$S = N \times P$$

S—位移量;N—计数脉冲数;P—脉冲当量。

根据系统需要,选用的型号为:EMIX2 - 001 - 10.0 - 1 - 00 - LMB20.50 - 10.0,其分辨率为 0.01mm/P,满足系统测量要求。外形如图 3 - 9 所示。

图 3 - 9　EMIX2 磁栅尺外形图

磁栅尺的主要技术参数:

➤ 电源:DC24 V。

➤ 长度:800 mm。

➤ 输出信号:A、B 二相脉冲。

➤ 分辨率:0.01 mm/P。

➤ 精度:(0.025+0.02×L)mm(L:effective measuring length in m)。

(3) **传感器电源的选型**　传感器需要直流 24 V 电源,为了提高传感器输出信号的抗干扰能力,防止电网传导干扰,选用具有隔离、稳压、限流保护等功能的朝阳直流线性稳压电源。

主要技术参数:

➤ 输入电压:AC220 V。

➤ 输出电压:DC24。

➤ 输出电流:1 A。

➤ 电压调整率:≤0.5%。

➤ 纹波 RPM:<1 mV。

5. 系统的运行方式

系统设有校验、手动、自动三种工作方式,通过操作面板上的"校验、手动、自动"转换开关进行选择。

校验工作方式:每次系统上电开机时,用标准长度的量棒对测试机压头与底座之间的高度进行校验,以保证测试的准确性。校验数据在 HMI 文本显示器上显示。

手动工作方式:在设备调试或计算机系统出现故障时,通过手动方式测试弹簧参数。测试数据在 HMI 文本显示器上显示。

自动工作方式:根据不同型号的弹簧,自动将压缩力分为 10 等份,在弹簧压缩过程中,每经过一个压缩点,将压缩力、弹簧高度、压缩量作为一组数据储存在相应的 PLC 数据寄存器中,共储存 10 组数据。同时将数据发送给计算机,由计算机对数据进行处理,并以 Access 数据库的形式保存在硬盘中,供用户调用,形成测试数据报表与刚度曲线。

3.4.3 机车减震弹簧测试系统硬件设计

机车减震弹簧测试系统硬件系统完成电气设备的控制与信号的测量,其中 PLC 是控制系统的核心。PLC 基本单元负责按钮信号、磁栅尺信号的输入,并发出信号控制油泵电机和各电磁阀,进而控制液压系统工作,同时控制相应指示灯的显示;A/D 转换模块负责将负荷传感器的模拟量信号转换为数字量信号;通信模块负责 PLC 与计算机的通信与数据交换。

本系统硬件设计包括液压系统设计、主电路设计、辅助电路设计、PLC 硬件设计、控制面板设计等。

1. 系统硬件设计

(1)**液压系统设计** 液压系统主要由油泵、主油缸、升降油缸、蓄能器、电磁换向阀、调速阀、溢流阀、压力继电器等组成。蓄能器的作用是稳定液压系统的压力,溢流阀、压力继电器是液压系统的保护元件。液压系统向油压机提供高压压力油。

液压电磁阀动作表见表 3-3 所示。

表 3-3　电磁阀动作表

电磁铁 动作	1YV	2YV	3YV	4YV	5YV	6YV
起动	－	－	－	－	－	－
快进	＋	＋	－	＋	－	－
工进	＋	－	－	＋	－	－
快退	＋	－	＋	－	－	－
停留	－	－	－	－	－	－
升降油缸上升	＋	－	－	－	＋	－
升降油缸下降	＋	－	－	－	－	＋
升降油缸停留	－	－	－	－	－	－

液压原理如图 3-10 所示。

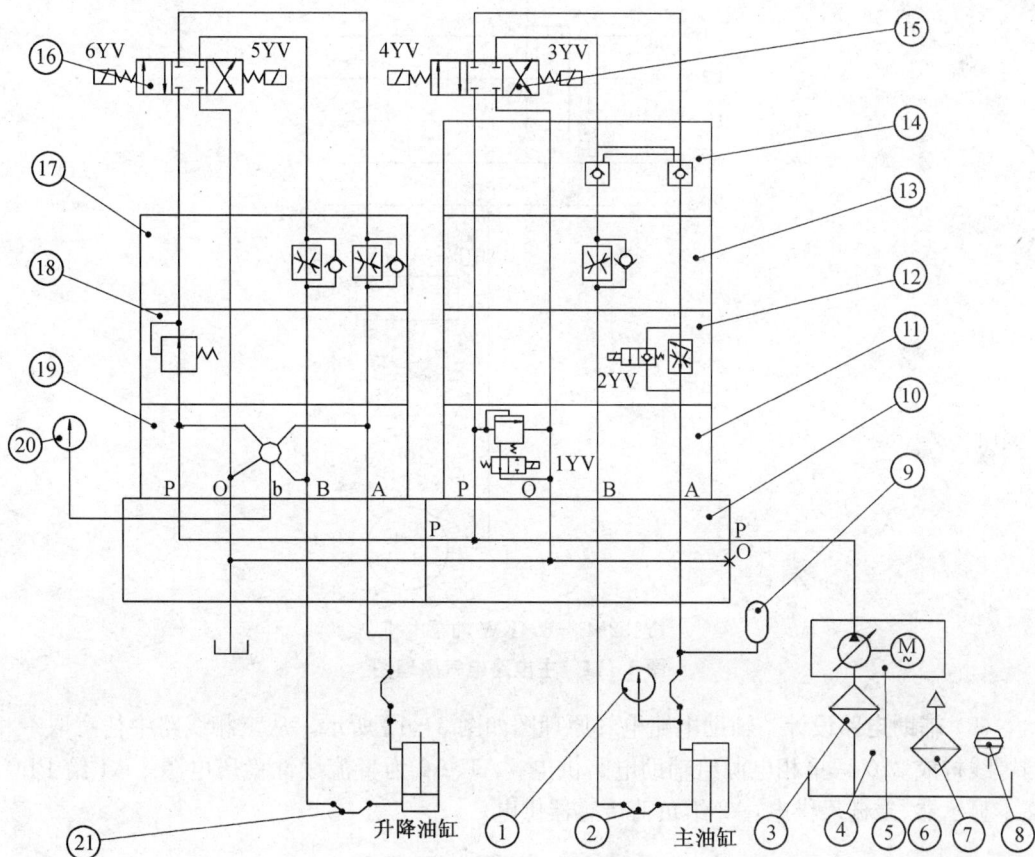

1—压力表　2—胶管接头　3—滤油器　4—油箱　5—叶片泵　6—电动机　7—滤清器　8—液位
液温计　9—蓄能器　10—集成块　11—电磁溢流阀　12—电动调速阀　13—单向节流阀　14—液
控单向阀　15—电磁换向阀　16—电磁换向阀　17—单向节流阀　18—减压阀　19—压力表开关
　20—压力表　21—胶管接头

图 3-10　液压原理图

　　电磁阀 1YV、2YV、3YV、4YV 控制主油缸,也就是压头的升降。当 1YV、2YV、4YV
得电,压头快速下降;当 1YV、3YV 得电,压头快速上升;当 1YV、4YV 得电,压头慢速
下降。

　　电磁阀 5YV、6YV 控制升降油缸。升降油缸驱动升降小车,运送弹簧,降低测试人员的
劳动强度。当 5YV 得电,小车上升;当 6YV 得电,小车下降。

　　(2) **主电路设计**　测试机采用液压系统,动力源为液压泵,故控制对象为液压泵电
机。电机采用自动空气开关进行缺相、短路、过载等保护,主电路电气原理图如图 3-11
所示。

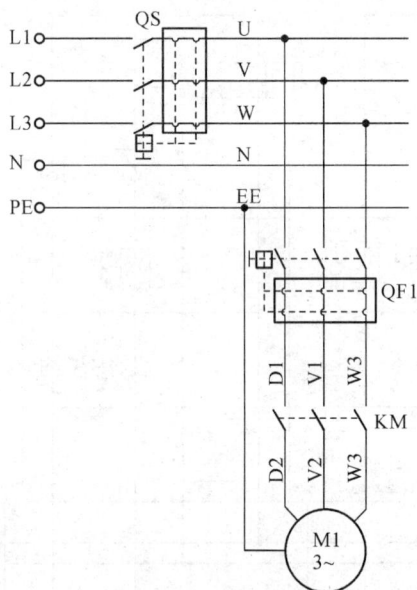

Y132M1-6,4KW 油泵电机

图 3-11　主电路电气原理图

（3）**辅助电路设计**　辅助电路电气原理图如图 3-12 所示。从三相线路中任意取一相与零线构成 220 V 单相电源给辅助电路供电。A1、A2 为直流线性稳压电源。A1 给 PLC、文本显示器、磁栅尺供电，A2 给负荷传感器供电。

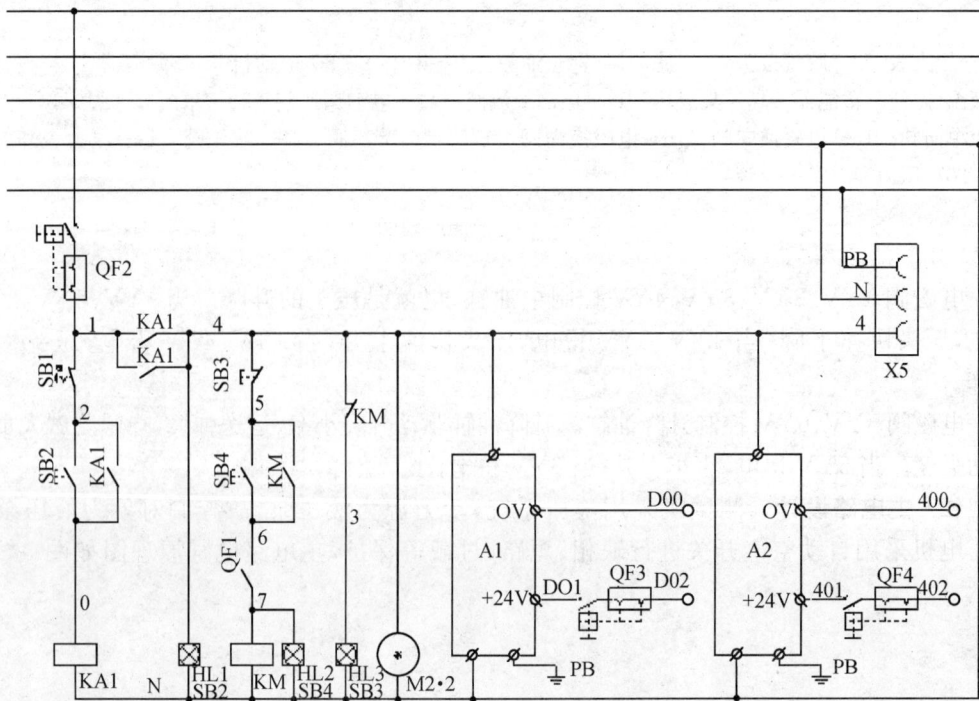

图 3-12　辅助电路电气原理图

SB1、SB2 为控制电源的控制按钮，SB1 为急停按钮，当系统发生过载、过压等紧急情况时，可以紧急停机，切断控制电源，防止事态扩大。HL1 为控制电源指示灯。

SB3、SB4 为油泵电机控制按钮，HL2、HL3 为电机运行与停止信号指示灯。

M2 为电气控制柜冷却风扇电机。XS 为电源插座。

（4）**PLC 硬件电路设计**　图 3-13 为 PLC 系统各模块的配置位置图。

TWD LMDA 20DRT 为基本单元，带有 12 点开关量输入和 8 点开关量输出。COM1 为第一通信口即编程口，与文本显示器连接。

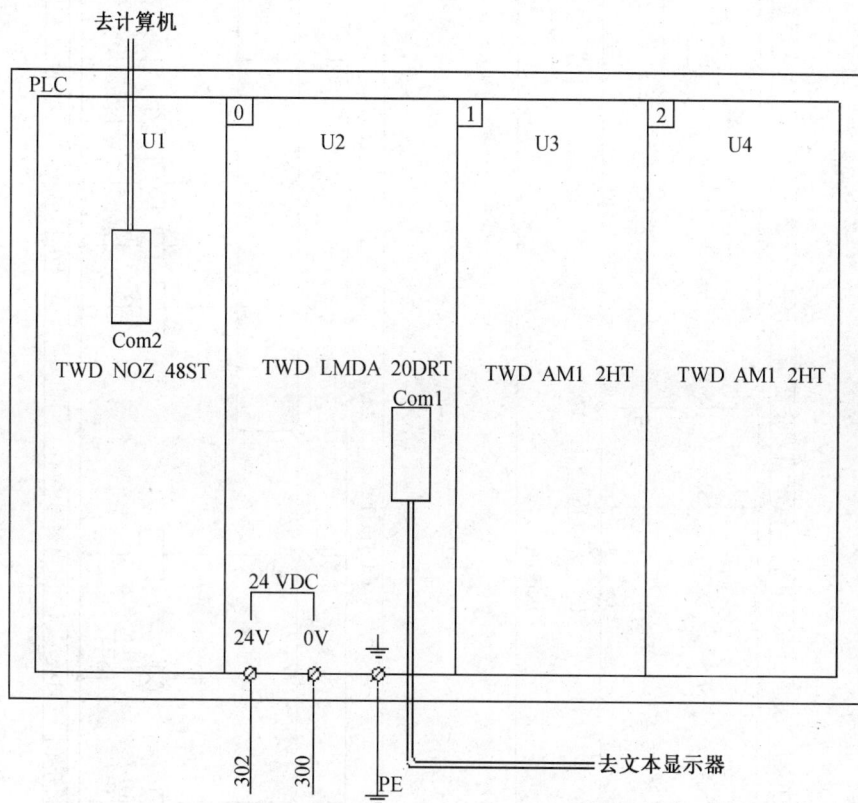

图 3-13　PLC 系统各模块配置位置图

TWD AMI 2HT 为模拟量输入模块，实现 A/D 转换。作为扩展模块，模拟量输入模块必须通过连接接口安装在基本单元的左侧，地址分别为 1 和 2。

TWD NOZ 485T 为通信模块，COM2 为第二通信口，通过 RS232/RS485 转换器与计算机串行口连接。作为扩展模块，通信模块必须通过连接接口安装在基本单元的右侧。

图 3-14 为 PLC 本体模块接线图。

PLC 的输入信号采用源型接法，即输入 COM 端接电源负端，输入信号电流流入 I 端。I0.0、I0.1 为磁栅尺 A、B 二相脉冲输入端，检测弹簧高度；I0.3~I0.11 为开关量控制信号输入端。

Q0~Q7 为 PLC 的输出端，连接外部设备，控制系统工作。Q0、Q1 是晶体管输出形式，故采用续流二极管进行过压保护；Q2~Q7 是继电器输出形式，根据以往的实际经验，其过压保护可以省略。

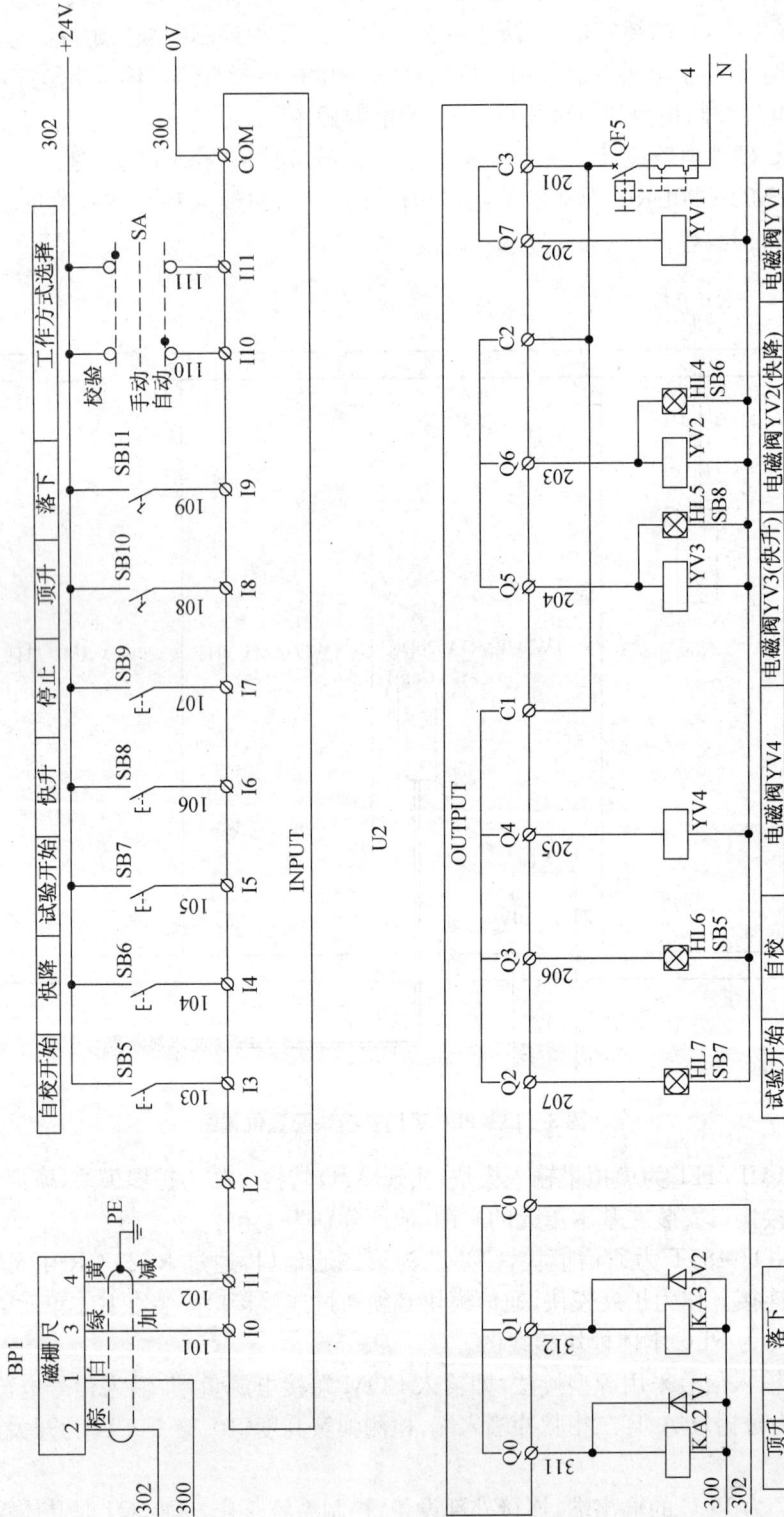

图 3-14　PLC本体模块接线图

图 3-15 为 PLC 模拟量模块接线图。

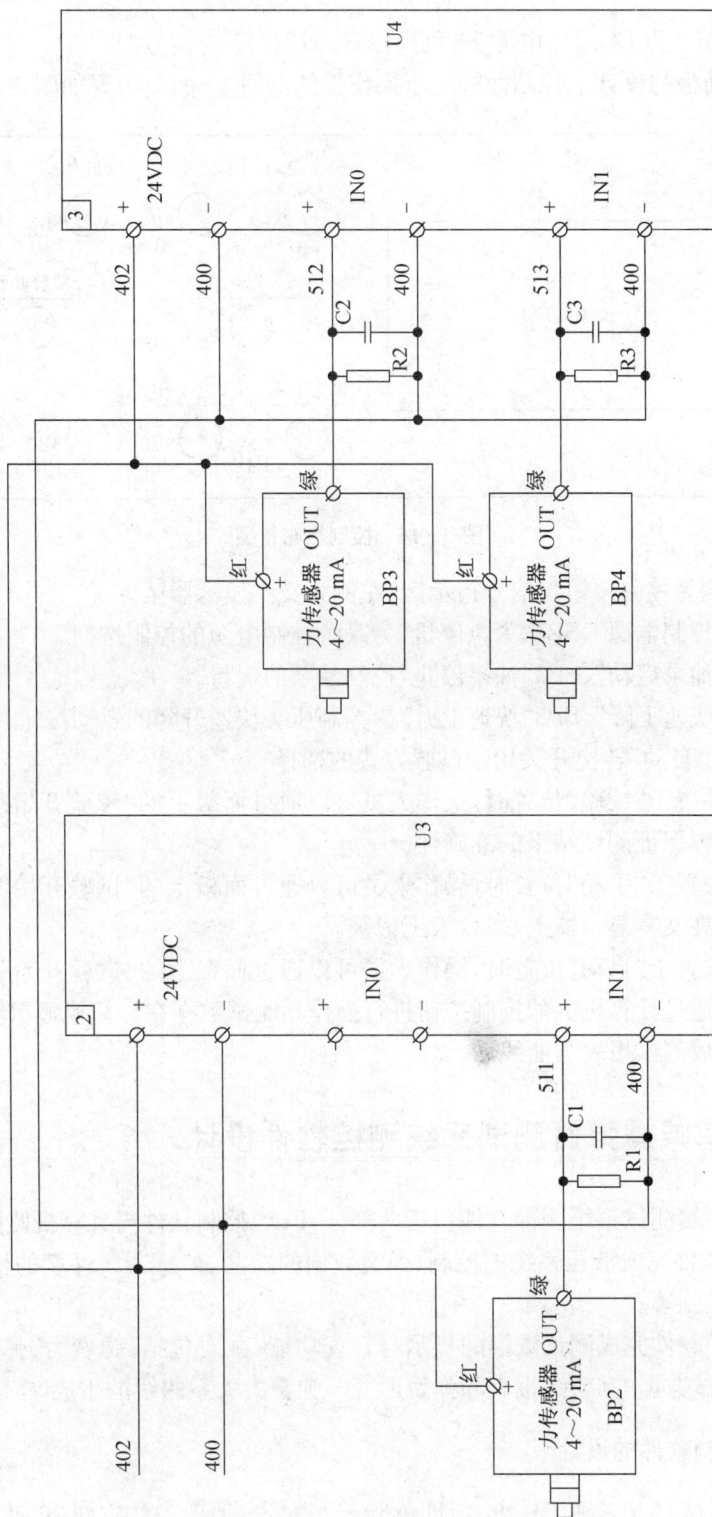

图 3-15 PLC 模拟量模块接线图

负荷传感器输出为电流型二线制。3 个传感器的输出信号分别与 A/D 模块的输入端子连接。

线号 402、400 为 DC24V 电源正、负极；511、512、513 为信号线。

（5）**控制面板的设计**　控制面板位于操作柜的前门上，面板布置如图 3-16 所示。

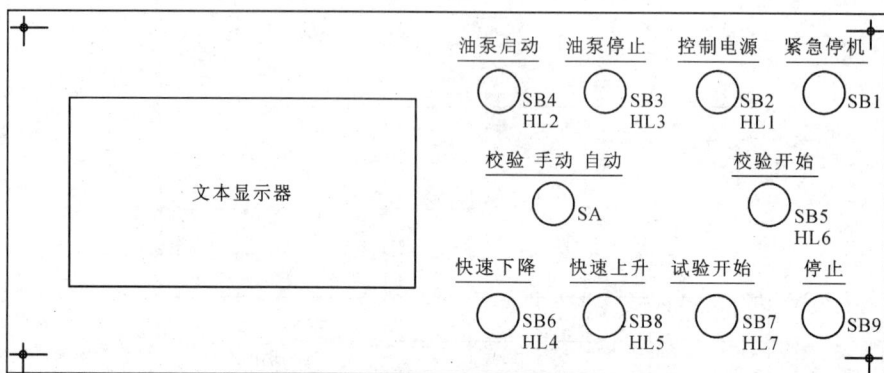

图 3-16　控制板布置图

面板的右侧为控制按钮与信号指示区，左侧为文本显示器区。

按钮 SB2"控制电源"、SB1"紧急停机"为系统控制电源的控制按钮。

按钮 SB4"油泵启动"、SB3"油泵停止"控制油泵的运行。

按钮 SB6"快速下降"、SB8"快速上升"为控制压头快速升降的点动按钮。

"校验 手动 自动"转换开关用于试验方式的选择。

当转换开关置于"校验"位置时，操作人员可以通过面板上的"校验开始"按钮对测试台进行系统校验，以保证测试结果的准确性。

当转换开关置于"手动"位置时，操作人员可以通过面板上的"试验开始"按钮进行手动测试，测试数据在文本显示器上显示，人工记录。

当转换开关置于"自动"位置时，操作人员可以通过面板上的"试验开始"按钮对测试台进行操作，也可通过计算机上的控制按钮进行操作。测试数据在计算机显示器上显示，并保存在硬盘中，生成测试报表与曲线。

3.4.4　机车减震弹簧测试系统测控软件设计

机车减震弹簧测试系统测控软件包括两部分：PLC 控制软件与计算机监控软件。

PLC 控制软件完成液压系统的控制、弹簧数据的检测、传感器线性度的校正、故障诊断以及系统安全控制等。

计算机监控软件完成测试数据的显示与管理功能，主要包括：弹簧力、弹簧高的实时测量值的显示；测试数据的储存；报表和弹簧形变—弹簧力关系曲线的生成。

1. PLC 控制软件的设计

弹簧测试系统具有三种工作方式，即校验工作方式、手动工作方式、自动工作方式。通过"校验、手动、自动"选择开关选择相应的工作方式。

主程序流程图如图 3 - 17 所示。

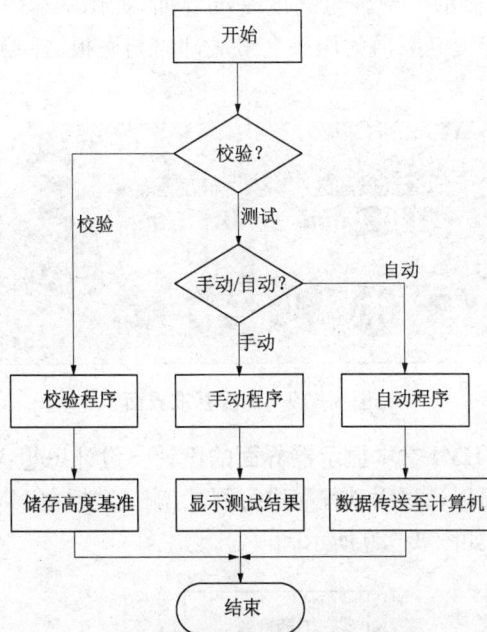

图 3 - 17　PLC 主程序流程图

（1）**系统校验程序及 HMI 文本显示器界面的设计**　设计思想：油压机油缸的位置、油缸的长度、底板的位置是固定不变的，当压头降至最底部位置时，其与底板之间的距离是固定的，只要定期用标准量具对它们的距离进行测量，以此数据作为系统的高度基准即可。通过测量，实际高度为 138.9 mm。

校验程序流程图如图 3 - 18 所示。

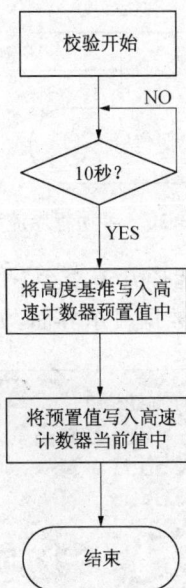

图 3 - 18　校验程序流程图

校验方法：当"校验、手动、自动"选择开关拨至"校验"位时，测试机处于"校验"工作方式。将 HMI 文本显示器显示屏幕翻至高度基准界面，如图 3－19 所示。界面上有两个数据，左边为"设置高度基准"，其数值为压头在最底部时与底板之间测量的距离，右边为"实际高度基准"。

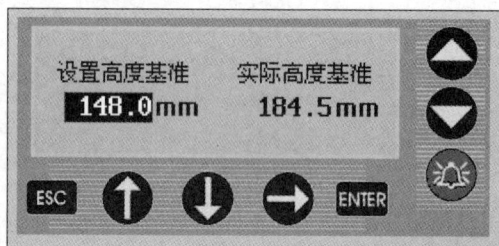

图 3－19　高度基准界面

（2）**手动测试程序及 HMI 文本显示器界面的设计**　设计思想：在系统调试时使用，或在计算机系统出现故障时，可以通过手动程序进行测试，测试数据在 HMI 文本显示器上显示。

部分手动程序流程图如图 3－20 所示。

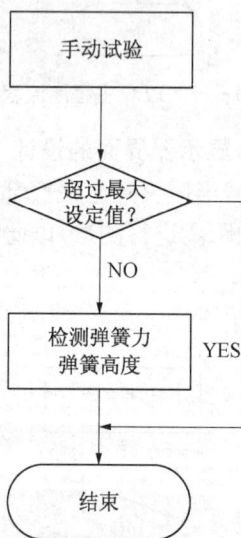

图 3－20　手动程序流程图

测试方法：当"校验、手动、自动"选择开关拨至"手动"位时，测试机处于"手动"工作方式。将文本显示器显示屏幕翻至实时数据显示界面，如图 3－21 所示。

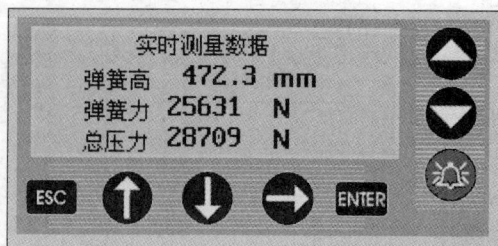

图 3－21　实时数据显示界面

在该界面上可查看弹簧压缩过程中,弹簧高度、弹簧力的变化情况。

(3) **数据自动测试程序的设计**　设计思想:根据机车行走减震弹簧的技术参数以及铁道部对减震弹簧的测试标准,对于不同型号的弹簧,将最大压缩力或最大压缩量分为 10 等份,在弹簧压缩过程中,每经过一个压缩点,将压缩力、弹簧高度、压缩量作为一组数据储存在相应的 PLC 数据寄存器中,共储存 10 组数据。如果测试数据过少,将难以准确表达弹簧的刚度特性。

自动程序流程图如图 3-22 所示。

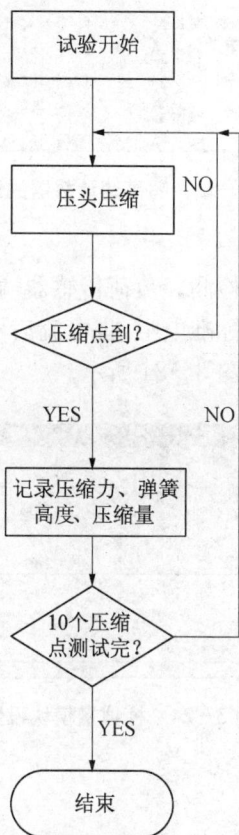

图 3-22　自动程序流程图

(4) **PLC 功能组态**　Twido PLC 有很强的控制功能和运算功能,其中很多功能只需组态而不必编程,使用非常方便。下面对本系统所使用到的部分功能进行组态。

① PLC 超高速计数器设置:

Twido PLC 内置 2 个超高速计数器功能模块,计数频率达 20 kHz。输入 ％I0.0 到 ％I0.7 是使用超高速计数器功能模块的专有输入。配置 ％VFC0 需要专有输入 ％I0.0 到 ％I0.3,配置 ％VFC10 需要专有输入 ％I0.4 到 ％I0.7。在超高速计数器对话框中,被每个计数器使用的输入显示在专有输入框中。

本系统中,PLC 需要对磁栅尺发出的 A、B 二相高速脉冲进行计数,以确定弹簧的压缩高,故选择 ％VFC0 来实现这个功能。其设置如图 3-23 所示。

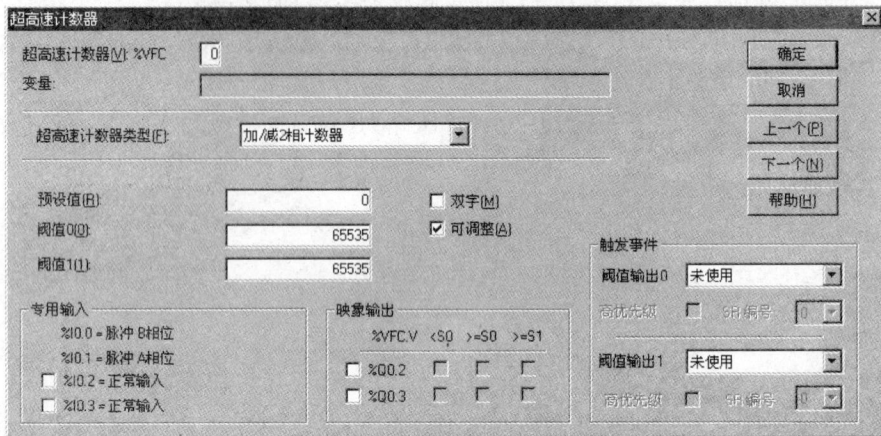

图 3-23　超高速计数器的设置

② PLC 模拟量模块设置：

弹簧负荷通过 3 个负荷传感器检测。负荷传感器输出 4～20 mA 标准信号,在 A/D 转换模块的信号输入端并联了 500 Ω 标准电阻,将电流信号转换为 0～10 V 电压信号,经A/D转换模块转换为数字量。其设置如图 3-24 所示。

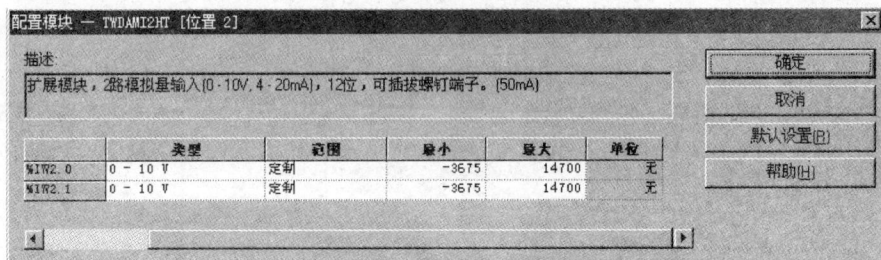

图 3-24　模拟量模块设置

2. 计算机测控软件的设计

减震弹簧测试系统上位机选用 MCGS 组态软件作为系统的计算机测控软件开发平台。

MCGS(Monitor and Control Generated System)是一套基于 Windows 平台的、用于快速构造和生成上位机监控系统的组态软件系统,可运行于 Microsoft Windows 95/98/Me/NT/2000 等操作系统。

MCGS 组态软件为用户提供了解决实际工程问题的完整方案和开发平台,能够完成现场数据采集、实时和历史数据处理、流程控制、动画显示、绘制趋势曲线和报表输出以及实现报警和安全机制及企业监控网络等功能。

由 MCGS 组态软件构成的一个应用系统由主控窗口、设备窗口、用户窗口、实时数据库和运行策略五个部分组成。组态工作开始时,系统只为用户搭建了一个能够独立运行的空框架,提供了丰富的动画部件与功能部件。如果要完成一个实际的应用系统,应主要完成以下工作:首先,要像搭积木一样,在组态环境中用系统提供的或用户扩展的构件构造应用系统,配置各种参数,形成一个有丰富功能可实际应用的工程;然后,把组态环境中的组态结果提交给运行环境。运行环境和组态结果就一起构成了用户自己的应用系统,如图 3 - 25 所示。

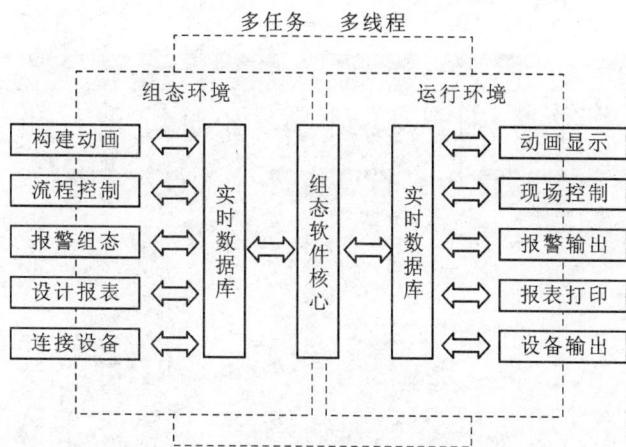

图 3 - 25　MCGS 组态软件的构成

利用 MCGS 组态软件的开发平台,设计弹簧测试系统计算机测控软件,实现的主要功能有:

① 显示功能:弹簧压缩动态过程;弹簧力、弹簧高度的实时测量值。

② 管理功能:按车型、类型和编号等参数对弹簧的测试数据进行储存,生成历史数据库;取得权限的操作人员可以对弹簧的试验理论参数进行修改。

③ 报表与曲线:根据测试数据生成报表和弹簧形变—弹簧力关系曲线,并可打印。

④ 控制功能:对现场执行机构进行操作。

(1) **主界面的设计**　进入 MCGS 运行系统,首先弹出主界面,如图 3 - 26 所示。

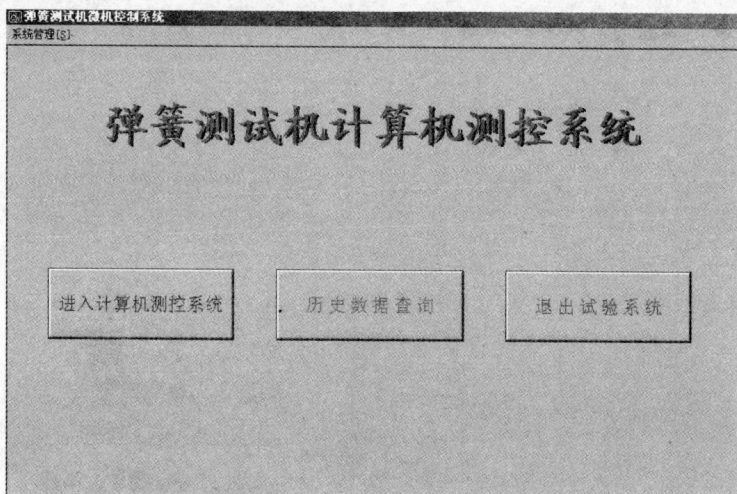

图 3 - 26　主界面

(2) **弹簧参数设置界面的设计**　进入计算机测控系统后,弹出"弹簧参数设置界面",要求用户为被试弹簧设置参数,包括:车型、类型和编号。如果参数设置不正确,计算机将发出提示信号;取得权限的操作人员可以对弹簧的试验技术参数进行修改,包括:工作载荷1、工作载荷2、工作高度1、工作高度2、自由高、挠度差等。修改后的数据自动保存,如图3-27所示。

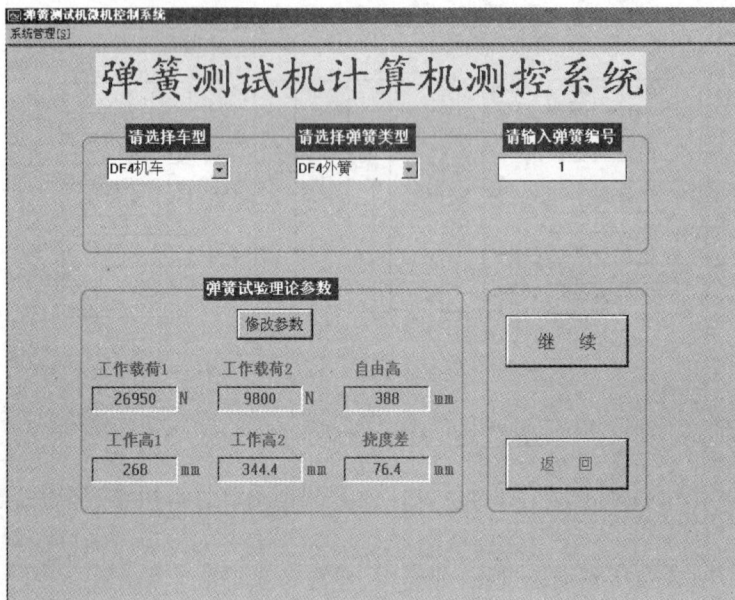

图 3-27　参数设置界面

（3）弹簧试验数据界面的设计　参数设置完成,点击"继续"按钮,进入"弹簧试验数据界面",如图3-28所示。在弹簧试验数据界面中,设置了控制按钮,按钮控制信号通过串口写入PLC相应的数据寄存器中,由PLC对现场执行机构进行控制;界面上还设置了虚拟仪表,对弹簧的实时数据包括总压力、弹簧力、弹簧高进行监控。

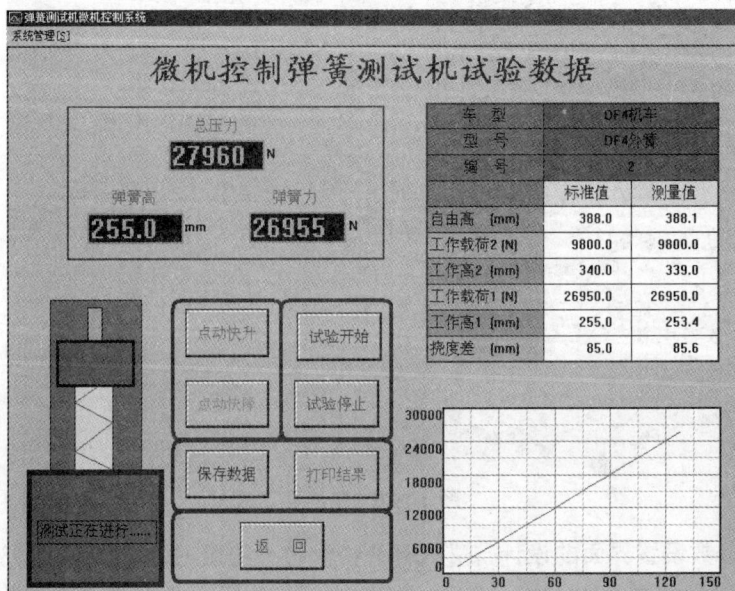

图 3-28　弹簧试验数据界面

在弹簧压缩的过程中,计算机对弹簧力、该弹簧力下的弹簧高以及压缩量进行采集。所有的试验数据储存在 Access 数据库中,通过报表生成程序形成报表,见表 3-4 所示,通过曲线生成程序形成弹簧形变—弹簧力关系曲线,如图3-29所示。

表 3-4　DF4 外簧试验记录

车　型	DF4 机车	
型　号	DF4 外簧	
编　号	2	
	标准值	测量值
自由高(mm)	388.0	388.1
工作载荷 2(N)	9 800.0	9 800.0
工作高 2(mm)	340.0	339.0
工作载荷 1(N)	26 950.0	26 950.0
工作高 1(mm)	255.0	253.4
挠度差(mm)	85.0	85.6

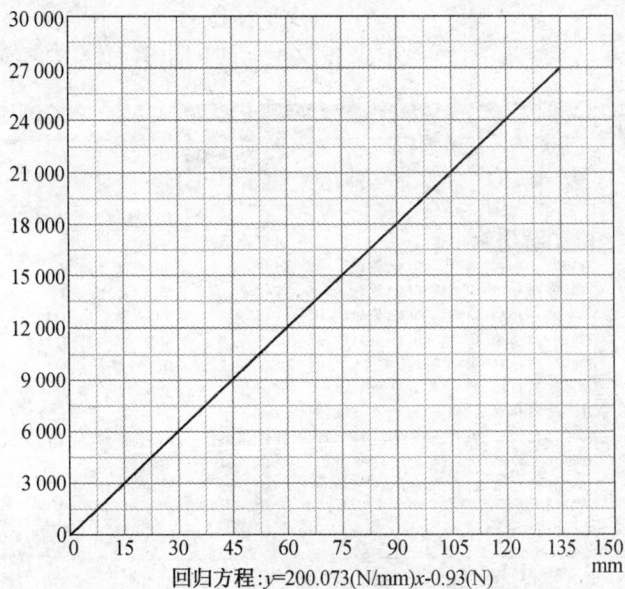

回归方程:$y=200.073(\text{N/mm})x-0.93(\text{N})$

图 3-29　弹簧变形—弹簧力关系曲线

(4) 历史数据查询的设计　机车减震弹簧出厂后,其测试数据仍要保存到若干年后安装该弹簧的机车返厂检修为止。因为一旦机车运行时发生机破或其他事故,如果是减震弹簧的质量原因造成的,其测试数据是分析事故原因的重要依据之一。计算机系统将弹簧测试数据储存在 Access 数据库中,作为历史数据可供查询。历史数据查询可按试验时间查询,也可按弹簧名称查询,如图3-30所示。

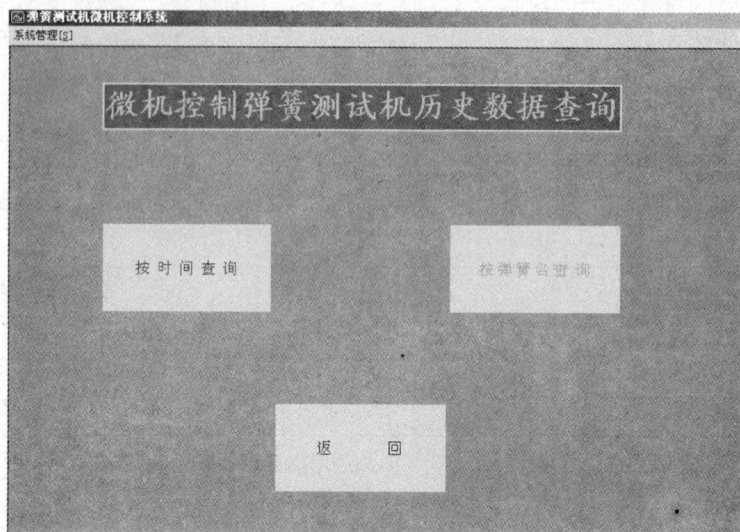

图 3 - 30　查询选择界面

（5）**按"时间查询"查询历史数据**　点击"时间查询"按钮，弹出按时间查询界面，如图 3 - 31所示。

数据表默认把当天所进行的弹簧试验时间、弹簧名称、车型、弹簧类型、弹簧编号全部列入表中。

数据表的左下方"1 行/共×行"显示出在设定的时间里共有 X 个弹簧试验数据。

图 3 - 31　时间查询界面

（6）**按"弹簧名称"查询历史数据**　点击"弹簧名查询"按钮，弹出按弹簧名查询界面，如图 3 - 32 所示。

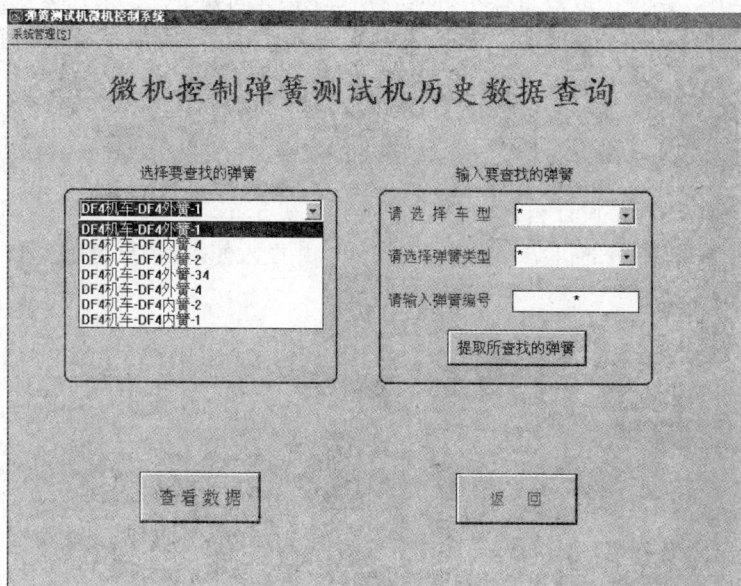

图 3-32　弹簧名查询界面

3.4.5　全文总结

采用计算机对机车减震弹簧技术参数的进行测试,是铁路部门提高产品质量、消除人为因素、保证机车安全稳定运行的必然趋势。本文围绕机车减震弹簧参数测试,详细阐述了计算机测试系统的研究与开发,本文主要完成了以下工作:

① 确定由 PLC 和计算机组成数据采集与监控系统。采用 PLC 作为测控核心,与计算机构成两级控制结构。

② 根据整个系统的功能要求,对 PLC 模块、传感器等元器件进行选择,完成了硬件电路的设计。

③ 通过对程序的整体规划,确定由 PLC 完成液压系统的控制、弹簧数据的检测、传感器线性度的校正、故障诊断以及系统安全控制等;计算机系统通过 RS232 串行口控制 PLC 的运行、读取 PLC 检测的弹簧数据,进行数据处理,形成测试数据报表与刚度曲线。

本测试系统与传统的测试系统相比,其主要优点表现在:

① 精度高。弹簧的技术参数包括弹簧所受的压力和弹簧的压缩高。系统采用高精度的力传感器和磁栅尺对弹簧所受的压力和弹簧的压缩高进行检测。力传感器信号通过 12 位的 A/D 转换模块进行模—数转换;磁栅尺的脉冲信号通过高速计数器进行计数,再换算成位移量。

② 可靠性高。在系统硬件方面,采取有效的抗干扰措施。传感器电源采用具有隔离作用的直流线性稳压电源,信号传输线采用屏蔽电缆,并单端接地;在软件方面,对力传感器的线性度进行了分段校正,每段中,力传感器输入、输出信号可视为线性。由于在硬件、软件等方面采取了很多措施,使系统的可靠性大大提高。同时,整个测试过程是自动完成的,消除了人为因素。

③ 安全性好。系统采取双重保护,使系统具有完善的安全性。液压系统配有油压保护装置,确保系统压力不会超过设定值;软件上设置了系统的最大负荷,当系统负荷达到最大负荷时,立即停止压缩,释放弹簧。

本项目经历了调研、方案设计、硬件设计、PLC 测控软件设计、计算机数据处理软件设计、系统组装、现场调试等过程,最终完成了机车减震弹簧计算机测试系统的研究与开发,系统各项功能指标均达到了设计目标。目前除戚墅堰机车车辆厂外,广州铁路机务段也订购了 2 台由该测控系统担纲的机车减震弹簧测试机,并投入使用,效果良好。

3.4.6 参考文献(略)

第4章

变频器应用系统设计

4.1 变频器应用系统设计一般原则

变频器相关的课题主要是指以变频器为主要控制器件的应用系统。由于交流电机非常广泛地应用于国民经济的各个行业中,同时种类也五花八门,因此决定了变频器控制系统的多样性。各类变频器系统的设计存在着如下所示的一般原则。

1. 实用性

交流电机调速在工业领域中应用非常广泛,应用行业的特点不同决定了对变频器的要求各不相同,因此在变频器的选型时要充分考虑到各种实际的需要。

物品提升机械是国民经济各行业中不可缺少的生产设备,在各工矿企业中大量使用,如工厂的行吊、港口码头的塔吊、矿井提升机、高炉卷扬机、民用电梯、轧机升降台以及油田抽油机等都是典型的提升机械。这类设备大多数采用绕线式电动机作为主驱动,用于提升或放下重物,具有典型的位能负载特性。针对此类应用,需要选用位能负载、具有四象限运行的变频器,如三菱公司的 FR—A241 系列变频器。

工业控制与民用生活中使用大量的风机和泵,它们的用电量占整个工业民用电机用电量的 70% 以上,这两种设备的工作特性基本相同。利用通用变频器对泵进行控制,主要是通过对其流量的控制而有效地节能,这是通用变频器最广泛的一种应用。此类变频器没有特殊要求,是一种通用变频器,常见的有富士公司的 FRN—P9 系列和三菱公司的 FR—F500 系列变频器。

在工业控制中有一类常见的需要大转矩的设备。此类设备的特点是:所需启动转矩大,同时在低频运行的条件下需要较大的转矩。比较典型的设备有:数控机床、拉丝机、木工机械、陶瓷机械化工搅拌等设备。例如,生产陶瓷的搅拌机,要求搅拌机能根据不同的材料,相应调整搅拌速度。材料的黏度越大,要求电机的转矩越大,在搅拌过程中要求低速恒转矩运行,这样就要求选择具有高品质转矩特性的直接转矩控制变频器,如 ABB 公司的 ACS600 系列变频器。

在许多应用场合,需要多台电机进行主/从控制或同步控制,与上位机相配合,实现多种控制方法,在要求不严格的场合,可以直接利用变频器自身进行调整。如西门子公司的 6SE70 系列变频器就是适用于多台电机传动的、采用共同的直线型母线方式的变频器。

2. 经济性

变频器系统的经济优化要结合控制系统节电性能和控制系统的成本两方面,既要节电效果好又要系统成本低。在选型的时候,要在满足控制要求的前提下,选择经济性较好的器件,优先考虑通用变频器,然后再考虑专用变频器。

3. 安全可靠性

在变频器电路设计中要充分考虑到变频器和运行电机的各类保护电路,同时在安装时也要注意变频器的可靠性。

4. 具有一定的通讯能力

实际的变频器系统中,很多情况下是以 PLC 系统或 PC 机为控制核心,在此类系统中必须考虑到变频器需具备通讯能力,因此变频器具备 RS232 接口、总线接口或以太网接口。

4.2 变频器硬件电路设计

变频器系统的应用电路比较固定和简单,设计时主要的工作在于变频器的选型和配套设备的选型。变频器系统设计的主要内容如下:

① 变频器的选型;

② 配套设备的选型;

③ 变频器的参数设定;

④ 有的系统需要进行 PLC 系统的设计。

基本的变频器系统的应用电路如图 4-1 所示。

避雷器 (FS3—0.38)	吸收由电源侵入的感应雷击电涌,保护与电源相连接的全部机器时使用(30 kW以上,标准装备)
降低无线电干扰的零相电抗器 (FL—Z)	无线电干扰严重时,作为降低这种干扰的措施,可使用这种零相电抗器
电源协调用交流电抗器 (AC电抗器) (ACL—□)	(1)电源容量为500 kV·A以上时,适用这种电源协调用交流电抗器 (2)同一电源上有晶闸管变流器负载时,使用这种电抗器。在电源端有通过开/关控制调整功率因数的电容器时使用这种电抗器 (3)电源电压有超过3%的非平衡率时使用这种交流电抗器 电源电压非平衡率(%) $= \dfrac{最高电压(V)-最低电压(V)}{三相平均电压(V)} \times 100\%$
电源滤波器 (FL—T)	防止由变频器产生干扰时使用,分为电源端用滤波器和负载端用滤波器(适用于22 kW以下)
改善功率因数的直流电抗器 (DC电抗器) (DCL—□)	为了改善变频器功率因数而使用这种直流电抗器。改善后的功率因数≈0.94~0.95

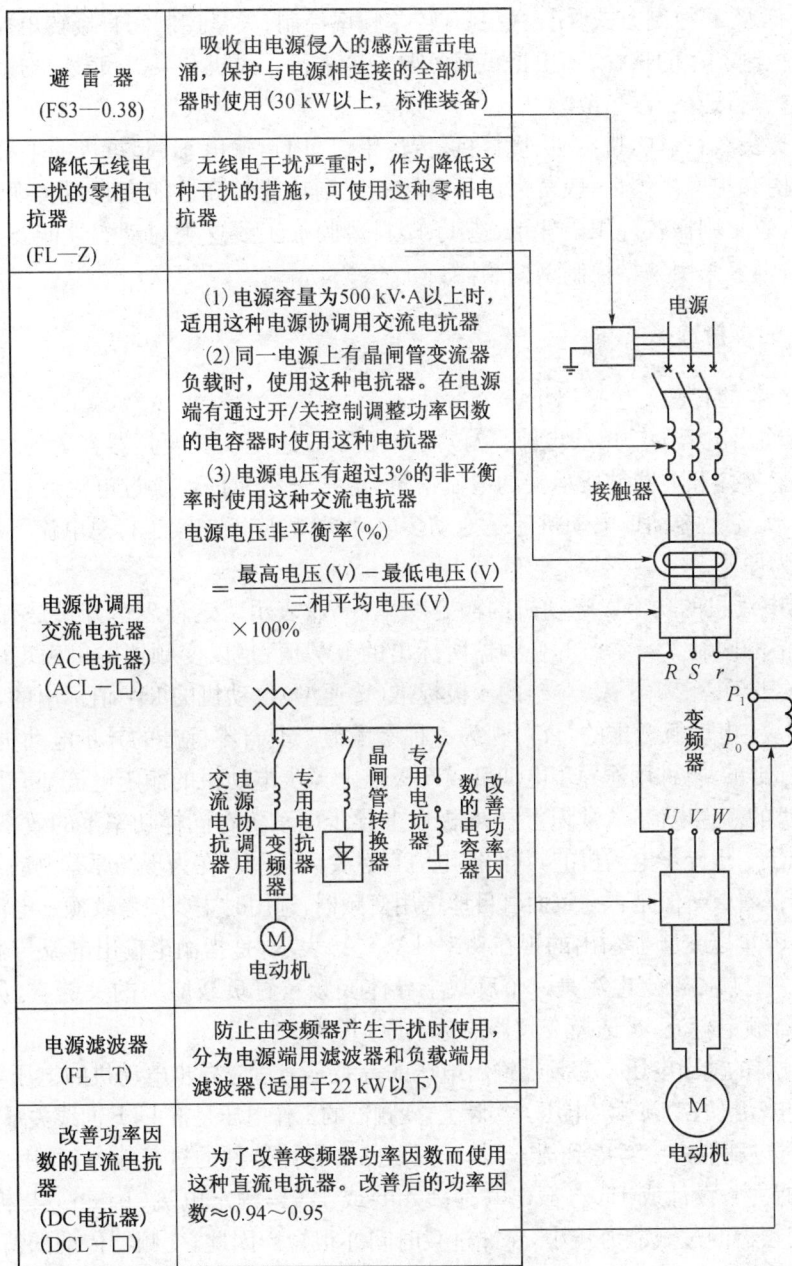

图 4-1　变频器系统的电路结构图

4.2.1　变频器选型

变频器的选择包括:控制类型的选择和具体的参量选择。

1. 变频器控制类型的选择

变频器控制方式大体可分为两种,开环控制和闭环控制,后者进行电动机速度反馈。作为开环控制有 V/F 控制方式,闭环控制有转差频率控制、矢量控制和直接转矩控制等方式。

变频器控制类型的选择,要根据负载的要求来进行。风机和泵类负载,低速下负载转矩较小,通常选择普通的 V/F 型。

恒转矩类负载,例如,挤压机、搅拌机、传送带、厂内运输电车、起重机的平移机构、起重机的提升机构和提升机等,一般若采用具有转矩控制功能的高性能变频器实现恒转矩负载的调速运行,效果则比较理想。轧钢、造纸、塑料薄膜加工线这类对动态性能要求较高的生产机械,目前则多采用矢量控制型变频器。

2. 具体的参量选择

(1) **变频器的容量** 包括以下三个参量。

① 额定输出电流为输出线电流,单位用 A 表示。这是反映变频器容量的最关键的量,是逆变器中半导体开关器件所承受的电流耐量,通常是不允许连续过电流运行的。负载电动机的选择,无论是拖动单电动机还是拖动多电动机,均应以连续运行总电流不超过变频器的额定电流为原则。

② 可用电动机的功率以电动机的额定功率(kW)表示。这种表达方式是有条件的,对电动机有严格的限制。日本产的变频器所标出的 kW 值,是以变频器输出额定电流时可以拖动的日产(甚至是变频厂家自产)的 4 极标准(普通型)电动机的 kW 值标出的,也就是说,是针对一种特定电动机标出的,仅可视为一种参考值。非日本标准的异步电动机自不必说,即使是日本标准的,特种用途异步电动机或 6 极以上异步电动机的额定电流都有可能大于上述特定电动机的额定电流,从常识上看,6 极以上异步电动机在同样功率下的效率,特别是功率因数,都低于 4 极异步电动机的,其额定电流自然要大一些。在为现场原有电动机选配变频器时,绝不可仅看 kW 值是否一致而盲目地选用变频器,选用时主要应考察额定电流。

③ 额定容量以变频器输出的视在功率(kV·A)表示,是指额定输出电流与电压下的三相视在功率。变频器额定电流是一个反映半导体变频装置负载能力的关键量,负载总电流不超过变频器额定电流,是选择变频器的基本原则。

(2) **变频器的输出电压** 变频器输出电压的等级是为适应异步电动机的电压等级而设计的,通常等于电动机的工频额定电压。实际上,变频器的工作电压是按 U/F 曲线关系变化的。

(3) **瞬时过载能力** 考虑到成本,基于主回路半导体器件的过载能力,通用变频器的电流瞬时过载能力常设计成 150% 额定电流、1 min 或 120% 额定电流、1 min。与标准异步电动机相比,变频器的过载能力较小,允许过载时间亦很短。因此,变频器传动的情况下,异步机的过载能力常得不到充分的发挥。

(4) **V/F 类型的选择** 最高频率是变频器—电动机系统可以运行的最高频率,由于变频器自身的最高频率可能较高,当电动机允许的最高频率低于变频器的最高频率时,应按电动机及负载的要求进行设定。基本频率是变频器对电动机进行恒功率控制和恒转矩的分界线,应按电动机的额定电压进行设定。转矩类型指的是负载是恒转矩负载还是变转矩负载。用户根据变频器的使用说明书中的 V/F 类型图和负载的特点,选择其中的一种类型。通用变频器均备有多条 V/F 曲线供用户选择,用户在使用时应根据负载的性质选择合适的 V/F 曲线。

调整启动转矩是为了改善变频器启动时的低速性能,使电机输出的转矩满足生产负载启动的要求。在异步电机变频调速系统中,转矩的控制较复杂。在低频段,由于电阻、漏电抗的影响不容忽略,若仍保持 V/F 为常数,则磁通将减少,进而减小了电机的输出转矩。漏阻抗的影响不仅与频率有关,还和电机电流大小有关,准确补偿是很困难的。当电压补偿过大时,将会造成电动机铁芯的饱和,增加励磁电流,从而引起电动机的过载。

(5) **设定加、减速时间**　电机在加、减速时的加速度 dw/dt 取决于加速(TE - T1),而变频器在起、制动过程中的频率变化率是用户设定的。若电机转动惯量 J 或电机负载 T1 变化,则电机在按预先设定的频率变化率升速或减速时,有可能出现加速转矩不足,从而造成电机失速,即电机转速与变频器输出频率不协调,从而造成过电流或过电压。因此,需要根据电机转动惯量和负载合理设定加、减速时间,使变频器的频率变化率能与电机转速变化率相协调。检查此项设定是否合理的方法是先按经验选定加、减速时间,若在起动过程中出现过流,则可适当延长加速时间;若在制动过程中出现过流,则适当延长减速时间。另一方面,加、减速时间不宜设定太长。时间太长将影响生产效率,特别是在频繁起、制动时。

(6) **频率跨跳**　V/F 控制的变频器驱动异步电机时,在某些频率段,电机的电流、转速会发生振荡,严重时系统无法运行,甚至在加速过程中出现过电流保护,使得电机不能正常启动,在电机轻载或转动惯量较小时,这种现象更为严重。普通变频器均具有跨跳功能,用户可以根据系统出现振荡的频率点,在 V/F 曲线上设置跨跳点及跨跳宽度,当电机加速时可以自动跳过这些频率段,保证系统能够正常运行。

(7) **制动电阻的选择**　当电机制动运行时,储存在电机中的动能经过 PWM 变频器回馈到直流侧,从而引起滤波电容电压升高,当电容电压超过设定值后经制动电阻消耗回馈的能量。小容量变频器带有制动电阻,大容量变频器的制动电阻通常由用户根据负载的性质和大小、负载周期等因素进行选配。制动电阻的阻值大小将决定制动电流的大小,制动电阻的功率将影响制动的速度。制动电阻的功率均按短时工作制进行标定,选择时须加以注意。当电机以四象限运行时,要考虑各种工况下制动能量的需求,校核最严重的情况,并据此确定制动电阻。在使用变频器给电动机供电时,可以在系统软件中设置电子热电器保护功能。对逆变器的输出电流在一定时间间隔内进行积分处理,其积分值反映了电机发热的积累效应。当积分值超过一定值后,逆变器的保护功能开始起作用,从而可以代替电动机的热继电器,这就是变频器的电子热继电器功能。变频器的使用人员可以按变频器的使用说明书对变频器的电子热继电器功能进行设定。电子热继电器的门限值定义为电动机的额定电流和变频器的额定电流的比值,通常用百分数表示。

(8) **直流制动**　当需要电动机减速或停止时,可以采用直流制动,它的基本原理是通过逆变器的开关器件由变频器的直流侧电源在电动机的绕组上通过逆变器的开关件施加脉冲式直流电压,由于绕组的电感作用,会在电动机的定子绕组内流过直流电,从而产生制动转矩。当使用直流制动的方法使电动机停止时,可以使电动机的转子准确地停止在某一位置上,例如 u 相绕组的轴线上。在使用变频器的直流制动功能时,可以调整的设定值包括制动运行频率、制动持续时间、制动强度(直流制动电压)。当制动强度过大时,将会造成过电流跳闸,此时应适当减小制动强度。

3. 变频器的保护

由于设置不当、负载的变化、外界运行条件的改变以及变频器的元器件的损坏或接触不良等,都有可能造成变频器的故障。当变频器出现故障和非正常运行时,变频器必须有快速可靠的保护。

（1）**过电流保护**　当变频器的输出侧发生短路或电动机堵转时，变频器将流过很大的电流，从而造成电力半导体器件的损坏。变频器为了实现电流保护，需要从变频器的硬件和软件两个方面采取措施，由于软件处理时受到采样时间以及微处理器的处理速度的限制，对于某些快速变化的过电流不能进行保护，这种情况下，通常采用硬件电路进行保护。例如，在主电路电力半导体器件驱动电路中还包括过电流的检测和封锁驱动信号的保护电路。

（2）**过载保护**　在传统的电力拖动系统中，通常采用热继电器保护电动机，使电流不会超过电动机绕组发热所能容许的过电流。热继电器具有反时限特性，即电动机的过载电流愈大，容许电动机持续运行的时间愈短；而电动机的过载电流较小，则容许电动机持续运行的时间较长。采用微处理器作为变频器的主控制单元，可以很方便地实现热继电器的反时限特性。对检测变频器的输出电流和存储的保护特性所确定的电流进行比较，当变频器的输出电流大于过载保护电流时，微处理器按照反时限特性的要求进行必要的计算。在一定运行时间内，变频器继续运行；当过载持续的时间超过反时限特性所决定的时间时，变频器将停止工作；如果在允许的时间之前，过载的情况已经消失，变频器恢复正常运行。

（3）**制动电阻过载保护**　当制动电阻工作时间过长，再生制动电阻将停止工作，过电压保护电路将起作用，从而使变频器停止工作，仅在部分变频器中具有这种保护功能。

（4）**电压保护**　当电动机减速或制动时，电动机将通过变频器的作用，将变频器输出侧的交流电变换成变频器直流侧的直流电，从而使变频器直流侧电压升高。若变频器直流侧电压超过一定数值，有可能击穿滤波电容或电力半导体器件，造成变频器损坏，严重时甚至可能炸毁变频器。

（5）**反接保护**　随着变频器在工业传动领域的应用日益普及，非专业技术人员操作变频器也十分普遍，反接故障时有发生，会直接导致变频器的损坏。所谓反接，是指误将变频器的输入端接交流电机，而将变频器的输出端接工频时，逆变桥的续流二极管构成三相整流桥，在没有充电电阻时，直接对电解电容进行充电，由于电解电容的静态电阻（ESR）很小，充电电流非常大，往往在上电的瞬间将续流二极管损坏。

（6）**其他保护**　变频器除提供以上保护外，还提供欠电压保护、CPU 故障保护、电源掉电重合闸保护以及外部跳闸保护等。如果外部干扰使 CPU 或 EPROM 发生非正常运行，变频器也将停止工作。

通用交流电机变频调速控制器通常具有工业 IP00、IP20 和 IP40 的保护等级。该装置内部的电子元件在工作时会不断地产生热量，因此对环境温度、湿度有一定的要求。安装时要求有良好的通风条件，要求环境中不能有过多的腐蚀性气体和灰尘。变频器最好安装在室内，不要受阳光直接照射。在没有房屋的野外安装变频器时，要加强防雨水、冰雹、高温、低温方面的设计。如果在我国东北地区室外安装变频器时，一定要考虑冬天的加热问题。若机器是断续运行的，应该用温升装置保持环境为恒温；若机器长期运行，则恒温装置应待机运行。如果在南方比较潮湿的地区使用变频器，必要时还需要加装除湿器。在野外运行的变频器装置要加设避雷器，以免器件被雷击穿。

安装变频器时要求所安装的墙壁不受振动，在不加装控制柜时，要求变频器安装在牢固的墙壁上,墙面材料应为钢板或其他非易燃的坚固材料。在安装空间上,要保证周围墙壁留有15 cm的距离,要求有通畅的气流通道。为了更好地实现散热,变频器还应垂直。安装控制柜时,要计算柜内所有电气装置的运行功率和散热功率、最大承受温度,综合考虑计算出柜子的体积、柜体材料、散热方式、换流形式。在使用现场,变频器与电机安装的距离可以分为三种情况:远距离、中距离和近距离。20 m以内为近距离,20~100 m为中距离,100 m以上为远距离。如果变频器和电机之间的距离低于20 m,可以直接与变频器连接;对于变频器和电机之间的距离为20 m到100 m的中距离连接,需要调整变频器的载波频率来减少谐波及干扰;而对变频器和电机之间的距离为100 m以上的远距离连接,不但要适度降低载波频率,还要加装浪涌电压抑制器或输出用交流电抗器。

4. 调试变频器

(1) **检查原包装** 包装是否破损,变频器外壳和表面是否有变形或划痕,变频器的随机附件及说明书是否正确齐全,变频器的螺钉及固件是否松动,轻轻移动或小角度翻动变频器,观察是否有异物存在,检查端子封条是否存在。

(2) **进行变频器的空载通电检验**

① 将变频器的接地端子接地,以确保人身安全。

② 将变频器的电源输入端子经过漏电保护开关接到电源上,以使机器出现故障时能迅速切断电源。

③ 检查变频器显示窗的出厂显示是否正常;如果不正确,请复位,复位仍不能解决,请要求退换。

④ 熟悉变频器的操作键。

(3) **变频器带电机空载运行**

① 设置电机的功率、极数,要综合考虑变频器的工作电流、容量和功率,根据系统的工况要求选择设定功率和过载保护值。

② 设定变频器的最大输出频率、基频,设置转矩特性,如果是风机和泵类负载,要将变频器的转矩运行代码设置成变转矩和降转矩运行特性。

③ 将变频器设置为自带的键盘操作模式,按运行键、停止键,观察电机是否能正常地起动停止。

④ 熟悉变频器运行发生故障时的保护代码,观察热保护继电器的出厂值,观察过载保护的设定值,需要时可以修改。

(4) **带载试运行**

① 手动操作变频器面板的运行停止键,观察电机运行停止过程及变频器的显示窗,看是否有异常现象。

② 如果起动/停止电机过程中变频器出现过流保护动作,请重新设定加速/减速时间。

③ 如果变频器在限定的时间内仍然保护,请改变起动/停止的运行曲线,从直线改为S形、U形或反S形、反U形。电机负载惯性较大时,应该采用更长的起动或停止时间,并且根据其负载特性设置运行曲线类型。

④ 如果变频器仍然存在运行故障,请尝试增加最大电流的保护值,但是不能取消保护,应留有至少10%~20%的保护余量。

⑤ 如果还是发生变频器运行故障,则需更换更大一级功率的变频器。

⑥ 如果变频器带动电机在起动过程中达不到预设速度,可能有两种情况:一是系统发生机电共振,可以根据电机运转的声音进行判断。采用设置频率跳跃值的方法,可以避开共振点,一般变频器能设定三级跳跃点。二是电机的转矩输出能力不够,不同品牌的变频器出厂参数设置不同,在相同的条件下,带载能力不同,也可能因变频器控制方法不同,造成电机的带载能力不同;或因系统的输出功率不同,造成带载能力会有所不同。对于这种情况,可以增加转矩提升量的值。如果达不到,请用手动转矩提升功能,不要设定过大,电机这时的温升会增加。如果仍然不行,请改用新的控制方法,比如采用 V/F 比恒定的方法起动达不到要求,则改用无速度传感器空间矢量控制方法,它具有更大的转矩输出能力。对于风机和泵类负载,可减少转矩的曲线值。

(5) **变频器与上位机相连进行系统调试** 在手动的基本设定完成后,如果系统中有上位机,将变频器的控制线直接与上位机控制线相连,并将变频器的操作模式改为端子控制,根据上位机系统的需要,调定变频器接收频率信号端子的量程为 0~5 V 或 0~10 V,调整变频器对模拟频率信号采样的响应速度。

4.2.2 变频器配套设备选型

变频器是电力电子设备,易受到外界的一些电气干扰。因此,变频器投入电网运行时,需要考虑电网电压是否对称、平衡,变压器容量的大小及配电母线上是否接有非线性设备等;另一方面,变频器本身输入侧是一个非线性整流电路,对电源的波形将有影响,变频器输入、输出侧电压、电流含有丰富的谐波,因此需要接入交流电抗器、直流电抗器、电源滤波器、起动电阻等。直流电抗器、滤波器、交流电抗器表的选择见表 4-1、表 4-2、表 4-3。

表 4-1 直流电抗器选择

电压	适用电动机/kW	变频器容量/kW	电抗器型号	尺寸/mm								端子孔径	重量/kg
				A	B	C	D	E	F	G	H		
200 V系列	45	45	DCR2—45	156	80	110	136	130	75	9×15	260	10	23
	55	55	DCR2—55	170	85	110	136	130	75	9×15	300	10	28
	75	75	DCR2—75	200	80	95	126	180	75	10×16	240	12	19
	90	90	DCR2—90	180	100	100	131	150	75	10×15	275	15	22
	110	110	DCR2—110	200	100	120	141	150	80	10×15	290	15	25
380 V系列	0.4	0.4	DCR4—0.4	66	56	72	90			5.2×8	94	M4	1.0
	0.75	0.75	DCR4—0.75	66	56	72	90			5.2×8	94	M4	1.4
	1.5	1.5	DCR4—1.5	66	56	72	90			5.2×8	94	M4	1.6
	2.2	2.2	DCR4—2.2	86	71	80	100			6×9	110	M4	2.0
	3.7	3.7	DCR4—3.7	86	71	80	100			6×9	110	M4	2.6

（续表）

电压	适用电动机 /kW	变频器容量 /kW	电抗器型号	尺寸/mm									重量 /kg
				A	B	C	D	E	F	G	H	端子孔径	
380 V系列	5.5	5.5	DCR4—5.5	86	71	80	100			6×9	110	M4	2.6
	7.5	7.5	DCR4—7.5	111	95	80	100			7×11	130	M5	4.2
	11	11	DCR4—11	111	95	80	100			7×11	130	M5	4.3
	15	15	DCR4—15	146	124	96	130			7×11	171	M5	5.9
	18.5	18.5	DCR4—18.5	146	124	96	120			7×11	171	M6	7.2
	22	22	DCR4—22	146	124	96	120			7×11	171	M6	7.2
	30	30	DCR4—30	150	75	100	126	155	70	9×15	210	8.4	14
	37	37	DCR4—37	146	75	100	126	155	70	9×15	210	8.4	17
	45	45	DCR4—45	146	75	110	136	180	75	9×15	210	10.5	21
	55	55	DCR4—55	146	75	110	136	190	85	9×15	210	10.5	25
	75	75	DCR4—75	200	70	95	126	160	80	10×16	250	10.5	25
	90	90	DCR4—90	220	70	100	131	165	85	10×16	280	13	32
	110	110	DCR4—110	220	70	120	141	170	95	10×16	290	13	36
	132	132	DCR4—132	190	80	146	177	180	90	10×16	360	13	40
	160	160	DCR4—160	220	90	140	171	200	90	12×20	350	12	45
	200	200	DCR4—200	230	100	140	181	180	110	12×20	310	15	50
	220	220	DCR4—220	230	100	150	201	180	110	12×20	320	15	50
	280	280	DCR4—280	230	100	160	211	180	110	12×20	340	15	58

表 4-2 滤波器的选择

电压 /V	变频器容量 /kW	滤波器型号	相数	额定电压 /V	额定电流 /A	额定电压 /V	降压 /V	重量 /kg
220	0.2 0.75	FL—T/5/250	3	250	5	250	≤1.5	0.5
	1.5 2.2	FL—T/11/250			11			0.6
	3.7	FL—T/17/250			17			0.6
	5.5 7.5	FL—T/33/250			33			0.8
	11	FL—T/46/250			46			2.9
	15	FL—T/58/250			58			3.5
	18.5	FL—T/73/250			73			4.4
	22	FL—T/86/250			86			5.0

(续表)

电压 /V	变频器容量 /kW	滤波器型号	相数	额定电压 /V	额定电流 /A	额定电压 /V	降压 /V	重量 /kg
400	0.4 3.7	FL—T/9/500	3	500	9	4 000	≤1.5	0.6
	5.5	FL—T/13/500			13			0.6
	7.5 11	FL—T/24/500			24			0.8
	15	FL—T/29/500			29			0.8
	18.5	FL—T/37/500			37			2.3
	22	FL—T/43/500			43			2.7
								2.9

表 4-3　交流电抗器选择

适用电动机 /kW	变频器容量 /kW	电抗器型号	尺寸/mm								端子孔径	重量 /kg
			A	B	C	D	E	F	G	H		
0.75	0.75	ACL—0.75	120	40	65	90	90		6×10	95	M4	1.1
1.5	1.5	ACL—1.5	125	40	75	100	90		6×10	95	M4	1.9
2.2	2.2	ACL—2.2	125	40	75	100	90		6×10	95	M4	2.2
3.7	3.7	ACL—3.7	125	40	75	100	90		6×10	95	M4	2.4
5.5	5.5	ACL—5.5	125	40	90	115	90		6×10	95	M5	3.1
7.5	7.5	ACL—7.5	125	40	75	115	90		6×10	95	M5	3.7
11	11	ACL—11	180	60	85	110	90		7×11	115	M6	4.3
15	15	ACL—15	180	60	85	110	90		7×11	137	M6	5.4
18.5	18.5	ACL—18.5										5.7
22	22	ACL—22A										5.9
30	30	ACL—30	190	60	90	120	170		7×10	190	8.4	11
37	37	ACL—37										
45	45	ACL—45	190	60	90	120	200		7×10	190	10.5	12
55	55	ACL—55										
75	75	ACL—75	190	60	90	126	197		7×10	190	11	12
90	90	ACL—90	250	100	105	136	202		9.5×18	245	13	24
110	110	ACL—110										
132	132	ACL—132	250	100	115	146	210		9.5×18	250	13	32
160	160	ACL—160	320	120	110	150	240		12×20	300	13	40
200	200	ACL—200										
220	220	ACL—220										
280	280	ACL—280	380	130	110	150	260		12×20	300	13	52

4.3 变频器的电路连接及参数设定

各种系列的变频器都有其标准的接线端子,它们的接线与其自身功能的实现密切相关,但它们都是大同小异。

变频器接线主要有两部分:一部分是主电路接线,另一部分是控制电路接线。

主电路接线包括:

① 主电路电源端子;

② 变频器输出端子;

③ 外部配套设备的接线端子包括:交直流电抗器、外部制动电阻、滤波器等。

控制电路包括:频率输出端子、控制信号输入端子、控制信号输出端子、输出信号量显示端子、无源触点端子。在具体实际应用中,可按照实际所选变频器型号的用户手册进行相关的具体接线。

通用变频器的功能设定根据生产厂家的不同,而有着千差万别,但是它们的基本功能相同,主要有:

① 显示频率、电流、电压;

② 设定操作模式、操作命令、功能码;

③ 读取变频器运行信息和故障报警信息;

④ 监视变频器运行;

⑤ 变频器运行参数的自整定;

⑥ 故障报警状态的复位,在具体实际应用中,可按照实际所选变频器型号的用户手册进行相关的参数设定。

4.4 变频器应用系统设计实例——全自动变频恒压供水电气控制系统

4.4.1 前 言

随着社会的发展和进步,城市高层建筑的供水问题日益突出。一方面要求提高供水质量,不要因为压力的波动造成供水障碍;另一方面要求保证供水的可靠性和安全性,在发生火灾时,仍能够可靠供水。对供水系统进行控制,是为了满足用户对流量的需求,所以流量是供水系统的基本控制对象,但流量的测量比较复杂,保持供水系统中某处压力的恒定,也就保证了该处的供水能力和涌水流量的平衡。恰好满足用户所需要的用水流量,这就是恒压供水系统所要达到的目的。

本文介绍的变频控制恒压供水系统,是在对一个典型的水塔供水系统的技术改造实践中,完成恒压供水系统的电气控制电路和 PLC 控制程序的设计并用 MCGS 软件对其进行仿真。此系统体现了 PLC 变频控制恒压供水的技术优势,同时有效地节省了资金。

4.4.2 设计思想

通过安装在出水管网上的压力传感器,把出口压力信号变成 4～20 mA 的标准信号送入显示控制器端口,经运算与给定压力参数进行比较,得出一调节参数,将此参数送给变频器,由变频器控制水泵的转速,调节系统供水量,使供水系统管网中的压力保持为给定的压力;当用水量超过一台泵的供水量时,通过 PLC 控制切换器进行加减泵。根据用水量的大小,由 PLC 控制工作泵数量的增减及变频器对水泵的调速,实现恒压供水。当供水负载变化时,输入电机的电压和频率也随之变化,这样就构成了以设定压力为基准的闭环控制系统。此外,系统还设有多种保护功能,尤其是硬件/软件备用水泵功能,充分保证了水泵的及时维修和系统的正常供水。图 4－2 是全自动变频恒压无塔供水控制系统框图。

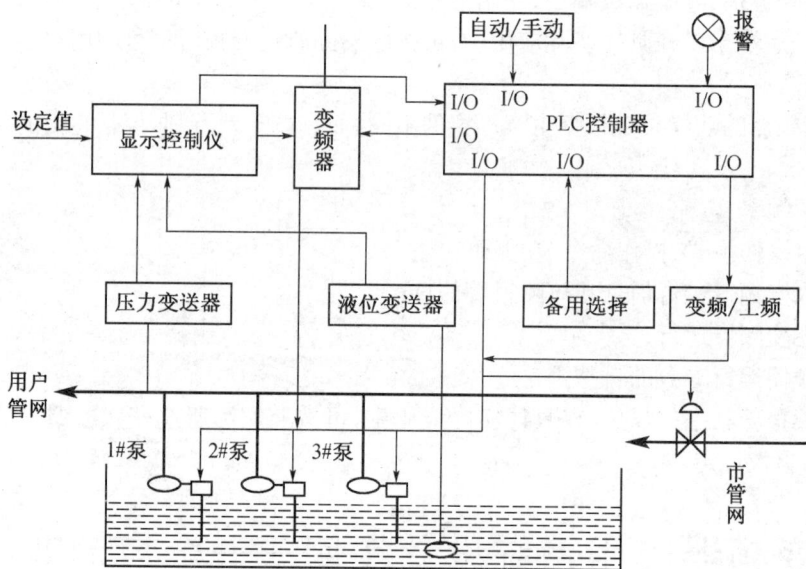

图 4－2 恒压供水系统控制框图

4.4.3 硬件部分设计

传感器采用上海百纳控制工程技术有限公司的 P30N—E22R 型压力传感器,输出 4～20 mA 电流信号,L30M2—20C22B22 投入式液位传感器输出 4～20 mA 电流信号。两种传感都是基于陶瓷电容技术,当液位(或压力)增加时,加在陶瓷电容上的压力增大,使得电容值增大,电容值正比于液位(或压力)高低。该传感器过载能力强,稳定性好,抗干扰能力强。

变频器采用三菱 FR—A540 通用变频器,该产品具有过流、过压、欠压、瞬时停电、制动晶体报警、失速防止、PLC 错误等多种保护。变频器基本参数设置如下:

$$Pr.0(3\%),Pr.1(15\ Hz),Pr.2(50\ Hz),Pr.7(10\ s),Pr.8(10\ s)。$$

其余参数请参考三菱变频调速器 FR—A540 使用手册,根据现场条件设置,电气接线如图 4－3 所示。

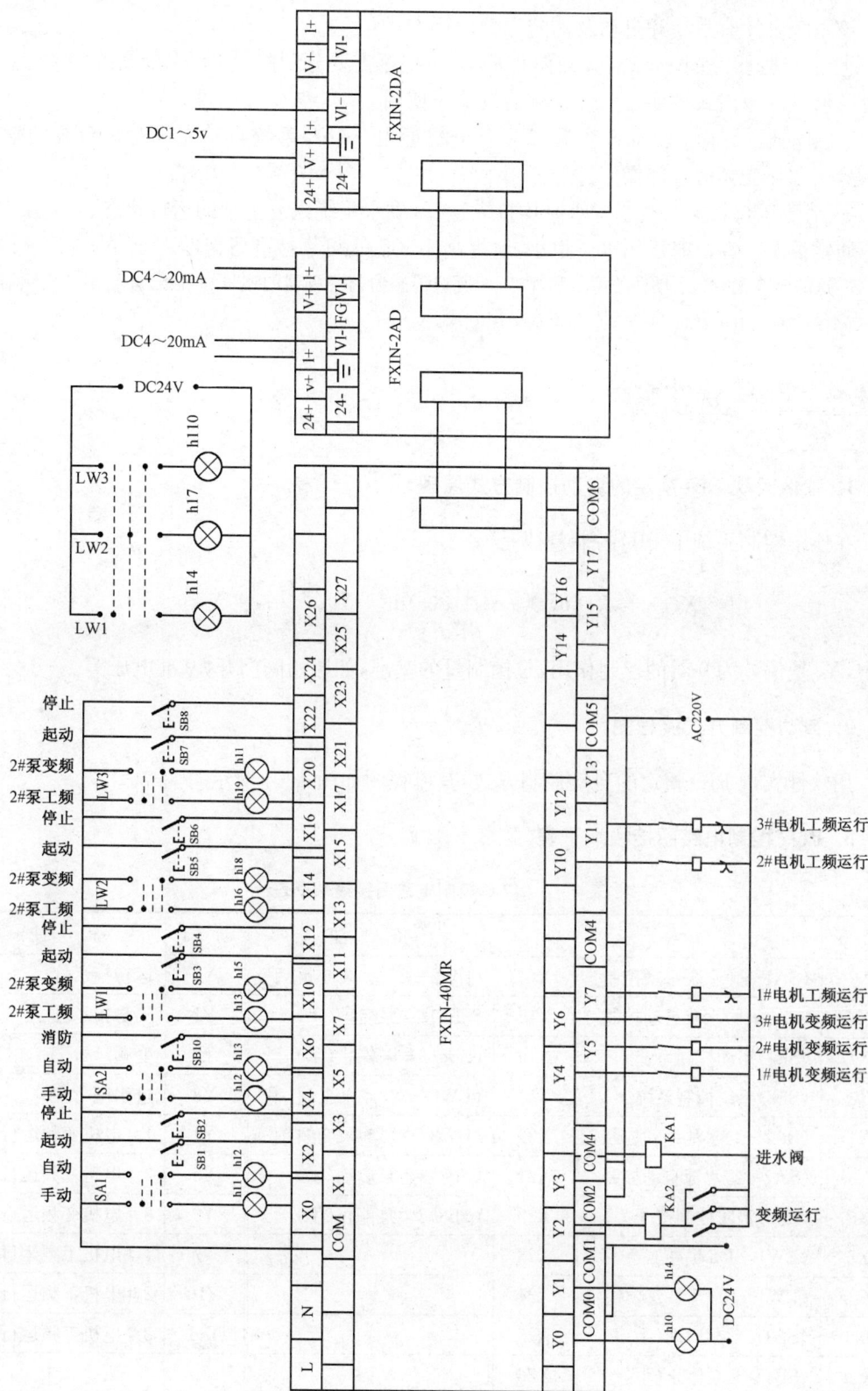

图 4－3　PLC 的电气接线图

该系统设计有手动和自动及消防三种运行方式:

① 手动运行:按下按钮启动或停止水泵,可根据需要分别控制 1♯～3♯泵的变频、工频运行及启停。该方式主要在检修变频器故障时使用。

② 自动运行:合上自动开关后,1♯泵电机通电,……,系统自动完成对多台泵的软启动、停止、循环变频的全部操作过程。

③ 消防运行:1♯、2♯、3♯水泵均投入运行,供水系统恢复正常的运行状态。

通常情况下深夜时段用水量很小,对提高小区供水可靠性有所帮助。

注:这部分首先给出了硬件的型号和规格,即所选传感器与变频器的型号和规格,并给出了变频器的具体参数,之后给出了硬件的电气原理图及工作方式。

4.4.4 PLC 软件设计

1. 软件实现 PID 整定的自动控制方式原理

在连续控制系统中 PID 控制规律是

$$X(t) = K_p \left[e(t) + \frac{1}{T_i} \int_0^t e(\tau) \mathrm{d}\tau + T_d \frac{\mathrm{d}e(t)}{\mathrm{d}t} \right] + X_0,$$

其中,X_0 是偏差为 0 时的控制作用,是控制量的基准,如原始阀门开,基准电压等。

2. 自动控制方式流程图

用软件实现 PID 整定的自动控制方式,其流程图如图 4-4 所示。

3. PLC 控制电路图接线端子表(见表 4-4)

表 4-4 PLC 控制电路图接线端子表

端 子	备 注	端 子	备 注	端 子	备 注
X0	(SA1—1)水泵手动控制	X14	(LW2—2)2♯泵变频(手)	Y0	运行指示灯
X1	(SA1—2)水泵自动控制	X15	(SB5)2♯泵启动(手)	Y1	消防指示灯
X2	(SB1)启动控制系统	X16	(SB6)2♯泵停止(手)	Y2	变频运行
X3	(SB2)系统控制系统	X17	(LW3—1)3♯泵工频(手)	Y3	进水阀
X4	(SA2—1)水池手动控制	X20	(LW3—2)3♯泵变频(手)	Y4	1♯电机变频运行
X5	(SA2—2)水池自动控制	X21	(SB7)3♯泵启动(手)	Y5	2♯电机变频运行
X6	(SB6)消防控制按开关	X22	(SB8)3♯泵停止(手)	Y6	3♯电机变频运行
X7	(LW1—1)1♯泵工频(手)	X23		Y7	1♯电机工频运行
X10	(LW1—2)1♯泵变频(手)	X24		Y10	2♯电机工频运行
X11	(SB3)1♯泵启动(手)	X25		Y11	3♯电机工频运行
X12	(SB4)1♯泵停止(手)	X26			
X13	(LW2—1)2♯泵工频(手)	X27			

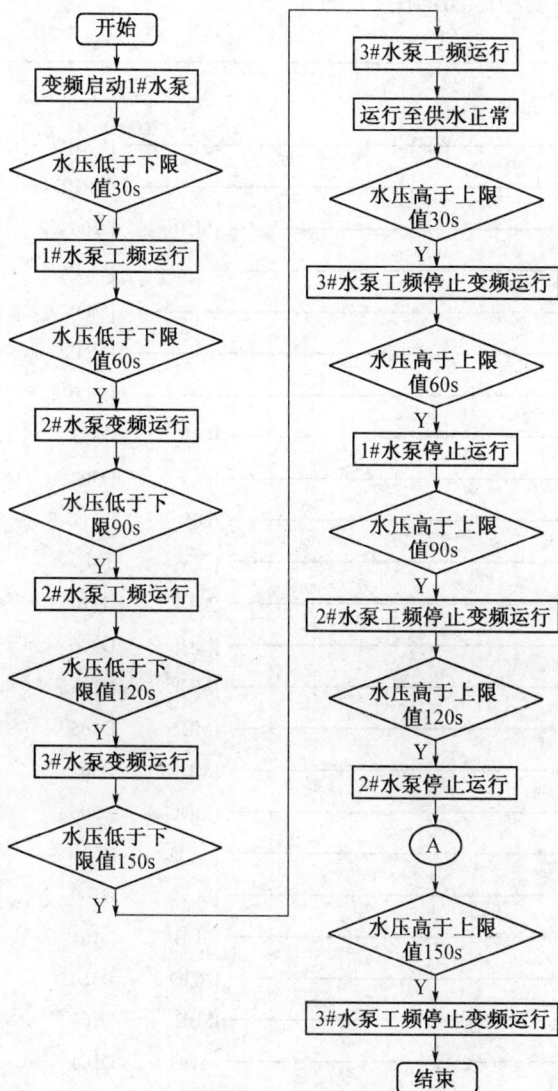

图 4－4　程序流程图

4. 该方案 PLC 控制程序梯形图（如图 4-5）

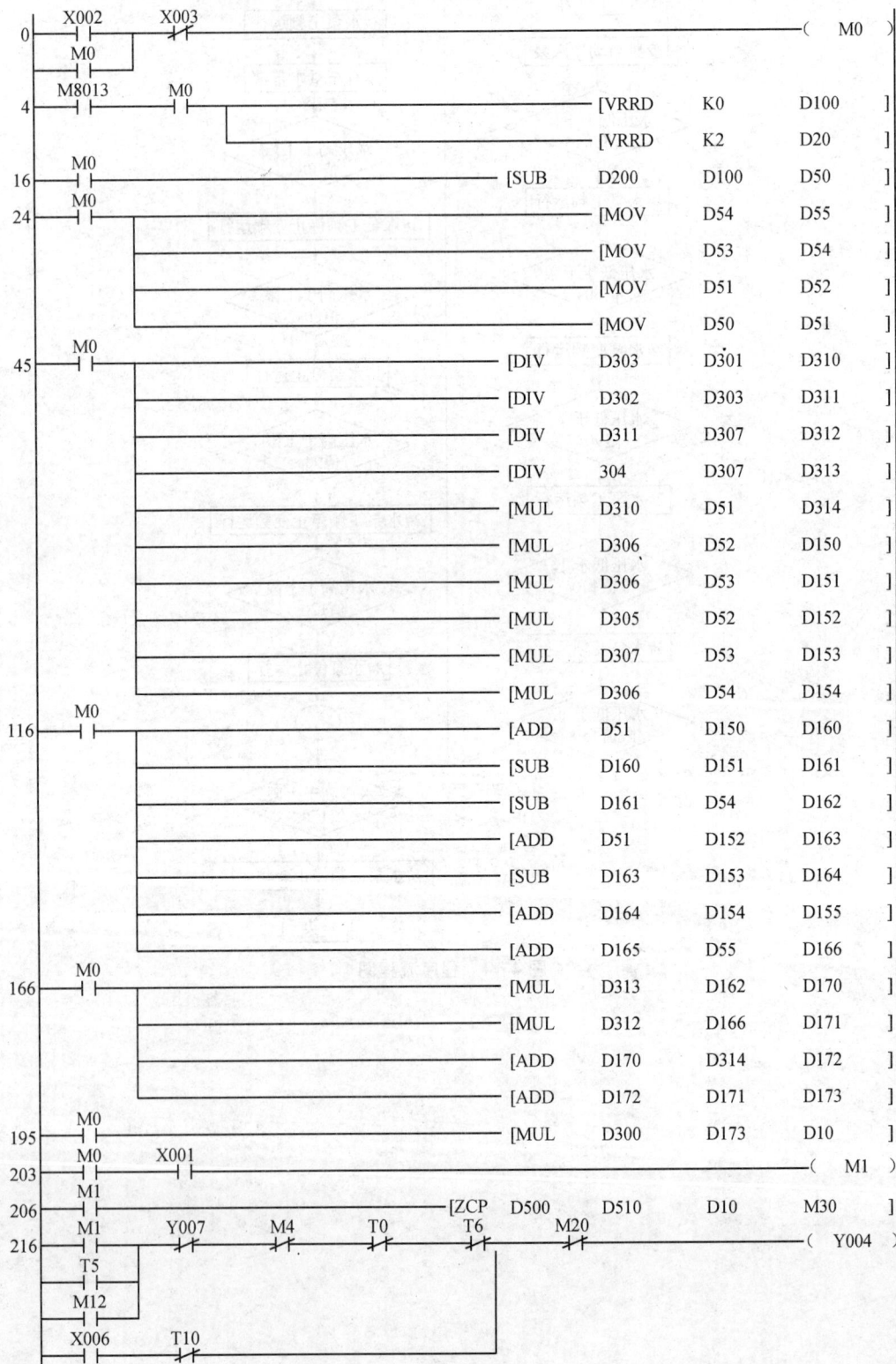

步	内容
0	X002 X003 —(M0) / M0
4	M8013 M0 —[VRRD K0 D100] / —[VRRD K2 D20]
16	M0 —[SUB D200 D100 D50]
24	M0 —[MOV D54 D55] / [MOV D53 D54] / [MOV D51 D52] / [MOV D50 D51]
45	M0 —[DIV D303 D301 D310] / [DIV D302 D303 D311] / [DIV D311 D307 D312] / [DIV 304 D307 D313] / [MUL D310 D51 D314] / [MUL D306 D52 D150] / [MUL D306 D53 D151] / [MUL D305 D52 D152] / [MUL D307 D53 D153] / [MUL D306 D54 D154]
116	M0 —[ADD D51 D150 D160] / [SUB D160 D151 D161] / [SUB D161 D54 D162] / [ADD D51 D152 D163] / [SUB D163 D153 D164] / [ADD D164 D154 D155] / [ADD D165 D55 D166]
166	M0 —[MUL D313 D162 D170] / [MUL D312 D166 D171] / [ADD D170 D314 D172] / [ADD D172 D171 D173]
195	M0 —[MUL D300 D173 D10]
203	M0 X001 —(M1)
206	M1 —[ZCP D500 D510 D10 M30]
216	M1 Y007 M4 T0 T6 M20 —(Y004) / T5 / M12 / X006 T10

(a)

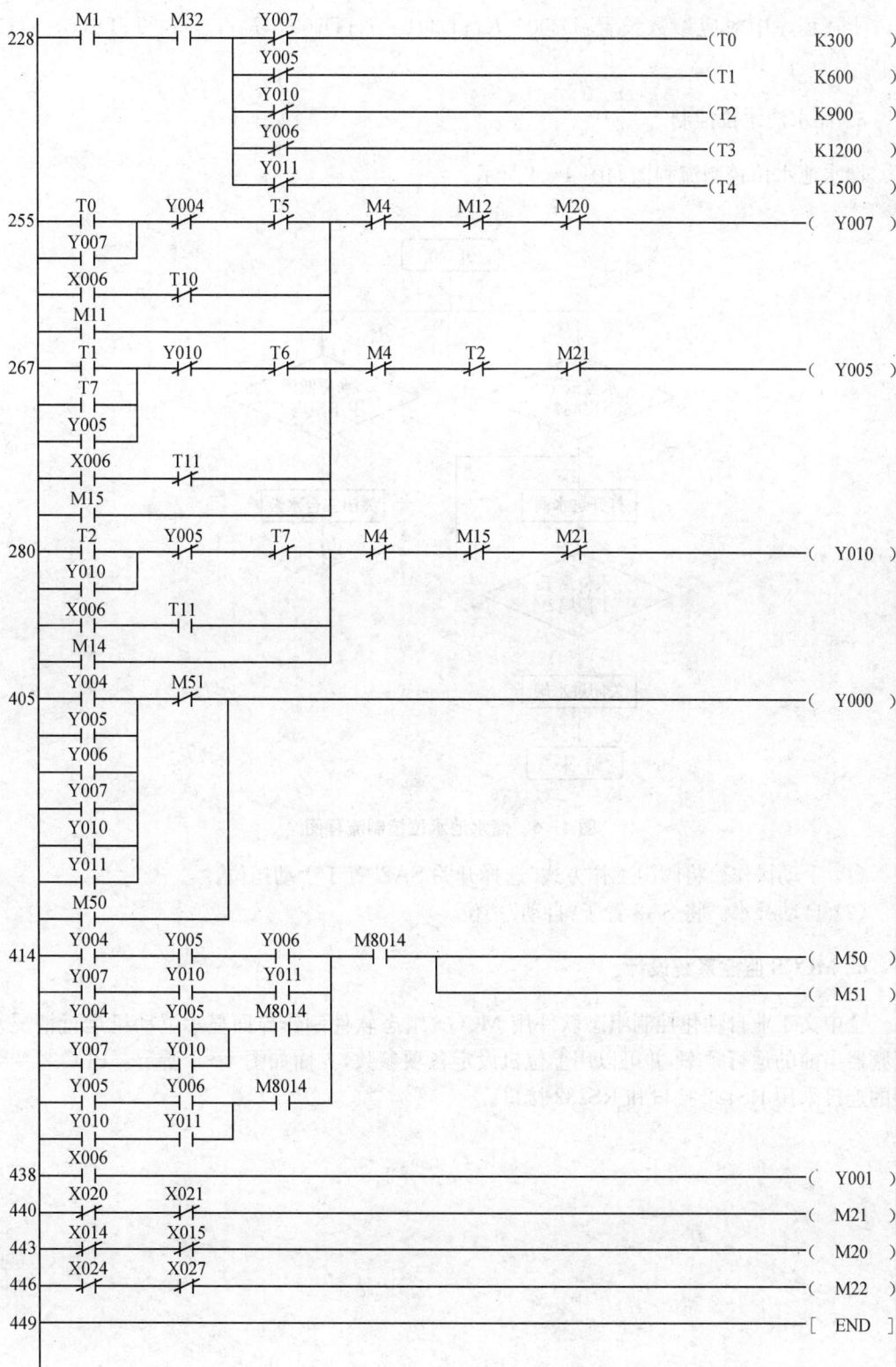

228　M1　M32　Y007　——(T0　K300)
　　　　　　　Y005　——(T1　K600)
　　　　　　　Y010　——(T2　K900)
　　　　　　　Y006　——(T3　K1200)
　　　　　　　Y011　——(T4　K1500)

255　T0　Y004　T5　M4　M12　M20　——(Y007)
　　　Y007
　　　X006　T10
　　　M11

267　T1　Y010　T6　M4　T2　M21　——(Y005)
　　　T7
　　　Y005
　　　X006　T11
　　　M15

280　T2　Y005　T7　M4　M15　M21　——(Y010)
　　　Y010
　　　X006　T11
　　　M14

405　Y004　M51　——(Y000)
　　　Y005
　　　Y006
　　　Y007
　　　Y010
　　　Y011
　　　M50

414　Y004　Y005　Y006　M8014　——(M50)
　　　Y007　Y010　Y011　——(M51)
　　　Y004　Y005　M8014
　　　Y007　Y010
　　　Y005　Y006　M8014
　　　Y010　Y011
　　　X006

438　——(Y001)
440　X020　X021　——(M21)
443　X014　X015　——(M20)
446　X024　X027　——(M22)
449　———————————————————[END]

(b)

图 4-5　PLC 控制程序梯形图

上述程序中对应参数设置：$D300—K_p$；$D301—T_i$；$D302—T_d$；$D303—T$；$D100—e(t)$；$D200—r(t)$；$D10—\Delta X$。

5. 储水池水位控制

储水池水位控制流程图如图 4-6 所示。

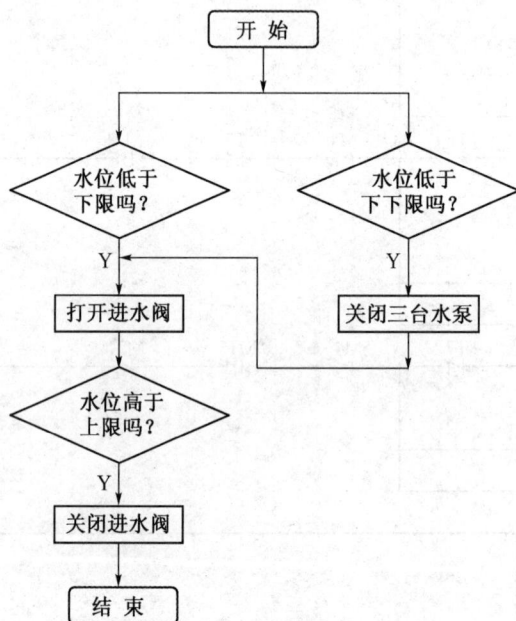

图 4-6 储水池水位控制流程图

（1）手动操作。将阀门工作方式"选择开关 SA2"置于手动挡位。

（2）自动补水。将 SA2 置于"自动"挡位。

6. MCGS 监控系统设计

全中文工业自动化控制组态软件用 MCGS 组态软件制作界面显示电动机运行情况及变频器当前的运行频率，并可以用上位机设定各项参数，界面如图 4-7 所示。PLC 与变频器的连接采用 RS422 接口和 RS232 接口。

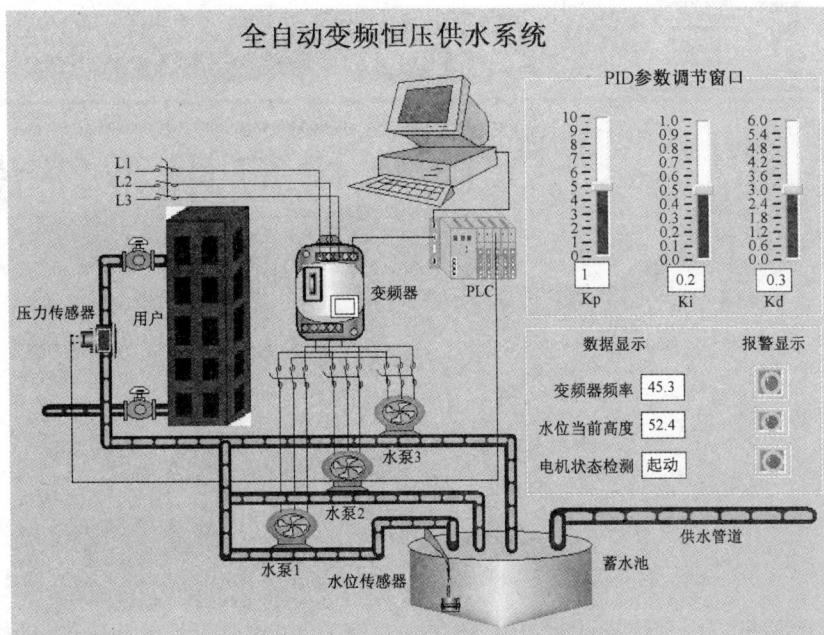

图 4－7　全自动变频恒压供水系统

4.4.5　结　论

在供水系统中采用变频调速方式,系统可根据实际情况,设定水压,自动调节水泵电机的转速或加减泵,使供水系统管网中的压力保持在给定值,以求最大限度地节能、节水、节地、节资,并使系统处于可靠运行的状态,实现恒压供水。减泵时采用"先启先停"的切换方式,相对于"先启后停"方式,更能确保各泵的均衡使用,以延长设备的使用寿命。同时针对三台泵均已使用多年,需要定期进行检修的实际情况,系统增加了硬件/软件备用功能,有效延长了设备的使用寿命。因为系统采用了压力闭环控制,系统用水量的任何变化均能使供水管网的服务压力保持恒定,大大提高了供水品质。变频器发生故障后仍能保证不间断供水,同时实现了故障消除后的自启动,具有一定的先进性。

4.4.6　参考文献(略)

第5章

单片机应用系统设计

5.1 单片机应用系统设计一般原则

在进行单片机应用系统设计时,从技术的角度来看,单片机设计分为软件、硬件两部分。设计人员在接到某项设计任务后,进行具体设计之前,一般需先进行下列工作:

1. 可行性调研

可行性调研的目的,是分析完成这个项目的可能性,可参考国内外有关资料,然后结合实际情况,再决定能否立项的问题。

2. 系统总体方案设计

工作的重点应放在该项目的技术难度上,此时可参考这一方面更详细、更具体的资料,根据系统的不同部分和要实现的功能,参考国内外同类产品的性能,提出合理而可行的技术指标,编写出设计任务书,从而完成系统总体方案设计。

3. 设计方案细化,确定软硬件功能

项目细化,即需明确哪些部分用硬件来完成,哪些部分用软件来完成。由于硬件结构与软件方案会相互影响,因此,从简化电路结构、降低成本、减少故障率、提高系统的灵活性与通用性方面考虑,提倡软件能实现的功能尽可能由软件来完成。

单片机应用系统设计的一般原则包括:

(1) 定位准确,应用目标锁定在什么层次、什么类型,需要哪些功能。

(2) 经过实践检验,所采用的技术必须是经过实践检验的成熟技术,这一点很重要。

(3) 简单性原则。尽量做到小型、简单、可靠、廉价。

(4) 使用自己熟悉的单片机开发语言(汇编语言、C语言)编程,减少开发时间。

(5) 尽可能使用中、高档的单片机仿真工具。

5.2 单片机应用系统的硬件设计

单片机应用系统的硬件电路设计包含两部分内容:一是系统扩展,即单片机内部的功能单元,如 ROM、RAM、I/O、定时器/计数器、中断系统等不能满足应用系统的要求时,必须在片外进行扩展,选择适当的芯片,设计相应的电路;二是系统的配置,即按照系统功能要求配置外围设备,如键盘、显示器、打印机、A/D、D/A 转换器等,要设计合适的接口电路。

1. 系统的扩展和配置需要考虑的因素

(1)尽可能选择典型电路,并符合单片机应用常规用法,为硬件的标准化、模块化打下良好的基础,提高设计的成功率和结构的灵活性。

(2)系统扩展与外围设备的配置水平应充分满足应用系统的功能要求,并留有适当余地,以便进行二次开发,在条件允许的情况下,尽可能选用功能强、集成度高的电路或芯片。因为采用这种器件可能代替某一部分电路,不仅元件数量、接插件和相互连线减少,系统的可靠性增加,而且成本往往比用多个元件实现的电路要低。

(3)注意选择通用性强、市场货源充足的元器件。其优点是:一旦某种元器件无法获得,也能用其他元器件直接替换或对电路稍作改动后用其他器件代替。在必要的情况下,选用现成的模块板作为系统的一部分,尽管成本有些偏高,但会大大缩短研制周期,提高工作效率。

(4)硬件结构应结合应用软件方案一并考虑。硬件结构与软件方案会产生相互影响,考虑的原则是软件能实现的功能尽可能由软件实现,以简化结构。但必须注意,由软件实现的硬件功能,一般响应时间比硬件实现的长,且占用 CPU 时间。

(5)系统中的相关器件要尽可能做到性能匹配。如选用 CMOS 芯片单片机构,设计低功耗系统时,系统中所有芯片都应尽可能选择低功耗产品。

(6)尽量朝“单片”方向设计硬件系统并减少芯片数量,系统器件越多,器件之间相互干扰也越强,功耗也增大,也不可避免地降低了系统的稳定性。随着单片机片内集成的功能越来越强,真正的片上系统已经可以实现,如 ST 公司新近推出的 μPSD32×× 系列产品在一块芯片上集成了 80C32 核、大容量 FLASH 存储器、SRAM、A/D、I/O、两个串口、看门狗、上电复位电路等等。

(7)单片机外围电路较多时,必须考虑其驱动能力。驱动能力不足时,系统工作不可靠,可通过增设线驱动器增强驱动能力或减少芯片功耗来降低总线负载。

(8)设计时应尽可能做些调研,采用最新的技术。因为电子技术发展迅速,器件更新换代很快,市场上不断推出性能更优、功能更强的芯片,设计人员只有时刻注意这方面的发展动态,采用新技术、新工艺,才能使产品具有最先进的性能,不落后于时代发展的潮流。

(9)工艺设计,包括机箱、面板、配线、接插件等。设计人员在设计时要充分考虑到安装、调试、维修的方便。

2. 单片机应用系统的可靠性及抗干扰能力

可靠性和抗干扰能力是硬件设计必不可少的一部分,它包括芯片和器件选择、去耦滤波、印刷电路板布线、通道隔离等。影响单片机系统可靠安全运行的主要因素包括系统内部和外部的各种电气干扰,并受系统结构设计、元器件选择和安装、制造工艺影响。这些都构成单片机系统的干扰因素,常会导致单片机系统运行失常。

（1）形成干扰的基本要素有三个

① 干扰源。指产生干扰的元件、设备或信号,用数学语言描述如下:du/dt,di/dt 大的地方就是干扰源。如雷电、继电器、可控硅、电机、高频时钟等都可能成为干扰源。

② 传播路径。指干扰从干扰源传播到敏感器件的通路或媒介。典型的干扰传播路径是通过导线的传导和空间的辐射。

③ 敏感器件。指容易被干扰的对象,如 A/D、D/A 变换器、单片机、数字 IC、弱信号放大器等。

（2）常用硬件抗干扰技术

① 抑制干扰源,尽可能地减小干扰源的 du/dt,di/dt。这是抗干扰设计中最优先考虑和最重要的原则,常常会起到事半功倍的效果。减小干扰源的 du/dt 主要是通过在干扰源两端并联电容来实现,减小干扰源的 di/dt 则是通过在干扰源回路串联电感或电阻以及增加续流二极管来实现。

② 切断干扰传播路径,充分考虑电源对单片机的影响,许多单片机对电源噪声很敏感,要给单片机电源加滤波电路或稳压器,以减小电源噪声对单片机的干扰。如果单片机的I/O口用来控制电机等噪声器件,在 I/O 口与噪声源之间应加隔离(增加 π 形滤波电路)。注意晶振布线,晶振与单片机引脚尽量靠近,用地线把时钟区隔离起来,晶振外壳接地并固定。电路板应合理分区,如强、弱信号,数字、模拟信号,尽可能使干扰源(如电机、继电器)与敏感元件(如单片机)远离。用地线把数字区与模拟区隔离,数字地与模拟地要分离,最后在一点接于电源地,A/D、D/A 芯片布线也以此为原则。单片机和大功率器件的地线要单独接地,以减小相互干扰。大功率器件尽可能放在电路板边缘。

③ 提高敏感器件的抗干扰性能,布线时尽量减少回路环的面积,以降低感应噪声。电源线和地线要尽量粗。除减小压降外,更重要的是降低耦合噪声。对于单片机闲置的 I/O口,不要悬空,要接地或接电源。其他 IC 的闲置端在不改变系统逻辑的情况下接地或接电源。对单片机使用电源监控及看门狗电路,如 IMP809,IMP706,IMP813,X5043,X5045等,可大幅度提高整个电路的抗干扰性能。在速度能满足要求的前提下,尽量降低单片机的晶振和选用低速数字电路。IC 器件尽量直接焊在电路板上,少用 IC 座。

④ 其他常用抗干扰措施:交流端用电感电容滤波,去掉高频低频干扰脉冲;变压器双隔离措施是在变压器初级输入端串接电容,初、次级线圈间屏蔽层与初级间电容中心接点接地,次级外屏蔽层接印制板地,这是硬件抗干扰的关键手段;次级加低通滤波器以吸收变压器产生的浪涌电压;采用集成式直流稳压电源有过流、过压、过热等保护作用;I/O 口采用光电、磁电、继电器隔离,同时去掉公共地;通讯线用双绞线以排除平行互感;防雷电用光纤隔离最为有效;A/D 转换用隔离放大器或采用现场转换可减少误差;外壳接地可解决人身安全问题及防外界电磁场干扰;加复位电压检测电路。另外还要防止复位不充分时CPU 就工作,尤其有 EEPROM 的器件,复位不充分会改变 EEPROM 的内容。印制板工艺也需抗干扰。

5.3 单片机应用系统的软件设计

(1) 根据软件功能要求,将系统软件分成若干个相对独立的部分。根据它们之间的联系和时间上的关系,设计出合理的软件总体结构,使其清晰、简捷,流程合理。

(2) 培养结构化程序设计风格,各功能程序实行模块化、子程序化,既便于调试、连接,又便于移植、修改。

(3) 建立正确的数学模型,即根据功能要求,描述各个输入和输出变量之间的数学关系,它是关系到系统性能好坏的重要因素。

(4) 为提高软件设计的总体效率,以简明、直观的方法对任务进行描述,在编写应用软件之前,应绘制出程序流程图。这不仅是程序设计的一个重要组成部分,而且是决定成败的关键部分。从某种意义上讲,多花一份时间来设计程序流程图,就可以节约大量源程序编辑调试的时间。

(5) 要合理分配系统资源,包括 ROM、RAM、定时器/计数器、中断源等。其中最关键的是片内 RAM 的分配,分配时应充分发挥其特长,做到物尽其用。例如,在工作寄存器的 8 个单元中,R0 和 R1 具有指针功能,是编程的重要角色,应避免作为他用;20H~2FH 这 16 个字节具有位寻址功能,用来存放各种标志位、逻辑变量、状态变量等;设置堆栈区时应事先估算出子程序和中断嵌套的级数及程序中栈操作指令的使用情况,其大小应留有余量。若系统中扩展了 RAM 存储器,应把使用频率最高的数据缓冲器安排在片内 RAM 中,以提高处理速度。当 RAM 资源规划好后,应列出一张 RAM 资源详细分配表,以备编程查用方便。

(6) 注意在程序的有关位置处写上功能注释,提高程序的可读性。

(7) 加强软件抗干扰设计,它是提高计算机应用系统可靠性的有力措施。

5.4 单片机应用系统设计实例——可燃气体探测报警控制器

5.4.1 前 言

人们在工业生产和日常生活中,经常会使用 H_2、CO 等多种可燃气体。为确保生命和财产完全,在使用可燃气体的场合,必须安装可燃气体探测报警器,以防止发生意外。本设计是在传统的可燃气体报警器基础上进行技术改造的,因此,吸收了原产品的技术优点,增添了新的功能。

传统的可燃气体报警器采用分立式元件构成,初始通电时,气敏元件处于不稳定状态,无论有无可燃气源都会发出报警声,输出控制频繁操作,造成现场安装调试比较麻烦。同时,因缺少对气敏元件传感器预热时间的控制,缺少气敏元件传感器本身短路或断路故障的检测,缺少有明显区别的声、光报警,产品不能符合可燃气体产品的新标准,必须研制新产品。智能可燃气体探测控制器就是在此基础上进行研制的。

以 MCS—51 系列的单片机 AT89C2051 为核心,本着设计简单、调试方便、安装灵活、安全可靠、节约成本的原则,完成该设计。智能可燃气体探测控制器主要功能以及技术要求包括:

(1)对可燃气体进行检测,可燃气体浓度达到报警设定值时,应能报警。

(2)能设定可燃气体浓度报警值,范围在(1%～25%LEL)。

(3)探测器的报警动作值与可燃气体浓度报警设定值之差不应超过±3%LEL。

(4)正常工作:绿灯闪烁,蜂鸣器不报警。

(5)可燃气体浓度超范围报警应满足如下条件:

① 在报警范围内,实行声、光(红色指示灯)报警。

② 从报警区移到干净空气区,30秒内应正常显示。

(6)故障报警:传感器断路、短路时应发出与可燃气体浓度超范围报警有明显区别的声、光(黄色指示灯)报警。

(7)声、光设置手动自检功能。

(8)浓度超限报警时,应能启动输出控制功能。

5.4.2 智能可燃气体探测控制器系统工作原理

1. 可燃性气体传感器工作原理

目前,使用最广泛的是烧结型 SnO_2 和 Fe_2O_3 气敏传感器。烧结时埋下加热丝和测定电极,制成管芯。工作时,加热丝通电加热,测量丝用于测量器件的阻值。使用该气敏元件测量气体成分含量的原理是:当被测可燃气体通过气敏元件的表面时,会发生热化学反应(无焰燃烧),燃烧后的 SnO_2 等金属氧化物中的氧与还原性气体结合,使金属氧化物的阻值发生变化,而且其大小与被测气体浓度成一定比例。通过测量这一变化,就可知空气中可燃性气体浓度的大小。

本设计是基于可燃性气体传感器的单片机检测和控制,根据设计要求,选择可燃气体气敏元件 MQ—412 作为本设计用气体传感器,可检测天然气、煤气、液化气、氢气等多种可燃性气体。

该传感器具有长期的稳定性,对可燃性气体有较高的灵敏度、良好的抗温性、良好的重复性;测量范围宽,为 $100 \times 10^{-6} \sim 10\ 000 \times 10^{-6}$;对可燃性气体响应时间<10 s,从可燃性气体区移到洁净区域恢复时间<30 s;加热电压为 5 V,测量电压范围为 5～10 V;在洁净空气中的测量电阻大于 50 kΩ;测量可燃性气体浓度和测量端电阻成线形变化。传感器结构和测量电路如图 5-1 所示,V_b 为加热电压,V_a 为测量电压。

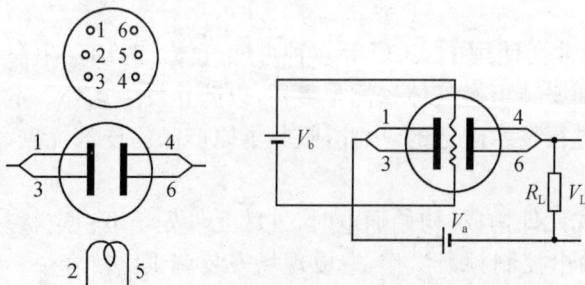

图 5-1 传感器结构和测量电路图

2. 智能可燃气体探测控制器系统工作原理

根据可燃性气体传感器工作原理,按照传感器测量电路图,将可燃性气体浓度转换为电压信号,供浓度采样电路和报警电路使用。

根据设计检测要求,考虑经济因素,不采用模/数转换器,而采用可燃气体浓度测量值与可燃气体浓度超范围的电压设定值进行比较的方法。洁净空气中可燃性气体传感器测量电阻大于 $50\ k\Omega$,在可燃性气体浓度中可燃性气体传感器测量电阻变化较大,其值可变至几千欧。因而,在测量电压为 $+5\ V$ 时,可燃性气体传感器测量输出电压也可从 $0.3\ V$ 变化到 $4.5\ V$ 以上。

根据本设计的要求,实际测量的可燃性气体浓度电压范围在 $0.3 \sim 3.5\ V$ 之间,考虑余量,设计可燃性气体的浓度电压范围限制在 $0.3 \sim 4.0\ V$。设计中,采用运算放大器作为可燃性气体浓度测量值和设定可燃性气体超限浓度电压基准的比较器,比较器输出连到单片机的输入端。可燃性气体传感器测量电压为 $+5\ V$ 时,设定可燃性气体浓度超限电压基准范围在 $0.3 \sim 4.0\ V$。若可燃性气体浓度大于电压设定值时,则单片机检测到气敏元件有浓度超限发生,单片机发出声、光报警,关闭气源阀门。

在进行气敏元件断路故障检测时,可燃性气体传感器输出端电压接近 $0\ V$,为低电平;进行气敏元件短路的故障检测时,可燃性气体传感器输出端电压接近 $+5\ V$,为高电平。因此,采用运算放大器作为可燃性气体输出和故障设定电压值的电压比较器。短路比较器的电压基准值设定为 $+0.3\ V$,断路比较器的电压基准值设定为 $+4.9\ V$,比较器输出连到单片机的输入端。当单片机检测到气敏元件有故障发生时,发出故障声、光报警。此处声、光报警与可燃性气体浓度超范围报警有明显区别。

手动自检功能通过不互锁按钮实现,常开按钮输出连到单片机的输入端,通过检测常开按钮的电平变化来检测按钮的闭合和松开。

因为输出控制不频繁操作,所以选择继电器输出控制电磁阀来实现气源阀门的关闭,从而达到确保生命和财产安全的目的。

系统硬件连接框图如图 5-2 所示。

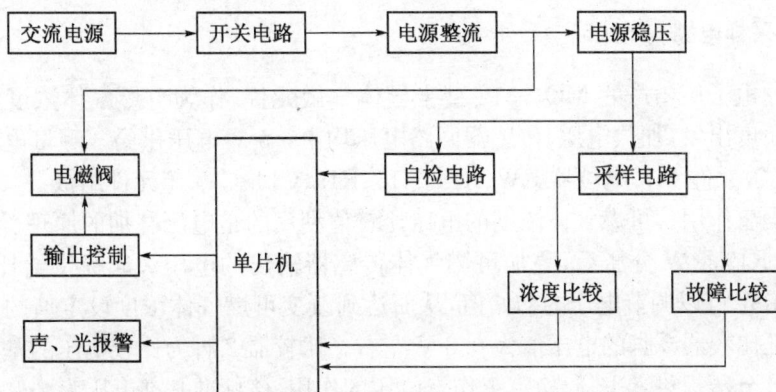

图 5-2　系统硬件连接框图

5.4.3　硬件结构

1. 开关电源

由于要求体积小,功率不大,考虑重量及抗干扰因素,电源设计采用普通自激式开关电源,单电源+5 V供电。由 L1、R1~R7、V1~V2、C1~C5、T 等组成开关电路,并由二极管 D1、C6、C18 构成整流滤波电路,最后经过 LM7805 稳压和电容滤波,输出+5 V 电压。如图 5-3 所示。

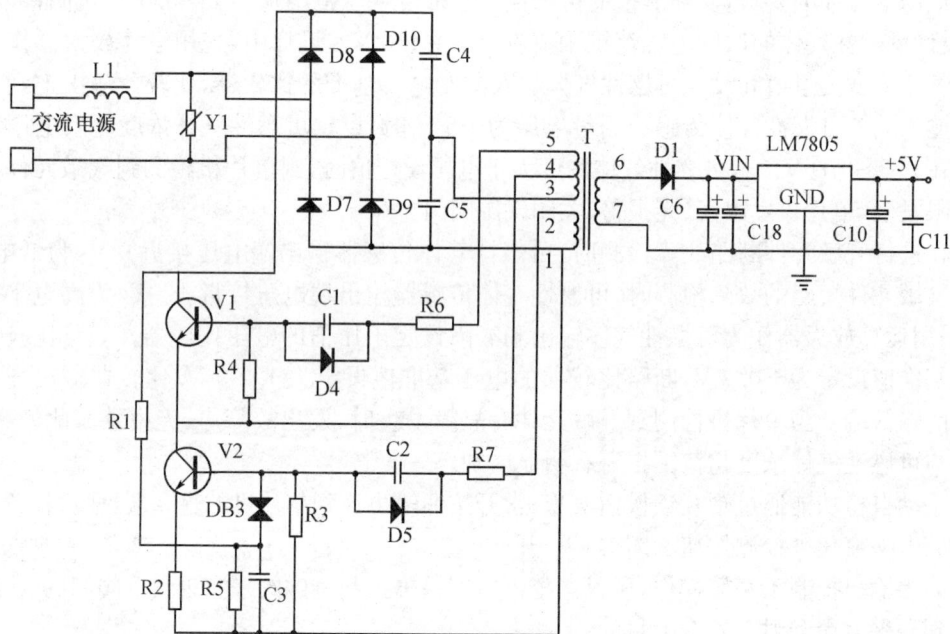

图 5-3　开关电路

2. 浓度采样电路(如图 5-4)

采用太原电子厂生产的 MQ—412 型半导体气敏元件,作为可燃气体浓度测量的传感器。从经济角度出发,加热电压、传感器回路电压均由+5 V 电压供给。测量电路由二极管 D2,半导体气敏元件 M1,电位器 RW、R14、R15、R19、C14、C15 等元件组成。二极管 D2 起降压和测量隔离作用。可燃气体浓度的电压比较值利用的是电压叠加的原理。+5 V 电压经 R14、R15、R19、RW 分压后,叠加可燃气体传感器输出的电压一起提供给比较器 3 脚。调节电位器 RW 可以调节电压的初始值,从而达到改变可燃气体浓度设定值的目的。在洁净空气中保证比较器 3 脚的电压值为 0.3 V 左右。比较器 2 脚为比较电压的基准,由 R16、RT、R17、R18 分压提供,C13 起稳定工作点电压的作用,该标准基准电压为 2.2 V。

当可燃气体浓度增大时,气敏元件的阻值变小,运放 U3A 输入端 3 脚的电压升高,与 2 脚电压进行比较,其结果由 U3A1 脚输出。R14、R15 对小信号进行整形、放大。U3B、R16~R18、RT、C13 对放大信号进行比较。大于比较电压,输出+5 V 电压,为高电平;小于比较电压,输出低电平。输出连接到单片机的输入脚,供单片机判断。当单片机输入脚等于高电平时,可燃气体浓度不超过范围;当其等于低电平时,可燃气体浓度超过范围,单片机发出浓度超限声、光报警,关闭气源阀门。

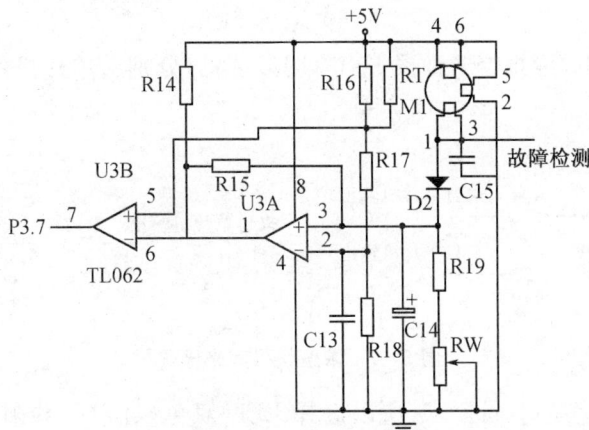

图 5-4　浓度采样电路

3. 手动按钮控制

手动按钮控制如图 5-5 所示,由不互锁按钮 K、R9、C17 构成。在可燃气体浓度测量正常范围内,按一下,自检可燃气体浓度超范围故障,发出声、光报警,关闭气源阀门。再按一下,自检恢复正常绿灯闪烁。长时间按住 3 秒钟,自检发光二极管和蜂鸣器处于工作状态,不关闭气源阀门,正常显示,绿灯闪烁,计时 5 秒,可燃气体浓度超范围发出声光报警,计时 5 秒,气敏元件断路和短路故障发出声、光报警,计时 5 秒。

4. 继电器控制电路

继电器控制电路如图 5-6 所示,由 V3、V4、D6、R11、R13 和继电器组成。当检测到可燃气体浓度大于浓度设定值时,单片机对应引脚输出低电平,三极管 V3、V4 导通,继电器吸合,1、3 脚连通,+8 V 电压加到电磁阀两端,电磁阀动作,关闭气源。二极管 D6 起续流作用,保护三极管不被继电器反电势击穿。二极管 D11 起续流作用。

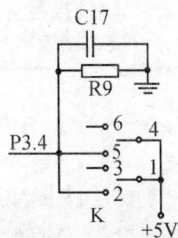

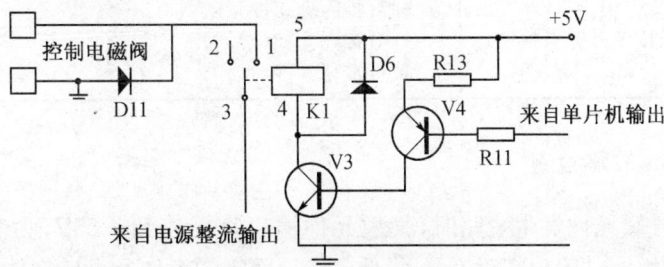

图 5-5　按钮电路　　　　　　　　图 5-6　继电器控制电路

5. 报警电路

报警电路由 R12、V5、S2 组成。三极管 V5 工作在饱和状态,起功率放大作用。当可燃气体浓度小于浓度设定值(正常工作)时,单片机对应引脚输出高电平,不报警;当检测可燃气体浓度大于浓度设定值时,单片机对应引脚输出低电平,三极管 V5 导通,执行报警。

当气敏元件发生短路或断路故障时,单片机对应引脚输出低电平,三极管 V5 导通,发出故障报警。

浓度超限报警和故障报警两种报警声有明显区别,分别由单片机程序设定,如图 5－7 所示。

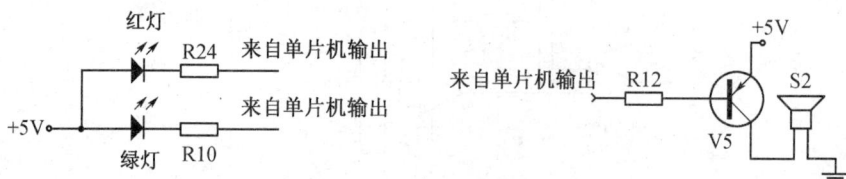

图 5－7 浓度超限声光报警

由于对发光颜色有不同要求,所以选择 LED 双色(红、绿)共阳极发光二极管作为光源。

绿色指示灯闪烁点亮,表明智能可燃气体探测控制器正常工作。

当检测到可燃气体浓度大于浓度设定值时,单片机对应引脚输出低电平,红灯常亮,发出声、光报警。

当气敏元件发生短路或断路故障时,单片机对应引脚全部输出低电平,黄灯(红灯和绿灯合成)常亮,发出有明显区别的声、光报警(见表 5－1)。

表 5－1 声、光工作状态表

类　　型	指示灯	继电器	蜂鸣器
正常工作	绿灯秒闪烁	不动作	不报警
短路与断路故障	黄灯常亮	不动作	急促报警
浓度超限	红灯常亮	动作	缓慢报警
按自检按钮单数	红灯常亮	动作	缓慢报警
按自检按钮双数	绿灯秒闪烁	不动作	不报警
长按 3 秒钟自检	绿灯秒闪烁 5 秒 红灯常亮 5 秒 黄灯常亮 5 秒	不动作	不报警 缓慢报警 急促报警

6. 故障检测

气敏元件发生短路时,气敏元件输出直接连到＋5 V,为高电平。气敏元件发生断路时,气敏元件输出接近 0 V,为低电平。而正常工作及可燃气体浓度超过浓度设定值的气敏元件输出范围为 0.5～4.0 V,所以设定气敏元件短路的基准电压值为 4.9 V,设定气敏元件断路的基准电压值为 0.3 V。气敏元件输出小于 0.3 V,为气敏元件断路故障;气敏元件输出大于 4.9 V,为气敏元件短路故障。

由电阻 R20～R21,R23～R24、双运放 U4 构成故障检测电路,如图 5－8 所示。

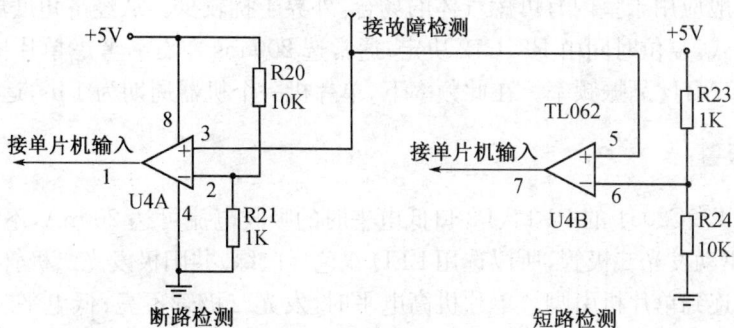

图 5‑8　故障检测电路

5.4.4　元器件的选择

1. 电源部分

本设计是在传统的可燃气体报警器基础上进行技术革新的,因此采用原有的开关电源。

本设计单片机部分负载电流约 100 mA,气敏元件负载电流约 150 mA,LM7805 输入电压为+8 V,考虑余量,设总的工作电流为 300 mA,则总的功率约为 3 W,LM7805 的功耗为 300 mA×3 V≈1 W。因此,LM7805 必须加散热器。

开关电源因为效率高、电压适应范围宽而得到广泛应用。开关电源均采用脉冲调宽式的稳压方式,即通过自动改变开关功率管的关闭和导通时间的比例,或通过改变振荡器输出脉冲的占空比来达到稳压的目的。本设计采用了原设计中成熟的开关电源电路。电路中加入了吸收电路(由电容和二极管并联组成)、电感、压敏电阻等以提高电源的抗干扰和耐冲击性能。

电路中,整流二极管流过的电流约 300 mA,直流电压约 300 V,整个开关电路工作频率只有几万赫兹,本着经济的原则,选用市场上通用的 IN4007 整流二极管、开关功率管 E13003 等元器件。触发二极管选用 DB3。考虑功耗,R3、R4、R6、R7 选用 0.5 W 的电阻,其余电阻选用 0.25 W。

主要器件的选择:
① 整流二极管:1N4007(1A/1000V);
② 开关功率管:E13003(3A/1000V);
③ 触发二极管:DB3;
④ C1、C2 电容:CBB—400—100N—I。

2. 单片机

本设计要求体积小,检测点和控制点不多,程序不长,因此选用 ATMEL 公司生产的 51 系列产品 AT89C2051 单片机。

该单片机为双列直插式 DIP20 封装,内带 2 K 闪存 ROM,有 P1 口、P3 口,使用方便,指令与 MCS‑51 系列兼容。片内程序存储器为电擦写型 ROM,整体擦除时间仅为 10 ms,可写入/擦除 1 000 次以上,数据保存 10 年。

该产品一般应用于室内有可燃气体的场合,外界干扰较少。从经济角度出发,单片机采用上电复位方式,复位时间由 R8、C12 决定,通常选 200 ms 左右。考虑单片机的运行速度,选用常用的 12 MHz 晶振频率。在此频率下,单片机一个机器周期为 1 μs,运行速度较快。

3. 声光报警

单片机 AT89C2051 的 P1 口、P3 口低电平时的吸收电流可达 20 mA,不需要外接驱动电路,可直接驱动发光二极管,所以选用 LED 双色(红、绿)共阳极发光二极管 BT311057,经限流电阻直接连到单片机引脚。单片机高电平时,发光二极管不亮;低电平时,点亮发光二极管。发光二极管的发光亮度强弱由流过它的电流决定,通常 2 mA 以上就能保证发光二极管可靠发光,它的正常工作电流为 8～10 mA,发光二极管的压降为 1.5 V。所以,选择发光二极管的正常工作电流为 10 mA,则它的限流电阻可由以下公式计算:

$$R_L = (5-1.5)\text{V}/10 \text{ mA} = 350 \text{ }\Omega,$$

取限流电阻为 360 Ω。

蜂鸣器用来作为报警指示,选用直流型 FM12-5V 型号。蜂鸣器工作电压为 +5 V,工作电流在 20 mA 以上。单片机的驱动电流不够,不能直接驱动,必须外接功率驱动。因此,选用 PNP 型三极管 9012 作为蜂鸣器的功率驱动,与基极相连的电阻取 2 kΩ,保证三极管工作在饱和状态。

4. 自检电路

自检电路通过按钮触点的闭合和松开来实现,按钮选用不互锁的 KA8 型号。按钮常开触点一端接电源 +5 V,另一端连到单片机输入端并通过电阻接地。电阻值取 100 Ω,电阻两端并联电容以保证开关信号输入的稳定。因此,按钮按下时接 +5 V,松开时接低电平。单片机通过对应端的电平变化可检测自检电路的按键变化,通过程序实现自检功能。

5. 继电器输出控制电路

继电器是感性元件,驱动电流较大,单片机不能直接驱动,必须经过电路的转换。继电器选用 SRS—05DC—SL 型号,用直流 +5 V 供电。三极管选用常用的 PNP 型 9012、NPN 型 9013 作为继电器的功率开关。继电器的常开触电一端接 7805 稳压电源的输入端 +8 V,另一端接电磁阀。

单片机对应引脚输出低电平,三极管 V3、V4 导通,继电器常开触点吸合,供给外界电磁阀直流 +8 V 电压。接着,电磁阀动作,电磁阀常开触点闭合,关闭气源。二极管 D6 选用 IN4007 型号,在电路中起续流作用,保护三极管不被继电器反电势击穿。

电磁阀是感性元件,驱动电流较大,电磁阀选用 ExiBIIBT3 型号,采用直流 +8 V 电压供电,D11 选用 IN4007 型号,在电路中起续流作用。

6. 气敏元件选择

本设计是基于可燃性气体传感器的单片机检测和控制。根据设计要求,选择太原电子厂生产的可燃气体气敏元件 MQ—412 作为本设计用的气体传感器,可检测天然气、煤气、液化气、氢气等多种可燃性气体。加热电压为 +5 V，通电电流为 150 mA，由 7805 输出直接提供；测量电压选 +5 V。

该传感器具有长期的稳定性，对可燃性气体有较高的灵敏度、良好的抗温性、良好的重复性；测量范围宽，为 $100 \times 10^{-6} \sim 10\,000 \times 10^{-6}$；对可燃性气体响应时间 <10 s，从可燃性气体区移到洁净区域恢复时间 <30 s；加热电压为 5 V，测量电压范围为 5~10 V；在洁净空气中的测量电阻大于 50 kΩ；测量可燃性气体浓度和测量端电阻成线形变化。

7. 浓度采样电路元件选择

本设计对运放精度要求不高，可选用双运放 TL062 作为浓度电压比较器。测量电路由二极管 D2、半导体气敏元件 M1、电位器 RW、R14、R15、R19、C14、C15 等元件组成。二极管 D2 起降压和测量隔离作用。

比较器 2 脚的电压基准，由 +5 V 电压经 R16、RT、R17、R18 分压提供，C13 起稳定工作点电压的作用，RT 为热敏电阻。选择合适的参数，使该标准基准电压为 2.2 V。

可燃气体浓度的电压比较值，利用电压叠加的原理测量。+5 V 电压经 R14、R15、R19、RW 分压后，叠加可燃气体传感器输出的电压一起提供给比较器 3 脚。调节电位器 RW 可以调节电压的初始值，从而达到改变可燃气体浓度设定值的作用。在洁净空气中比较器 3 脚的电压值为 0.3 V 左右，在测量浓度范围内，比较器 3 脚的电压值小于 4.0 V。

主要器件的选择：

① 热敏电阻 RT：RM—12k；
② 电阻 R16、R18：RJ—(0.25~10)k；
③ 电阻 R17：RJ—(0.25~6.8)k；
④ 电阻 R19：RJ—(0.25~1)k；
⑤ 电阻 R14：RJ—(0.25~2)k；
⑥ 电阻 R15：RJ—(0.25~330)k；
⑦ 电位器 RW：W—203；
⑧ 二极管 D2：IN4007；
⑨ 电容 C14：16V-220μF；
⑩ 电容 C13：16V-10μF；
⑪ 双运放：TL062。

8. 检测故障元件选择

气敏元件发生短路时，气敏元件检测点直接连到 +5 V，为高电平。气敏元件发生断路时，气敏元件输出接近 0 V，为低电平，而正常工作及可燃气体浓度超过浓度设定值的气敏元件输出范围为 0.3~4.0 V。根据这一设计要求，选择双运放 TL062 作为短路和断路的电压比较器。断路比较器基准电压为 0.5 V，短路比较器基准电压为 4.9 V。

TL062(A) 作断路比较器。2 脚为基准电压输入。基准电压由 +5 V 经电阻分压提供，取 R20 为 10 kΩ，R21 为 1 kΩ，则断路电压基准为 [5/(10+1)]≈0.5 V。3 脚为断路检测输入点。

TL062(B) 作短路比较器。6 脚为基准电压输入。基准电压由 +5 V 经电阻分压提供，取 R23 为 1 kΩ，R24 为 47 kΩ，则短路电压基准为 [5/(47+1)]×47≈4.9 V。5 脚为短路检测输入点。

主要器件的选择：

① 电阻 R20、R23：RJ—(0.25～1)k；

② 电阻 R21：RJ—(0.25～10)k；

③ 电阻 R24：RJ—(0.25～47)k；

④ 双运放：TL062。

5.4.5 软件设计

1. 软件设计流程图（如图 5 - 9）

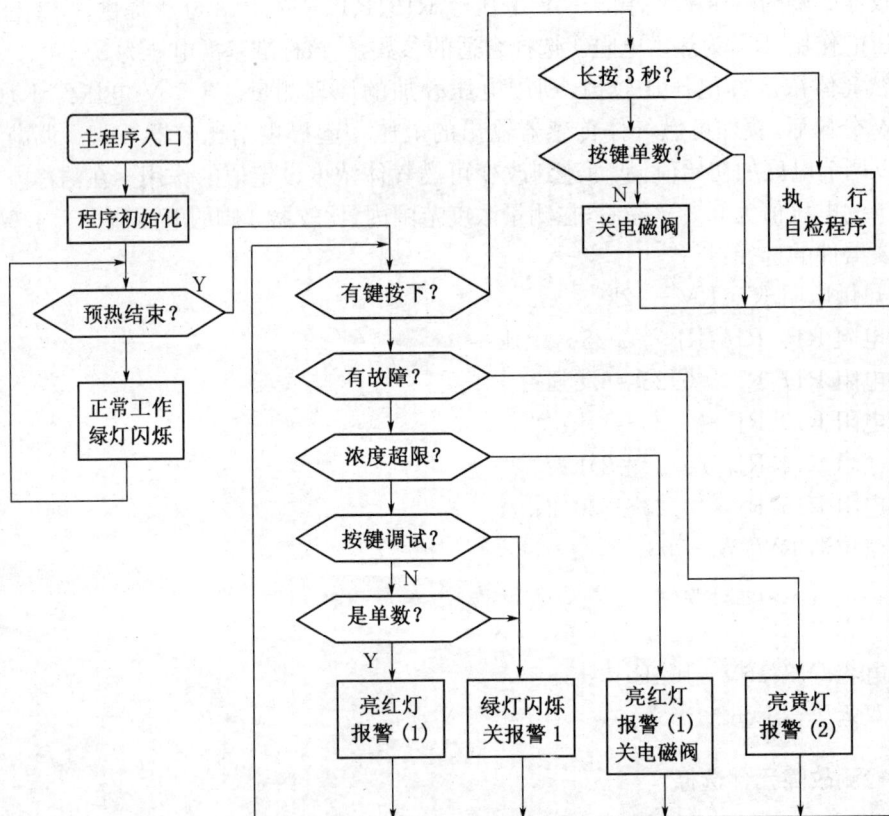

图 5 - 9 软件设计流程图

2. 软件设计要求

（1）气敏元件开始工作时，在没有遇到可燃性气体时，其电阻值也会增加，经过 5 min 左右，其电阻值下降到一个稳定值，这时才可以使用，所以，程序有一个预热过程，预热时间为 5 min。

（2）按钮检测中采用软件延时方法执行按键的去抖动。

（3）电磁阀的驱动电压取之于开关变压器二次侧整流的输出。采用脉冲驱动方式,脉冲时间为 20 ms。

（4）正常工作绿灯闪烁时间定义如下:秒循环显示。1 秒钟内,绿灯点亮 600 ms,熄灭 400 ms。

（5）可燃气体浓度超限:红灯常亮,秒循环显示。1 秒钟内,蜂鸣器报警 750 ms,不报警 250 ms。

（6）故障报警:黄灯常亮,200 ms 循环。200 ms 内蜂鸣器报警 100 ms,不报警 100 ms。

3. 软件程序设计

（1）整个程序延时地方较多,因此设立 10 ms、200 ms 延时子程序,程序如下:

```
DELAY10MS：MOV R7,＃10           ;延时 10 ms
DELAY10_1：MOV R6,＃200
DELAY10_2：NOP
          NOP
          NOP
          DJNZ R6,DELAY10_2
          DJNZ R7,DELAY10_1
RET
DELAY200MS：MOV R7,＃200         ;延时 200 ms
  DELAY4_1：MOV R6,＃200
  DELAY4_2：NOP
           NOP
           NOP
           DJNZ R6,DELAY4_2
           DJNZ R7,DELAY4_1
           RET
```

（2）程序选用了一个 T0 定时中断,中断一次定时时间为 5 ms。设计中断是为了保证计时的精确,定时中断中对计时的误差进行了修正,修正程序如下:

```
.................
CLR TR0
MOV A,TL0
ADD A,＃80H
MOV TL0,A
MOV A,TH0
ADDC A,＃0ECH
MOV TH0,A
SETB TR0
.................
```

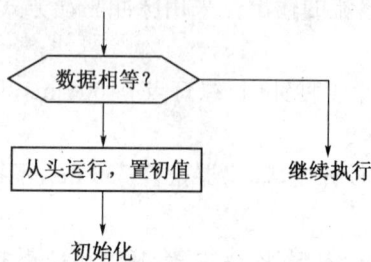

图 5-10 短暂断电保护程序

（3）程序中设计了短暂断电（电网干扰）恢复程序，保证短暂断电后程序能正常运行。掉电判断利用了单片机内部的 RAM 单元。在程序开始运行时，预置一些数据，只要单片机不断电，该数据不会改变；短时间断电（单片机电压仍存在），该数据也不会改变。只有真正断电后再重新运行程序时，断电保护单元数据处于不确定状态，与设定值不符时，程序才从头运行，如图 5-10 所示。

4. 软件清单

```
BAOJIN        EQU   P1.2
SHUCHU        EQU   P1.5
LEDLU         EQU   P3.0
LEDRED        EQU   P3.1
KAIGUAN       EQU   P3.4
KAILU         EQU   P1.6
DUANLU        EQU   P1.7
CHAOXIAN      EQU   P3.7
              ORG 0H
              LJMP MAIN
              ORG 0BH
              LJMP TIME0
              ORG 30H
MAIN:         MOV SP,#60H
              LCALL DELAY200MS
              CLR PSW.3
              CLR PSW.4
              MOV A,10H            ;掉电判断
              CJNE A,#55H,START
              MOV A,11H
              CJNE A,#0AAH,START
              MOV A,12H
              CJNE A,#55H,START
              MOV A,13H
              CJNE A,#0AAH,START
              LJMP START1
START:        MOV R0,#10H
              MOV R1,#30H
              CLR A
MAIN1:        MOV @R0,A
              INC R0
              DJNZ R1,MAIN1
              MOV R0,#10
```

```
MAIN1_1：      LCALL DELAY200MS
               DJNZ R0,MAIN1_1
               MOV 10H,#55H
               MOV 11H,#0AAH
               MOV 12H,#55H
               MOV 13H,#0AAH
START1：       MOV TMOD,#01H
               MOV TL0,#78H          ;晶振=12MHz   T0=5 ms
               MOV TH0,#0ECH
               SETB ET0              ;T0
               SETB TR0
               SETB EA
START2：       MOV A,30H
               CJNE A,#180,START2_1
START2_1：     JC START2_2
               MOV 30H,#0
               LJMP START3
START2_2：     SETB BAOJIN          ;关报警和继电器输出
               SETB SHUCHU
               MOV A,32H
               CJNE A,#120,START2_3
START2_3：     JNC START2_4
               CLR LEDLU            ;测量正常,(0~600 ms)亮绿灯
               SETB LEDRED
               LJMP START2
START2_4：     CJNE A,#200,START2_5
START2_5：     JC START2_6
               MOV 32H,#0
START2_6：     SETB LEDLU           ;(600~1 000 ms)灭绿灯
               SETB LEDRED
               LJMP START2
START3：       SETB DUANLU
               JB DUANLU,MAIN1_1A   ;短路
MAIN1_A：      SETB KAILU
               JNB KAILU,MAIN1_2    ;开路
               LJMP MAIN2
MAIN1_1A：     LCALL DELAY200MS
               SETB DUANLU
               LCALL DELAY200MS
               JNB DUANLU,MAIN1_A
               LJMP MAIN9
MAIN1_2：      LCALL DELAY200MS
               SETB KAILU
               LCALL DELAY200MS
               JB KAILU,MAIN2
```

```
                  LJMP MAIN9
MAIN2:            SETB KAIGUAN
                  LCALL DELAY10MS
                  LCALL DELAY10MS
                  JNB KAIGUAN,MAIN2_0
                  SETB KAIGUAN
                  LCALL DELAY10MS
                  LCALL DELAY10MS
                  JNB KAIGUAN,MAIN2_0
                  LJMP MAIN5              ;=0,有键按下
MAIN2_0:          SETB DUANLU
                  JB DUANLU,MAIN11_1      ;短路
MAIN11_A:         SETB KAILU
                  JNB KAILU,MAIN11_2      ;开路
                  LJMP MAIN12
MAIN11_1:         LCALL DELAY200MS
                  SETB DUANLU
                  LCALL DELAY200MS
                  JNB DUANLU,MAIN11_A
                  LJMP MAIN9
MAIN11_2:         LCALL DELAY200MS
                  SETB KAILU
                  LCALL DELAY200MS
                  JB KAILU,MAIN12
                  LJMP MAIN9
MAIN12:           SETB CHAOXIAN
                  JNB CHAOXIAN,MAIN4      ;超限
                  CLR 20H.1
                  JB 20H.0,MAIN2_3
                  SETB BAOJIN            ;关报警和继电器输出
                  SETB SHUCHU
                  MOV A,32H
                  CJNE A,#120,MAIN2_1
MAIN2_1:          JNC MAIN2_2
                  CLR LEDLU              ;测量正常,(0~600 ms)亮绿灯
                  SETB LEDRED
                  LJMP MAIN2
MAIN2_2:          CJNE A,#200,MAIN2_2A
MAIN2_2A:         JC MAIN2_2B
                  MOV 32H,#0
MAIN2_2B:         SETB LEDLU             ;(600~1 000 ms)灭绿灯
                  SETB LEDRED
                  LJMP MAIN2
MAIN2_3:          SETB LEDLU             ;亮红灯
                  CLR LEDRED
```

```
                 MOV A,32H
                 CJNE A,♯150,MAIN2_4
MAIN2_4:         JNC MAIN2_5
                 CLR BAOJIN          ;(0～750 ms)报警
                 LJMP MAIN2
MAIN2_5:         CJNE A,♯200,MAIN2_5A
MAIN2_5A:        JC MAIN2_5B
                 MOV 32H,♯0
MAIN2_5B:        SETB BAOJIN         ;(750～1 000 ms)消音
                 LJMP MAIN2
MAIN4:           JB 20H.1,MAIN4_1
                 LCALL DELAY200MS
                 LCALL DELAY200MS
                 LJMP MAIN4_2
MAIN4_1:         LCALL DELAY10MS
                 LCALL DELAY10MS
MAIN4_2:         SETB CHAOXIAN
                 MOV 30H,♯0
                 JNB CHAOXIAN,MAIN4_3
                 LJMP MAIN2
MAIN4_3:         SETB LEDLU     ;亮红灯
                 CLR LEDRED
                 JB 20H.0,MAIN4_6
                 MOV A,32H
                 CJNE A,♯150,MAIN4_4
MAIN4_4:         JNC MAIN4_5
                 CLR BAOJIN
                 LJMP MAIN4_6
MAIN4_5:         CJNE A,♯200,MAIN4_5A
MAIN4_5A:        JC MAIN4_5B
                 MOV 32H,♯0
MAIN4_5B:        SETB BAOJIN
                 LJMP MAIN4_6
MAIN4_6:         JB 20H.1,MAIN4_7
                 SETB 20H.1          ;继电器输出脉冲
                 CLR SHUCHU
                 LCALL DELAY200MS
                 LCALL DELAY200MS
                 SETB SHUCHU
MAIN4_7:         MOV A,30H
                 CJNE A,♯10,MAIN4_7A
MAIN4_7A:        JC MAIN4_3
                 LJMP MAIN2
MAIN5:           MOV 30H,♯0
```

```
                SETB LEDLU
                SETB LEDRED
MAIN5_0：       MOV A,30H
                CJNE A,#3,MAIN5_1
MAIN5_1：       JC MAIN5_2
                LJMP MAIN6          ;连续按 3 s 以上,执行自检
MAIN5_2：       LCALL DELAY10MS
                LCALL DELAY10MS
                LCALL DELAY10MS
                SETB KAIGUAN
                LCALL DELAY10MS
                JB KAIGUAN,MAIN5_0
                JB 20H.0,MAIN5_3
                SETB 20H.0          ;继电器输出脉冲
                CLR SHUCHU
                LCALL DELAY200MS
                LCALL DELAY200MS
                SETB SHUCHU
                LJMP MAIN2
MAIN5_3：       CLR 20H.0
                SETB BAOJIN        ;关继电器输出,报警
                SETB SHUCHU
                LJMP MAIN2
MAIN6：         MOV 30H,#0
                SETB LEDRED        ;亮绿灯
                CLR LEDLU
MAIN6_1：       LCALL DELAY10MS
                SETB CHAOXIAN
                JNB CHAOXIAN,MAIN6_3     ;超限
MAIN6_2：       MOV A,30H
                CJNE A,#5,MAIN6_2A
MAIN6_2A：      JC MAIN6_1
                LJMP MAIN7
MAIN6_3：       LCALL DELAY200MS
                SETB CHAOXIAN
                JB CHAOXIAN,MAIN6_2
                CLR  LEDRED         ;亮红灯
                SETB LEDLU
MAIN6_4：       MOV A,32H
                CJNE A,#150,MAIN6_5
MAIN6_5：       JNC MAIN6_6
                CLR BAOJIN          ;(0~750 ms)报警
                JB 20H.1,MAIN6_4
                SETB 20H.1          ;继电器触发脉冲
```

```
                CLR SHUCHU
                LCALL DELAY200MS
                SETB SHUCHU
                LJMP MAIN6_4
MAIN6_6：        CJNE A,#200,MAIN6_6A
MAIN6_6A：       JC MAIN6_6B
                MOV 32H,#0
MAIN6_6B：       SETB BAOJIN        ;消音
                LJMP MAIN6_4
MAIN7：          MOV 30H,#0
MAIN7_1：        LCALL DELAY10MS
                MOV A,32H
                CJNE A,#40,MAIN7_1A
MAIN7_1A：       JNC MAIN7_2
                CLR LEDRED         ;(0～200 ms)亮红灯
                SETB LEDLU
                CLR BAOJIN
                LJMP MAIN7_3
MAIN7_2：        CJNE A,#80,MAIN7_2A
MAIN7_2A：       JC MAIN7_2B
                MOV 32H,#0
MAIN7_2B：       SETB LEDRED        ;(200～400 ms)灭红灯
                SETB LEDLU
                SETB BAOJIN
MAIN7_3：        JNB KAILU,MAIN7_4
MAIN7_3A：       MOV A,30H
                CJNE A,#5,MAIN7_3B
MAIN7_3B：       JC MAIN7_1
                LJMP MAIN8
MAIN7_4：        LCALL DELAY200MS
                JB KAILU,MAIN7_3A
                LJMP MAIN9
MAIN8：          MOV 30H,#0
MAIN8_1：        LCALL DELAY10MS
                MOV A,32H
                CJNE A,#40,MAIN8_1A
MAIN8_1A：       JNC MAIN8_2
                CLR LEDRED         ;(0～200 ms)亮黄灯
                CLR LEDLU
                CLR BAOJIN
                LJMP MAIN8_3
MAIN8_2：        CJNE A,#80,MAIN8_2A
MAIN8_2A：       JC MAIN8_2B
                MOV 32H,#0
```

```
MAIN8_2B:      SETB LEDRED        ;(200～400 ms)灭黄灯
               SETB LEDLU
               SETB BAOJIN
MAIN8_3:       JB DUANLU,MAIN8_4
MAIN8_3A:      MOV A,30H
               CJNE A,#5,MAIN8_3B
MAIN8_3B:      JC MAIN8_1
               LJMP MAIN2
MAIN8_4:       LCALL DELAY200MS
               JNB DUANLU,MAIN8_3A
               LJMP MAIN9
MAIN9:         CLR LEDLU          ;亮黄灯
               CLR LEDRED
               MOV 32H,#0
MAIN9_1:       MOV A,32H
               CJNE A,#20,MAIN9_1A
MAIN9_1A:      JNC MAIN9_2
               CLR BAOJIN         ;(0～200 ms)报警
               LJMP MAIN15
MAIN9_2:       CJNE A,#40,MAIN9_2A
MAIN9_2A:      JC MAIN9_2B
               MOV 32H,#0         ;(100～200 ms)灭报警
MAIN9_2B:      SETB BAOJIN
               LJMP MAIN15
MAIN15:        SETB DUANLU
               JB DUANLU,MAIN9_1    ;短路
MAIN15_1:      SETB KAILU
               JNB KAILU,MAIN9_1    ;开路
               LCALL DELAY200MS
               SETB CHAOXIAN
               LCALL DELAY200MS
               JNB CHAOXIAN,MAIN15_2
               LJMP MAIN9_1
MAIN15_2:      SETB CHAOXIAN
               LCALL DELAY200MS
               JB CHAOXIAN,MAIN15_3
               LJMP MAIN9_1
MAIN15_3:      LJMP MAIN2
DELAY200MS:    MOV R7,#200
DELAY4_1:      MOV R6,#200
DELAY4_2:      NOP
               NOP
               NOP
               DJNZ R6,DELAY4_2
```

```
                 DJNZ R7,DELAY4_1
                 RET
DELAY10MS：       MOV R7,#10
DELAY10_1：       MOV R6,#200
DELAY10_2：       NOP
                 NOP
                 NOP
                 DJNZ R6,DELAY10_2
                 DJNZ R7,DELAY10_1
                 RET
TIME0：           PUSH PSW
                 PUSH DPH
                 PUSH DPL
                 PUSH ACC
                 SETB PSW.3
                 CLR PSW.4
                 CLR TR0
                 MOV A,TL0
                 ADD A,#80H
                 MOV TL0,A
                 MOV A,TH0
                 ADDC A,#0ECH
                 MOV TH0,A
                 SETB TR0
                 INC 50H
                 INC 32H
                 MOV A,50H
                 CJNE A,#200,RETURN
                 MOV 50H,#0
                 INC 30H
RETURN：          POP ACC
                 POP DPL
                 POP DPH
                 POP PSW
                 RETI
END
```

5.4.6　系统调试

1. 电源调试

一般元器件安装正确,电源就能正常工作,但如果持续通电,就会老化,出现开关管损坏的现象,经查,实为外界电网冲击或雷电造成。解决方法如下:在电路中增加电感、压敏电阻等以提高电源的抗干扰和耐冲击性能,选用性能较好的开关管。

2. 电磁阀驱动调试

电磁阀采用脉冲驱动,导通时间为 200 ms。单片机不带电磁阀时,程序运行正常,带电磁阀时,有时能正常驱动,有时在驱动时会引起单片机复位,程序从头运行,不能满足设计要求。更换电磁阀驱动电压(外加另一组电压),程序运行正常。说明电磁阀驱动电流较大,变压器设计功率较小。恢复原电源,经查,在关阀过程中发现电源整流输出的电压降低,导致7805 稳压输出降低(最低可达＋2 V),从而导致单片机不能正常工作。解决方法如下:

(1) 由于开关变压器设计位置已固定,所以不做有关变压器的修改。

(2) 在 7805 输入和输出加大滤波电容,起到明显效果,但是,其体积在原有基础上增加许多,安装时放不下,因此,此方案最终遭否决。

(3) 降低电磁阀驱动电流。通过软件不断调整电磁阀脉冲导通时间,有明显效果。当电磁阀脉冲导通时间降低为 2 ms 时,不能正常关断电磁阀,5 ms 以上能正常关断。因此,考虑余量,最后将电磁阀脉冲导通时间由 200 ms 调整为 20 ms。此时,再测量 7805 稳压输出,电压不波动。再重复测试开关电磁阀,工作正常。

(4) 更换大口径电磁阀后测试,发现多次开关电磁阀后,会发生单片机死机情况。经查,7805 稳压输出正常,电压不波动。经分析,电磁阀为感性负载,在关闭时会产生感应电动势,从而影响单片机的正常工作。在电磁阀两端并上一只续流二极管。再测试,电磁阀开关多次,单片机工作正常。

3. 按钮误动作调试

程序运行中,有时会发生按钮误动作现象。解决方法如下:
(1) 增加按键去抖动时间,有一定效果,有时仍会发生按键误动作。
(2) 降低 R9 电阻值,再测试,按键误动作消除,单片机工作正常。

4. 气敏元件报警调试

气敏元件在短路故障报警解除后发生浓度超限报警。解决方法如下:由于单片机为顺序检测,短路故障优先。气敏元件在短路故障报警解除后,此电压仍然高于浓度超限设定值,必然会引起浓度报警,解决方法是在短路故障报警解除后,延时 10 s 再检测浓度是否超限。

5.4.7　参考文献

[1] 阎石主编. 数字电子技术基础[M]. 第 4 版. 北京:高等教育出版社,2001:1191.
[2] 赵大和主编.电子爱好者实用资料大全[M]. 北京:电子工业出版社,1989.
[3] 瞿德福主编.实用数字电路手册[M]. 北京:机械工业出版社,1997.
[4] 胥绍禹编译.煤气泄漏报警传感器[N].电子报(合订本.上),1995:1781.
[5] 胡宴如主编.模拟电子技术[M]. 北京:高等教育出版社,2004.
[6] 赵继文主编.传感器与应用电路设计[M]. 北京:科学出版社,2002.

第6章

楼宇自动化系统设计

6.1 楼宇自动化系统设计一般原则

楼宇自动化系统即包括建筑设备自动化系统 BAS（Building Automation System），办公自动化系统 OAS（Office Automation System），通信自动化系统 CAS（Communication Automation System）。其中，BAS 应包括防火监控系统 FAS（Fire Automation System）和保安自动化系统 SAS（Safety Automation System）。自动化系统应按以下原则设计：

（1）采用先进、稳定、安全、实用的技术；

（2）将系统按功能按层次作结构化模块处理，把 BAS，OAS，CAS 分解成互相联系又比较独立的子系统；

（3）各个子系统实现智能化自控，系统之间能够数据共享，并且要求所有的人机界面友好、美观且易于操作；

（4）采用的系统和设备应是标准化的，在各个通信层次上都符合国际化标准协议；

（5）具有开放性，在数据接口上能提供多种与第三方系统衔接的工具；

（6）具有可扩充性和灵活性，可兼容未来的技术发展；

（7）构成的系统必须具有可靠性和容错性，提供安全、快速的故障恢复功能。

6.2 楼宇自动化系统设计概况

楼宇自动化系统包括：中央空调系统、给排水系统、变配电系统、电梯系统、照明系统、治安系统及消防系统、通信自动化系统及办公自动化系统等部分。

6.2.1 设计目标

楼宇自动化系统的设计目标：对大厦内的楼宇自动化设备、办公自动化设备、通信自动化设备等采用计算机控制技术进行全面有效的监控与管理，确保所有设备处于高效节能、安全可靠的最佳运行状态,从而更好地发挥建筑物的潜能,最终实现降低营运成本,延长机电设备的使用寿命以及提高大楼安全性的功能等等。它应满足如下的条件:

(1) 具有先进的楼宇自动控制系统(BA),能够根据人们的需要,自动调节楼宇内的各种机电设备,包括电梯系统、空调系统、照明系统、治安系统以及消防系统等,以创造适合不同人群的舒适的工作环境,提高工作效率。

(2) 先进的办公自动化(OA)能提高人们的工作效率,使得办公事务快捷而方便,包括计算机及网络设备、公共信息库、电子邮件、大楼物业管理等。

(3) 先进的通讯设备、通信系统(CA)能高速、准确地提供建筑物内外的一切通信需求,包括数据通信、电话、传真、图像、多媒体、光纤通信和卫星通信等。

(4) 具有支持上述三大系统的综合布线系统,并且具有能全面兼容、传输楼宇内各系统弱电信号的传输平台。

(5) 具有楼宇系统集成和管理中心,集中管理和控制楼宇内各系统的工作状态,以创造一个高效、节能、舒适的工作环境。

6.2.2 设计原则及依据

楼宇自动化系统在符合实际需要的前提下,应有适当的超前性,以满足未来的需求。

1. 设计应遵循的原则

(1) **实用性** 楼宇自控系统的设计应以实用为第一原则。在符合需要的前提下,合理平衡系统的经济性与超前性,以避免片面追求超前性而脱离实际,或片面追求经济性而损害电气中心的智能性。

(2) **可靠性** 系统必须保持每天 24 小时连续工作,子系统故障不影响其他子系统运行,也不影响集成系统的运行。要求控制系统有高抗干扰性,为此,选用高屏蔽性的控制箱和双绞线,并在软件上设置"看门狗",一旦数据弹飞可以立即回到初始状态,不致死机。

(3) **经济性** 楼宇自控系统工程所选用的设备与系统,应当以现有成熟的设备和系统为基础,以总体目标为方向,局部服从全局,力求系统在初次投入和整个运行生命周期内获得最佳的性价比。

(4) **易维护性** 为保证智能大厦系统的日常运行,系统必须具有高度的可维护性和易维护性,使得所需维护人员少、维护工作量小、维护强度低、维护费用低等。

(5) **开放扩展性** 楼宇自控系统设计应尽量采用国家和国际标准及规范,兼容不同厂商、不同协议的设备和系统的信号传输,各子系统可方便地进出系统。

2. 系统设计应考虑的因素

(1) 处理好系统的先进性和技术成熟程度的关系,尽可能采用技术上既先进又成熟的系统。

(2) 系统必须是开放的,可扩展的。

(3) 处理好经济性与先进性的关系,了解业主的建设目的和要求后,在不降低系统性能和先进性的基础上,应尽量考虑减少投资成本。

(4) 系统的安全性。在设备选型时,必须充分考虑系统投入运行后的安全问题,包括系统的成套性、产品的技术成熟程度、运行数据管理甚至包括产品售后服务是否及时等,以确保系统安全、正常地运行。

3. 楼宇自动化系统设计依据

① 《民用建筑电气设计规范》(JGJ/T1692);
② 《电气装置安装工程施工及验收规范》(GBJ3282);
③ 《工业自动化仪表工程施工及验收规范》(GBJ9386);
④ 《建筑弱电工程设计手册》,中国建筑工业出版社,1999;
⑤ 《建筑智能化系统工程设计管理暂行规定》(建设部 1997—290);
⑥ 《智能建筑设计标准》(DBJ—08—47—95);
⑦ 《采暖通风与空气调节设计规范》(GBJ19—87);
⑧ 《高层民用建筑设计防火规范》(GB50045—95)。

6.2.3　楼宇自动化系统设计步骤

① 分析楼宇的功能和类别,了解业主的具体要求和希望达到的目标;
② 做市场调研;
③ 确定楼宇自动化系统的控制方案;
④ 确定系统的信息点和监控点;
⑤ 确定楼宇自动化控制系统和设备的选型;
⑥ 绘制楼宇自动化系统网络图;
⑦ 绘制各子系统被控设备的控制原理图;
⑧ 绘制楼宇控制系统的施工平面图及设备放置图;
⑨ 列出系统配置报价表格。

6.3　楼宇自动化系统设备配置

6.3.1　中央空调系统

包括冷冻站及空调末端设备,冷冻站的冷冻机组由空调供应商提供的控制器单独控制,并通过 RS232/RS485 接口与 BAS 联网,空调末端设备包括空气处理机、新风处理机、下送风空气处理机,同时还包括冷热水循环泵、显热交换泵、变频器、起动箱等配套设备。

1. 冷冻水和冷却水系统

控制内容为:冷水机组的运行状态及故障报警,冷冻水泵的运行状态及故障报警,冷却水泵的运行状态及故障报警,冷却塔风机的运行状态及故障报警,冷冻水泵、冷却水泵和冷却水塔的启/停控制,冷却塔水阀开关控制,冷冻机供水温度监测及系统供回水温度监测,系统供水流量监测,系统供回水压差监测,室外温/湿度监测,冷冻水/冷却水总供回水过滤器堵塞报警,冷却塔水阀状态、冷却塔低水位报警,冷冻水泵变频调速控制,冷却塔风机变频调速控制,冷负荷计算。

通过冷冻水供回水温度差和回水流量计算出冷冻水系统的冷负荷,并根据实际冷负荷及时调整投入运行的冷水机组及相关设施的数量,以达到最佳的节能状态。

(1) **联锁控制**　为了确保冷水机组及相关设备的正常运作,控制程序在设备启停次序上将做以下编排。启动:冷冻水泵→冷却水泵→冷却塔风机→冷冻机;停止:冷冻机→冷冻水泵→冷却水泵→冷却塔风机。

(2) **故障转机**　制冷系统中,各台冷冻机、冷冻水泵、冷却水泵、冷却塔互为备用。当任何一台设备出现故障时,DDC(Direct Digital Controller)会关闭该设备,并根据有关设备的累计运行时间,启动运行时间最短的同类设备,以保证整个系统的连续运作。

(3) **水流开关检测**　若检测到任何一台冷冻机的冷却水或冷冻水的水流开关报警后,系统将立即停止有关机组的运行,并投入另一机组运行。

(4) **压差旁通调节阀控制**　冷冻水系统中总供口水压差值与 BAS 中的差压设定值进行比较后,控制压差旁通阀的开度,将冷冻水系统压差维持在合理的水平。

(5) **冷却塔风机启动/停止控制**　冷却塔风机采用分级控制的方案,将冷却水回水温度与 BAS 中的冷却塔回水温度各级设定值进行比较后,DDC 决定冷却塔风扇的启动/停止。

(6) **冷冻机的优化运行控制**　DDC 根据制冷机组的累积运行时间,每次启动累积时间最少的一台制冷机组,以实现机组运行时间的平衡。

2. 组合式空气处理机

组合式空调机由送风机、排风机两大部分组合而成,一般根据应用场合容量大、负荷变化大的特点,通过变频控制送风机、排风机,还需控制冷冻水阀、热水阀、新风阀、回风阀以及开机台数来达到舒适、节能的目的。同时可在软件中设定在某一特定时段(如会议前后)关闭冷冻水阀、回风阀,开启新风阀、排风阀,达到通风换气的目的。

控制内容为:新风、送风、回风、排风温度监测以及新风、回风、送风湿度监测,送风机、排风机运行状态/故障报警,冷水循环泵运行状态/故障报警,显热循环泵运行状态/故障报警,送风管风压监测,冷水供回水温度、热水供回水温度以及显热供回水温度监测,送风机及排风机的供电电流、电压和频率监测,DDC 对回风温度进行 PID 控制。通过调节冷冻水二通阀的开度,使回风温度保持在设定值范围内,当送风机、排风机都停止时,冷冻水二通阀将会关闭;根据室外的空气焓值及室内空气质量调节新风阀、回风阀。新风阀、回风阀在软件中设置联锁,即开大新风阀的同时关小回风阀,反之亦然;压差开关将会监察过滤网的状况,当过滤网堵塞时,压差开关便会发出讯号,以提醒维护人员清洗过滤网;风机运行状态与风阀联锁,所以当风机停止时,风阀便完全关上;送风机、排风机的启/停可根据安排,进行时间程序控制,根据负荷情况选择只开送风机或送、排风机都开;当室内发生火灾时,火灾感测器发出消防报警信号,停止送风机工作,关闭再循环阀和送风口,并用排风机从室内排出烟气。

3. 新风处理机

控制内容为:新风、回风、送风、排风温度监测,送风机运行状态/故障报警、排风机运行状态/故障报警,冷水供回水温度、热水供回水、显热供回水温度监测,冷水循环泵运行状态/

故障报警,热水循环泵运行状态/故障报警,显热循环泵运行状态/故障报警,根据室外温度来改变送风温度设定值,以求节约能源,DDC 对送风温度进行 PID 控制。通过调节冷水电动阀及热水电动网的开度,使送风温度保持在设定值范围内。当新风机停止时,冷水电动阀及热水电动阀都会关闭;压差开关将会监视新风机过滤网的状况,当过滤网堵塞时,压差开关便会发出讯号,以提醒维护人员清洗过滤网;风机运行状态与风阀联锁,所以当风机停止时,风阀便完全关上。关小室外新风阀的同时会关小回风阀,反之亦然,维护人员可根据空气焓值及室内空气质量调节新风阀、回风阀,新风阀、回风阀在软件中设置联锁,可根据上下班时间制订时间控制程序。

4. 下送风处理机

控制内容为:送风温度监测,送风机运行状态/故障报警,根据室外温度来改变送风温度设定值,以求节约能源,DDC 对送风温度进行 PID 控制。通过调节冷水电动阀的开度,使送风温度保持在设定值范围内,当下送风处理机停止时冷水电动阀将会关闭,下送风机的启/停由程序控制。

6.3.2　变配电系统

为了保证供电可靠性,现代高层建筑至少应有两个独立电源,视负荷大小及当地电网条件还可增加电源。两路独立电源运行方式,原则上是两路同时供电,互为备用。另外,还需安装应急备用柴油发电机组,要求在 15 秒钟内自动恢复供电,保证事故照明、电脑、消防、电梯等设备的事故用电。国内高层建筑的供电电压,都采用 10 kV 标准电压等级。

1. 变配电系统设计

(1) 现代高层建筑均是采用两路独立的 10 kV 电源同时供电。一般高压采用单母线分段,自动切换,互为备用。母线分段数目,与电源进线回路数相适应。只有当供电电源为一主一备时,才考虑采用单母线不分段的结线。电源进线应采用电缆进线。

(2) 为减少变压器台数,单台变压器的容量一般都大于 1 000 kV·A。为限制低压侧的短路电流,正常时变压器解列运行,中间设联络开关。照明和动力分开设变压器,当动力用电容量太小时,动力变压器可不分开装设。

(3) 低压配电系统各级开关均采用自动空气开关(断路器),设置瞬时、短延时、长延时三级过流保护装置。各级自动空气开关的保护整定,应注意选择性配合,防止越级跳闸。

(4) 电梯供电要求采用两路不同变压器引出的专用电缆进线,在电梯机房的末端配置电箱,设置两路电源的自动切换装置,互为备用。

(5) 功率因数按规定应补偿到 0.9~0.95,无功补偿都采用集中补偿方式,为降低变压器容量,多集中装设在低压侧,与配电屏放在一起,但必须采用干式移相电容器。

2. 变配电系统的监控

变配电系统的监控内容包括:

① 配电房 10 kV 进线的三相电流、三相电压、有功功率、无功功率、功率因素、用电量、

频率监测以及工作状态/故障报警;

② 配电房 10 kV 出线的三相电流及用电量监测以及其工作状态/故障报警;

③ 10 kV 出线开关的三相电流、用电计量监测以及工作状态/故障报警;

④ 10 kV 母联开关的三相电流以及工作状态/故障报警;

⑤ 10 kV 环网进出线三相电压、单相电流监测以及工作状态/故障报警;

⑥ 高压电容器的工作状态/故障报警;

⑦ 低压母联进线的三相电流、三相电压、有功功率、功率因素、用电量监测以及工作状态/故障报警;

⑧ 低压母联开关、联络开关的三相电流监测以及其工作状态/故障报警;

⑨ 发电机的三相电流、三相电压、有功功率、无功功率、功率因素、用电量、频率及电池电压监测以及工作状态/故障报警;

⑩ 发电机并车出线的三相电流、三相电压、有功功率、无功功率、功率因素、用电量、频率和电池电压监测以及工作状态/故障报警;

⑪ 发电机配出开关的三相电流和用电量监测以及工作状态/故障报警;

⑫ 发电机日用油箱的高/低液位报警;

⑬ 变压器的超温报警;

⑭ 发电机电源进线开关的三相电流监测以及其工作状态/故障报警。

6.3.3　电梯系统

电梯系统要根据大厦要求设计,并通过通讯接口与电梯控制系统联网来实现对电梯的集群管理。对电梯的集群管理主要是显示电梯的运行状态、故障状态、电梯运行时的楼层号显示、电梯的启/停控制、累计电梯运行时间、对到达指定时间的电梯自动提示维护信息,在发生火警时电梯要求与消防联动,停在首层。

在高层建筑中,快速、高效、平稳的垂直服务是不可缺少的。电梯作为垂直交通工具,对其数量的配置、控制方式及有关参数的选定,不仅直接影响建筑物的一次性投资(一般电梯投资约占建筑物总投资的 10% 左右),而且还将影响建筑物的使用安全和经营服务质量。在建筑物内,恰当地选用电梯的台数、容量、运行速度、控制方式非常重要,而建筑物内的电梯一经选定和安装使用,以后若想增加或改型非常困难,因此,设计人员应该在设计开始时就充分重视电梯的配置。

1. 电梯群控系统

由于高层建筑采用多梯系统,为了提高电梯群的使用效率,以最快的速度满足乘客的需要,缩短乘客等候时间,应采用微机电梯控制系统,通过计算机控制系统及时地处理大量信息,判断各站台的呼叫信息和各电梯的位置、方向、开闭状态、轿厢内呼叫等各种状态,以提高运送能力,改善服务质量,提高建筑的经济效益。电梯微机群控系统主要包括以下几个方面:

(1)轿厢到达各停靠站台前应减速,到达两端站台前应强迫减速、停车,避免撞顶和冲底,以保证安全。

（2）对轿厢内的乘客所要到达的站台进行登记并通过指示灯作为应答信号,在到达指定站台前减速停车、消号,对候梯的乘客的呼叫进行登记并作出应答信号。

（3）满载直驶,只停轿厢内乘客指定的站台。

（4）当轿厢到达某一站台而成空载时,另有站台呼叫,该轿厢与另外行驶中同方向的轿厢比较各自至呼叫层的距离,近者抵达呼叫站并消号。

（5）端站台乘客呼叫,调用抵端站台轿厢与空载轿厢之近者服务。

（6）在各站台设置轿厢位置显示器,对站台乘客进行预报,消除乘客的焦急情绪,同时可使乘客向应答电梯预先移动,缩短候梯时间。

（7）站台呼叫被登记应答后,轿厢到达该站台时应有声音提醒候梯乘客。

（8）运行中的轿厢扫描各站台的减速点,根据轿厢内或站台有无呼叫,决定是否停车。

（9）乘客在站台呼叫轿厢,同一个站台能提供服务的所有电梯的应答器均作出应答。

（10）控制室将电梯群分类,分单数层站停和双数层站停,所有电梯都以端站为终点,在中间层站,单数层站台呼叫双数层站台的轿厢,控制室不登记,不作应答,反之也一样。

（11）中间站台呼叫,直达电梯不登记,不作出应答。

（12）轿厢完成输送任务,若无呼叫信号或被指示执行其他服务,则电梯停留在该站台,轿厢门打开,等待其他的呼叫信号。

（13）控制系统时刻监视电梯的状态,同时扫描各站台呼叫的状态。

2. 高层电梯的供电系统

高层电梯的供电系统一般都配置两路独立的供电电源,以保证电梯的用电,防止电梯的供电中断而使乘客滞留在行驶的电梯内。当一路电源发生故障或进行维修时,另一路电源自动投入运行。若发生意外事故或大范围地区停电使第二电源也不能供电时,这时供电系统应转换到第三电源,高层的第三电源一般由柴油发电机供给,维持电梯继续工作。

3. 电梯的监控系统

电梯除了设备本身配有的各种弱电与监视装置外,一般还在电梯轿厢内设置与电梯机房和值班室都能对讲的专线电话和应急铃等弱电设备。在设有多台电梯群控的建筑物里还设有事故运行操作盘,用以监视电梯的异常情况和进行紧急操作。大厦采用的计算机控制系统,如楼宇自控系统（BAS）,火灾报警联动控制系统（FAS）,保安监控系统（SAS）,都要对电梯实现监控,其目的就是为了加强对电梯的管理,提高电梯的使用率,降低能耗,为人们提供舒适、快捷、安全的环境。

（1）**楼宇自控系统对电梯的监控功能**　楼宇自控系统用计算机对建筑物内的设备实施一体化管理和控制,其对电梯的监控功能为:

① 电梯的运行台数时间控制;

② 电梯的运行状态监控;

③ 语音报告服务系统;

④ 停电及紧急状态的处理;

⑤ 定期通知维护及开列保养单等。

（2）**火灾报警联动控制系统对电梯的监控功能**　火灾报警联动控制系统是一独立的子

系统,其主要功能是对楼宇内火情进行监控,它对电梯的中断和优先识别高于其他系统。火灾报警联动控制系统对电梯的监控功能为:

① 普通电梯平时受楼宇自控系统监控,当发生火灾时,电梯将直驶至首层,不应答任何内外召唤,返首层后开门,切断电源,停止使用。

② 消防电梯在发生火灾时,电梯将直驶至首层待命,切断普通电源,由应急电源供电。

(3) **安保监控系统对电梯的监控功能** 在电梯轿厢和出入口监控,安装门禁系统,电梯根据 IC 卡记录的安保级别自动运行至规定的楼层。

6.3.4 照明系统

智能大厦是多功能的建筑,不同用途的区域对照明有不同的要求,根据使用的性质及特点,对照明设施进行不同的控制,对整个大厦的照明设备进行集中的管理控制,称为照明系统。该系统包括大厦各层的照明配电箱、事故照明配电箱。

1. 照明系统控制要求

(1) 根据季节变化,按时间程序对不同区域的照明设备分别进行开/停控制。
(2) 正常照明供电出现故障时,该区域的事故照明立即投入运行。
(3) 发生火灾时,按事件控制程序关闭有关的照明设备,打开应急灯。
(4) 有保安报警时,将相应区域的照明灯打开。

2. 照明系统控制内容

能源中心、技术通道照明灯的开关状态及开关控制;室外照明状态及开关控制;公共区域照明状态及开关控制;室内照明状态及开关控制。

6.3.5 安全防范监控系统

人们通过安保自动化系统,可根据不同时段、不同环境和不同要求,使用相应的设备、系统和设置,实现大楼和相关场所的全面防范和安全管理,保证人员和财产管理,保证人员和财产的安全。安全防范系统是智能大厦必不可少的部分,它为大厦提供了安全监视、侵入报警、出入门控制管理。安全监视系统采用微机控制矩阵系统,集中完成视频切换控制、水平/俯仰/变焦控制及自备检测。系统可设分控键盘以便于管理。

1. 安全防范自动化系统

安全防范自动化系统包括闭路电视监视系统、防盗报警系统、门禁管理系统、巡更管理系统、停车场(车库)管理系统、雷电防护系统。

2. 安全监视系统技术的主要表现

侵入报警系统通过各类传感器,如主动红外探测器、被动红外探测器、红外微波双鉴探测器、玻璃破碎传感器、振动传感器以及各类手动、脚动开关等,可获得大厦的主要通道、出入口、重要部位及周边的情况,以利于防范工作。出入门控制系统是对出进门的人员进行识别和选择,即所有人员的出入都被监控。系统识别人员的身份后,根据所储存的数据决定是否允许其出入。每一项出入都作为一个事件记录存储,这些数据可以有选择地输出。整个防范系统组成一个有机的整体,当侵入报警或出入门非授权侵入时,中央控制室接到有关报警信息,通过信息交换,安全监视系统打开报警地点附近的摄像机,并切换到指定监视器上监视,同时打开视频录像机自动记录现场情况,以便查询使用。

6.3.6　背景音乐、消防广播系统

1. 设计的要点

背景音乐系统主要为大厦工作区及公共场所提供播放背景音乐、语音广播等功能,当发生火灾或紧急事故时,则可作为事故报警广播,引导疏散群众,指挥处理事故。公共广播音响的设计应与消防报警系统相互配合,实行分区控制。在出现非常事件或火灾时,系统能够接受消防中心的强制切换,并自动投入事故广播和火灾报警广播,将着火区平时播放的背景音乐立即切换为事故广播。在技术性能上要求扬声器基本上按间隔等于 $2 \sim 2.5$ 倍层高的要求分布;满足消防报警的要求,即扬声器间隔小于 25 米,功率不小于 3 W,能实现本层和上下两层同时报警;性能上要求最大响度不小于 80 分贝,声场均匀度不小于 8 分贝,语音清晰度大于 85%。

2. 系统设计

背景音乐、消防广播系统:该系统将涉及建筑设计、保卫和公安部门,这些部门需要协调努力。在设计系统时需掌握的原则是:充分了解厂商的产品性能特点,厂商的现场安装技术支持程度,公安、保卫、楼宇建筑者和用户对产品的认可度,性能/价格比。

6.3.7　办公自动化系统

办公自动化,是办公信息处理的自动化,它利用先进的技术,使人的各种办公业务活动逐步由各种设备、各种人机信息来协助完成,达到充分利用信息,提高工作效率和工作质量的目的。办公自动化系统应建立在局域网基础上以实现信息资源的共享,同时应具有广域网的连接能力,具有良好的安全防范措施,确保信息安全。办公自动化系统对来自建筑物内外的各类信息,进行收集、处理、存储和检索等综合处理,为管理者和使用者提供良好的信息环境、快捷有效的办公信息服务。

办公自动化系统基本功能主要有:

(1) **人事、财务类**　人事档案管理系统、财务管理系统、固定资产管理系统。

(2) **办公类**　公文管理系统、领导要事安排管理系统、文档管理系统、总经理查询系统、本行业国内外商情系统、新华社快讯系统。

(3) **管理类**　楼层管理系统、大厦运行管理系统、智能卡管理系统、大事记系统。

(4) **公共服务类**　公共信息服务系统(如民航、邮政、火车、电话等)查询,音乐、广播管

理系统,电子布告管理系统,其他用户提出的管理软件。

办公自动化系统由高性能的传真机、各种终端、微机、文字处理机、主计算机、声像设备等现代化办公设备与相应的软件组成,主要用于文字处理、办公服务、公文文档等综合管理以及电子票务、电子邮件、电视会议、电子数据交换等。办公自动化是一门综合性的跨学科的技术,是一个人机信息的交互系统,以提高办公效率为其目标,包括语音、数据、图像、图形、视频、文字等信息的一体化处理等。

6.3.8 通信自动化系统

通信自动化系统是智能大厦的"中枢神经",它是集成了电话、计算机、监控报警、闭路电视监视、网络管理等系统的综合信息网。通信自动化是对各个系统集成后的集中监控管理,掌握的原则是权限集中、界面友好、灵敏度高、反应快速、功能齐全。系统能够以高速率对智能建筑中的各种图像、文字、语音及数据进行通信,同时也与外部公用网络进行信息交流。

1. 通信自动化系统

通信自动化系统主要包括结构化综合布线系统、程控电话交换系统、高速宽带计算机网络系统、Internet 接入系统、GSM 移动电话转接站系统、卫星接收与闭路电视系统、会议通信系统等子系统。

2. 通信自动化系统对计算机网络提出的要求

(1) **标准化和规范化** 选择符合工业标准或事实工业标准的网络通讯协议、操作系统、网管平台、系统软件、网络通信介质、网络布线、连接件及布线所用的材料、器件、器材。布线施工过程中也必须遵守国际上通用的网络工程规范及国家建筑、电气工程实施标准。采用标准化、规范化设计,系统才具有开放性,才能保证用户在系统上进行有效的开发,并为以后的发展提供一个良好的环境。

(2) **先进性与成熟性** 为了确保整个通信网络系统和楼宇管理系统结构的技术先进性、可靠性,选择合理的、实用的、便于扩展与升级的网络拓扑结构和技术先进、有信誉保证、并得到广大用户认可的厂家的产品。

(3) **安全性和可靠性** 楼宇自动化管理、通信网络和办公自动化是一个复杂的综合系统,需要在软、硬件两个方面采取措施,以保证整个系统安全可靠地运行。首先要保证作为基础的结构化综合布线系统的安全与可靠。从结构化综合布线系统方案设计,到材料与器材的选择以及工程实施各个阶段都必须考虑到影响整个系统安全、可靠性的各种因素。结构化综合布线施工完成后,必须按照标准严格进行有关参数的测试。软件方面则按照系统类型、数据类型,通过加密、设置权限等手段实现系统的安全性。

(4) **可管理性和可维护性** 楼宇自动化管理、计算机网络和办公自动化是一个比较复杂的系统。在设计组建时,设计人员必须采用先进的、标准的、用户界面良好的管理软件,合理的设备布局,做到走线规范、标记清楚、文档齐全,以便实现整个系统的可管理性和可维护性。

(5) **灵活性和可扩充性** 为了保证用户的已有投资不受损失及用户不断增长的业务需

求,整个系统必须具有灵活的结构,并留有合理的扩充余地,以便用户根据需要进行适当的变动与扩充。

（6）**优化性能价格比** 考虑到系统性能、功能以及在可预见期间内仍不失其先进性的前提下,尽量使整个系统的投资合理,以便形成一个性能价格比高的系统。

（7）**实用性和可行性** 综合考虑系统需求和资金投入的情况,方案设计采用成熟的技术,保证技术的可行性。

（8）**开放性与兼容性** 系统设计中采用支持和符合标准的产品,使系统具有很好的兼容性,有利于设备、器材的选型,便于施工、维护和降低成本。

3. 通信自动化系统设计基本要求

（1）以程控交换机为核心,电话、传真等为主的通讯网络。

（2）建筑内的局域网,使建筑内的各种终端、微机、工作站、主计算机与数据库实现联网,实现数据通信。

（3）与国内外建立远程数据通信网络。先进的通信自动化系统可传输语言、数据,还可以传输图像等多媒体信息,不同功能用途的建筑,对通信要求有所不同,设计人员应根据应用需求,提供相应的应用系统。

6.3.9 综合布线系统

综合布线系统是在通信、计算机和信息技术迅速发展的形势下,为了克服传统布线的不足而提出来的。采用组合压接方式、星形布线拓扑结构,遵循 EIA/TIA 标准模块化设计思想,使综合布线系统高度可靠、高度灵活、高度开放、体系完整、维护方便。

综合布线系统主要由七个子系统构成:

（1）**工作区子系统（Work Area）** 工作区是指从信息出口到终端设备之间所包括的各种布线设备,如各种适配器、平衡器等。常用终端设备是计算机、电话、报警探头、摄像机、监视器、传感器、音响等。

（2）**水平子系统（Horizonal Cabling）** 实现信息插座和管理子系统（配线架）间的连接,包括信息插座、水平传输介质和端接水平线的配线架。常用信息插座为 RJ45,传输介质为屏蔽、非屏蔽 8 芯双绞线或光纤。

（3）**主干线子系统（Backbone Cabling）** 实现计算机设备、程控交换机、监控中心与各管理子系统间的连接,也实现楼与楼之间的连接。常用介质是多对数双绞线电缆或光缆。

（4）**管理子系统（Administration）** 由交叉连接的端接硬件（配线架）和色标规则组成,对所有系统的连接和对与其相连的信息插座的功能进行灵活的管理,并包含系统管理文档。

（5）**电信间子系统（Telecommunications Closet）** 水平系统的终端,包括用于连接主干的跳线架和用于本地的电信设备。

（6）**设备间子系统（Equipment Room）** 主要是放置计算机系统设备、网络集线器、程控交换机、楼宇自控中心设备、音响输出设备、闭路电视控制装置和报警控制中心等。

（7）**引入子系统（Entrance Facilities）** 包括线缆、连接设备、保护设备以及其他用于与室外连接的设备等。

6.4　楼宇自动化系统集成方法

6.4.1　系统集成的平台(数据仓库)

　　智能化大楼系统以结构化综合布线为基础,包含楼宇自动化控制系统(BAS),通信自动化系统(CAS),办公自动化系统(OAS)。上述三大系统既各成一套独立完善的系统,又具备一定的开放性,可实现数据的共享,相互间经授权可进行分功能的监视和控制。其中BAS又分为基本楼宇自动化控制系统(BAS),保安自动化系统(SAS),消防报警系统(FAS)三个部分。楼宇自动化系统要求BAS,FAS,SAS设数据仓库(Data Server),存放各种数据,三大系统的集成由数据仓库完成,所以,本系统集成的核心在于科学、合理地设置数据仓库,以满足用户提出的要求,实现以下功能。

　　(1)通过软件开发,在数据仓库上提供一套接口界面管理软件,实现BAS工作站、FAS工作站、SAS工作站的综合管理功能,采用图形界面,便于调用数据浏览。

　　(2)提供通信程序使数据仓库与BAS、FAS、SAS的工作站实时交换全部数据,数据仓库收集报警资料、报告制表等数据。

　　(3)在OAS工作站上,授权可以Web方式调用数据仓库的有关住处,如历史记录、报警资料、报告制表等数据。

　　(4)数据仓库在各子系统BAS,FAS,SAS报警时,通过CAS自动拨号。

　　(5)系统联动:

　　① 发生火灾时,FAS向BAS工作站数据仓库发出报警信号,BAS工作站根据设定的选项自动控制配电、照明、电梯、紧急广播、排风、门禁、闭路电视监控(又称CCTV)系统进行联动,同时通过CAS发出指令寻呼。

　　② 发生保安报警时,SAS向BAS工作站、数据仓库发出报警信号,BAS工作站根据预设的功能,自动控制照明、门禁、电视监视、电梯系统进行联动,同时经CAS拨号寻呼。

　　(6)计算机硬盘记录摄像头监视图像,OA工作站授权可查看报警处的实时图像。

　　(7)OAS软件实现对BAS的监视和BAS部分功能的控制,比如制定会议计划后,能自动将会议室的空调、灯光、门锁指定在特定的时间开关。

　　(8)OAS能统计、分析CAS信息,如各部门、各话机每月话费等。此外,系统集成中还需实现硬件和软件的保障措施,使数据仓库及中央工作站具备可靠性,发生故障可恢复,如双机热备份、镜像备份等措施。编程软件对用户公开,便于日后控制功能变化时可对其进行调整、扩展等。

6.4.2　系统集成的通信协议标准

　　要使楼宇自动化系统的各个子系统实现有效、合理的集成,这就需要有一个各厂商均认可并共同遵守的统一开放的通信协议。目前,在楼宇自动控制方面,被各厂商普遍认同并渐显成熟的标准有两个。

1. BACnet 和 LonMARK 标准

BACnet 标准是信息管理域方面为实现不同的系统互联而制定的,上层通过以太网主干线,采用标准国际网协议,提供系统高速通信,用于解决数据传输量较大的系统间的集成。LonMARK 标准是 1991 年由美国 Echelon 公司以 LonWorks 技术为基础推出的,LonWorks 网络控制技术使得分散控制技术更趋成熟,用于解决数据传输量较小的现场控制器之间的集成。BACnet 和 LonMARK 是两项标准,它们既有重叠的地方,也有不同的地方,在智能大厦楼宇自控系统中,两项标准互相补充,互为依托,一个理想的系统应同时兼容上述两个标准。

2. 集散型楼宇自控系统的构成

目前,集散型楼宇自控系统技术上较成熟,同时兼容上述两项标准的集散型楼宇自控系统的制造公司较多,比较著名的有美国 Honeywell EXCEL5000 系统、美国江森 METASYS 系统和美国希比公司 I/A 系统等。

(1) **LonWorks**　美国 Echelon 公司 1991 年推出了 LON(Local Operation Networks)技术,又称 LonWorks 技术。它得到了众多计算机厂家、系统集成商、仪器仪表以及软件公司的大力支持,已经在楼宇自动化、工业自动化、电力系统供配、消防监控、停车场管理等领域得到广泛应用。具体地说,LonWorks 具有以下优点:

① 网络结构灵活、组网方便。它支持多种网络拓扑形式,包括总线型、星型、树型、自由拓扑型等,这样可适应复杂的现场环境,方便现场布线。

② 支持多种传输介质,它包括双绞线、同轴电缆、电力线、光纤、无线射频等,两种传输速率 78 bps 和 1.25 Mbps,最大传输距离由网络拓扑形式和传输介质决定,一般可从 500 m 到 2 700 m,可接入的节点最多为 32 385 个。

③ 完善的开发工具。它提供完善的系统开发环境,采用开放的 Neuron C 语言,它是 ANSI C 语言的扩展。

④ 无主的网络系统。LonWorks 网络中各节点的地位相同,网络管理可设在任一节点处,并可安装多个网络管理器。

⑤ 开发 LonWorks 网络节点的时间较短,也易于维护。LonWorks 采用的 LonTalk 协议固化在 Echelon 公司的 Neuron 芯片中,这样可以节省开发 LonWorks 网络节点的时间,也便于维护。

LonWorks 存在的缺点:首先,LonWorks 的实时性、处理大量数据的能力有些欠缺;其次,由于 LonWorks 依赖于 Echelon 公司的 Neuron 芯片,所以它的完全开放性也受到一些质疑。尽管 LonWorks 存在一些不足,但是 LonWorks 在楼宇自动化领域获得了广泛的应用。自 1996 年以来,LonWorks 也开始在国内获得大量的应用。在建设部的支持下,国内一些研究所和企业开始陆续开发出基于 LonWorks 的楼宇自动化控制系统,并在一些新建智能大厦和建设部智能化小区试点工程中得到应用。

(2) **BACnet**　BACnet 是作为世界上第一个楼宇自动控制网络的数据通信协议,它代表了智能建筑发展的主流趋势。BACnet 不是软件或硬件,也不是固件,严格地说,BACnet 并不是现场总线,而是一种网络协议,即通信规则,为不同商家产品的系统之间进行信息交流提供平台和支持。BACnet 详细阐述了系统组成单元相互分享数据实现的途径、使用的通信介质、可以使用的功能以及信息如何翻译的全部规则。BACnet 采用了 Etherent、ARCNET、MS/TP、PTP、LonTalk 五种网络技术进行通信,用户可根据系统通信和通信速度选择不同的网络技术。相对于其他现场总线,BACnet 标准最大的优点是可以与 Etherent、LonWorks 等网络进行无缝集成。不过 BACnet 主要为解决不同厂家的楼宇自控系统相互间的通讯问题设计,并不太适用于智能传感器、执行器等末端设备。BACnet 标准已在全球得到了广泛的应用,全球生产和经营楼宇设备和楼宇自控设备的主要厂商均支持 BACnet 标准。

（3）**CAN 总线**   CAN 总线最初是德国 Bosch 公司为汽车监控控制系统设计提出的,现在它已经成为一种国际标准,在电力、石化、空调、建筑等行业均有应用。CAN 具有以下优点：

① 采用 8 字节的短帧传送,故传输时间短、抗干扰性强。

② 具有多种错误校验方式,形成强大的差错控制能力,而且在发生严重错误的情况下,节点会自动离线,避免影响总线上其他节点。

③ 采用无损坏的仲裁技术。

④ CAN 芯片不但价格低,而且供应商多。

CAN 的缺点是：CAN 总线上最多可挂接 110 个节点,这不能完全满足整个智能建筑的需要,不过可以通过中继器进行扩展,相对其他一些现场总线,CAN 总线技术比较简单。CAN 相关产品的开发费用也远远低于其他现场总线技术产品的开发费用。

（4）**EIB**   EIB 是欧洲安装总线(European Installation Bus)的缩写。它于 1990 年被提出,经过十多年的发展,成为欧洲最有影响的建筑智能化现场总线标准,在国内的会展中心、博物馆、办公大楼、别墅等场所的灯光、窗帘、空调等控制和安防系统方面获得了广泛应用。

6.4.3 楼宇自动化系统集成方法

1. 楼宇设备自动化系统的集成

楼宇设备自动化系统 BAS 的中央操作站,位于大厦的管理监控中心。它采用具有高速处理能力的 PC 机、中文 Windows 操作系统,是大厦智能化系统集成的中央平台。它主要完成对整个大厦空调系统、给排水系统、变配电系统、送排风系统、照明系统、电梯系统的监控和管理,还实现节能、统计、维护、管理等多种功能。

2. 消防报警系统的集成

消防控制及消防操作站连接在智能消防网络上,通过消防中央操作站将楼宇自动化系统及消防自动报警系统互联。IBMS 可以从消防报警系统获取必要的状态及控制信息。

3. 出入控制系统的集成

出入控制系统是保安自动化系统 SAS 的重要组成部分,通过在重点防范地点实行通道出入控制及采取防盗报警措施,可以进行更严密的保安管理。

在系统集成设计中,出入控制操作站与 BAS 中央操作站在同一级网络 Ethernet TCP/IP上互联。集成功能还包括:

(1) 在夜间,用磁卡开门后,灯光、空调等设备会自动启动。

(2) 在 BAS平台上可以建立、查询、管理所有持卡人的资料。

(3) CCTV 系统监视非法侵入的事件。当非法侵入发生时,如在非法的持卡人被检出时,通知 BAS 打开相应地点的照明,CCTV 系统转动摄像机到预设立位置进行监视,并进行录像。

(4) 当确认火灾时,出入控制及防盗系统及时封闭有关的通道,自动打开消防紧急通道和安全门的电子门锁,通过紧急广播系统引导楼内人员疏散。

4. 闭路电视监视系统的集成

闭路电视监视(CCTV)系统是保安自动化系统 SAS 的重要组成部分之一。闭路电视监视系统的操作站,设于大厦管理监控中心,运行联网软件和系统。它的主要作用有:以地图方式管理所有的摄像机;可以预设所有摄像机的动作序列;对每个摄像机的动作进行设置,如控制云台的水平俯仰和聚焦;控制矩阵视频切换器的输出;接收 BAS 及防盗报警系统的报警信息并进行相应的联动;从窗口中观察实时动态监控图像等。在系统集成设计中,CCTV 系统操作站与 BAS 中央操作站在同一级网络 Ethernet TCP/IP 上互联。集成功能包括:

(1) **与 BAS 互联**　根据 BAS 的报警信息,将指定的摄像机上的实时动态信号显示在 Metavideo 操作站的显示屏上,或启动预设的摄像机扫描序列监视相应地点,并进行录像。

(2) **与 FAS 互联**　当大楼发生火警时,将最接近现场的摄像机对准报警部位。GUARD TOUR 电子巡更系统软件是自动集成在 METASYS 系统中的一部分,因此是 100%透明集成的子系统。电子巡更系统直接在 METASYS 中央操作站上运行。巡更员的路线、巡更开关的触动时间、误站、延迟情况均被记录在系统中。当巡更员超时或误站时可以让 CCTV 系统的摄像机转动到相应地点,在 METASYS 操作站上观察 CCTV 系统的实时图像,据此判断巡更员的状况。

5. 停车场管理系统的集成

停车场管理系统也是大厦保安自动化 SAS 系统的一个部分。为了将停车场的信息通过网络传递给 BAS,在地下停车场的收费中心设置一台停车场管理操作站,在系统集成设计中,停车场操作站集成功能包括:

(1) 向 BAS 传送停车场车辆的流动量及车位信息。

(2) 向 BAS 传送设备的工作状态及控制信息。

(3) 向 BAS 传送收费资料。

6. 广播音响系统的集成

背景音乐与紧急广播系统通常与消防报警系统集成在一起,这种集成不需要使用计算机网络集成方式,公共广播系统的背景音乐与消防系统的报警广播还可以自如切换。集成功能是指当火警发生时,消防报警系统自动在火警发生的楼层及其相邻两层进行消防广播,通知有关人员疏散脱险。

6.5 楼宇自动化系统设计实例——智能 IC 卡电梯控制系统

摘要：电梯门禁的主控板与管理电脑、读卡器、输出转换板、输入转换板、互访按钮连接，作为信息处理的中心，负责整个系统的运行。工作时，读卡器将读卡的数据上传给门禁主控板，由主控板判断卡片是否有效，若有效则判断其对应乘坐电梯的权限以及所到达楼层的权限，然后将开通电梯对应楼层的信号传给输出扩展板。主控板上预留读卡器的接口，具有 RS485 和维根两种通讯方式兼容的设计，除了可以使用自己的读卡器，也可以让用户自己提供符合维根 26 或维根 34 的读卡器，使选择更加广泛和灵活。

关键词：电梯门禁的主控板 管理电脑 读卡器 输出转换板 输入转换板

6.5.1 前 言

智能 IC 卡电梯控制系统，是集计算机技术、网络技术、自动控制技术、IC 卡感应技术、模式识别技术和机电一体化技术于一体的一套功能强大的计算机智能控制系统，主要分内控、外控两大系统，系统采用符合潮流的开放式体系结构，能够与任何第三方的系统和设备兼容，实现用户系统的高度集成。该系统类似公交车 IC 卡系统，可对用户使用电梯实行刷卡收费，也可以独立进行控制。使用该系统可通过其管理系统建立用户信息档案、浏览全部用户信息，并可通过打印数据将用户信息输出。由于智能 IC 卡系统具有安全、节能的特性，便于物业管理，并具备可限制楼层、外来人员并减少电梯误操作等特点，因此在国内一些大中城市中已开始广泛使用。

智能 IC 卡电梯控制系统，根据用户提出的电梯智能控制管理的初步需求，以使用方便、功能全面、安全可靠和管理严格为原则，是一种适用于高档公寓的计算机智能系统。每个用户将持有如信用卡大小的感应卡，根据所获得的授权操纵电梯。中央管理电脑记录所有系统事件，配置相关的管理软件，按管理要求进行记录查询并自动生成各种报表。在电梯箱内安装感应式读卡器、读卡模块和功能扩展模块，即构成电梯控制单元。持卡人在电梯内读卡后，系统即根据事先的设置允许持卡人到达授权进入的楼层。持卡人如操作未授权进入的楼层按钮，电梯将不作任何反应。非持卡者则无法操作电梯。对电梯的控制，可设置根据不同的时段实现不同的管理。例如，在某一时段，某个楼层电梯的运作可不作控制，或授权一般持卡人进入更多的楼层；在一定的时段，只允许持卡人按授权进入指定的楼层。电梯的控制也可与其他子系统实现联动控制，如紧急状态（如火警）时，系统取消对电梯的控制；在重要的楼层，将电梯与某房门设置为"互锁"（interlock）状态等。在电梯内，也可安装紧急报警装置，遇被劫持、突发事件等，通过紧急按钮实现报警。

若有客来访时，可设计为以下两种情况：

（1）在保安处设好出入各层的临时卡片，客人来访，通过可视对讲，经住户确认来访客人身份，由保安发放临时卡片，出入电梯。

（2）将可视对讲系统与电梯主控制系统联结，在住户处安装按钮，客人来访，通过可视对讲,住户确认来访客人身份,按按钮进入住户楼层。

系统用于大厦的电梯的操作,基本功能包括编程功能、报警功能和记录功能,如能实现公用通道区的照明电源与该电梯管理的联动控制则更佳。

6.5.2 IC卡电梯收费及管理系统应用特点

1. 节能

(1) **电费** 由于有效地限制了无权乘梯人员的乘梯行为,降低了电梯使用频率,可以最大限度地节省电费开支。比如:按13 kW电梯的电机功率计算,每天能够节省1个小时的电梯运行,那么每天就可以节省13度的电费,每度电费按0.8元计算,即

$$13 \times 0.8 = 10.4 \text{ 元/天}, 10.4 \times 365 = 3\ 796 \text{ 元/年}。$$

(2) **维修保养费** 减少日常维护开支:由于大大降低了电梯的运行次数,可有效延长电梯易损件平时的更换周期,如抱闸和自动电梯门的开启器等易损件,每年可节省不少于2 000元的维护费。延长大修周期:电梯的大修费用大约在3~4万元左右,原本5年就需要大修的电梯,这样可有效地延长至7~8年再大修,同比可节约大修费用2万元左右。

(3) **人工费** 由于有效地限制了无权乘梯人员的乘梯行为,再加之本楼住户也只能到达其授权的楼层,所以大大降低了楼内的环境污染,减轻了保洁人员的劳动强度以及安全人员巡查次数、收费人员的工作强度,从而使降低管理成本成为可能。例如,减少一名工作人员,一年至少可节省5 000余元工资支出。

2. 安全

(1) 安全是全体居民最注重的大事之一,此系统不但有效地控制了外来人员的随意出入,在软件中还可以记录何人、何时使用哪部电梯到达哪个楼层,为发生和避免治安案件或其他事件提供线索,降低发案率,使居民更具安全性。

(2) 可有效避免在楼内丢失财物,例如,大部分业主为改善居家环境,通常将鞋架放置在家门口,可是让住户非常气愤的是经常有些名牌皮鞋却不翼而飞,有些住户为防止自行车或电动车丢失,不辞辛苦地将其用电梯运至自家的楼层停放,结果还是不可避免地丢失。

智能IC卡电梯控制系统在建筑小区的使用,有效地杜绝了这些现象的发生,居民非常满意。

3. 智能IC卡电梯控制系统具有强大的管理功能

(1) 通过业主使用IC卡的数量、频率和时间能够充分了解业主的生活习惯、人员结构,为物业公司对社区采取的各种管理措施提供准确依据。例如,社区照明电力的开启时间管理、物业集中收费时间的确定等。

(2) IC卡电梯控制系统对物业收费起到协助管理作用,通过对个别业主限制电梯使用权限,能够促使业主对物业费的构成有充分了解,从而使业主主动交纳物业费,提高收费率,降低物管劳动强度。

（3）增加电梯使用费的收费方式,解决物业同业主之间对电梯使用费的矛盾,为以后电梯使用单次乘梯收费做好准备工作。

4. 方便管理

近年来,随着房地产业的快速发展,国家倡导的节能省地型住宅建设政策得到广泛落实,高层住宅建设逐渐成为房地产开发和消费的主体,同时也给售后物业管理带来了很多新的问题和困难,其中最突出的是电梯设备的使用、维修、管理成本高和物业收费困难等问题。随着 IC 卡电梯控制管理系统的研制及应用,为解决以上问题提供了技术上的支持,为企业的健康发展创造了条件。

（1）在采用安装 IC 卡电梯控制器前,由于电梯作为楼宇内最便捷的垂直公共交通设施,没有任何限制措施,也不可能 24 小时长期进行人员值守,所有的人员都可以自由乘坐电梯,其中还不乏大量的闲杂人员,再加之又不能有效控制小孩子在电梯内嬉戏、玩耍,长期以来物业公司除了给业主提供正常的服务外,还总是在给这样一批乘梯的闲杂人群埋单。这样不但需长期支付巨额的电费开支,还由于增大了运行次数,加快了电梯磨损,物业公司在维修保养的同时承担着巨额的费用支出。

（2）在安装 IC 卡电梯控制器以后,由于只给有权乘坐电梯的人员发放 IC 卡和授权,从而有效地限制了其他闲杂人员乘梯和小孩们的嬉戏。从而使随便可以乘坐的公共电梯转变为独享的私家电梯,不但可以充分地改善楼内居民的整体环境,增加居民的安全感,还同时可以节省大量不必要的开支。

5. 多种收费方式

（1）**按月计费方式**　本系统有类似于公交 IC 卡的功能,对住户使用电梯实行刷卡收费。发给用户的每张 IC 卡,都有相应的使用权限,即通过物业公司对 IC 卡进行设置,住户持有效的 IC 卡,在有效的时间内可以使用 IC 卡到达自己的楼层或其他公用楼层。物业公司可以根据 IC 卡限时、限层、限次的特点,自行设置,进行收费管理。例如,一个住在三楼的用户,管理中心规定每月应交 30 元电梯使用费,该用户于 1 月 1 日交给物业公司 90 元该项费用,则物业公司可将该用户所用的 IC 卡的有效期设为 1 月 1 日到 4 月 1 日,如该用户到 4 月 2 日还未到物业公司去交纳 4 月的电梯使用费,则该张卡将自动转为无效,如果该用户继续到物业公司去交纳 30 元该项费用,则物业公司将延长 IC 卡的使用期限,将该卡的有效使用期限延长至 5 月 1 日。

（2）**按次计费方式**　物业公司也可进行分层分次收费管理。例如,一楼收费标准为 0.3 元/次,每增加一层加收 0.1 元/次,那么二楼为 0.4 元/次,三楼 0.5 元/次,以此类推,用户每使用一次电梯按规定收费标准进行刷卡收费,一位家住五楼的用户,每天上下班需两次使用电梯,一个月共使用电梯 60 次,按照五楼每次 0.7 元的收费标准,该用户每月则从 IC 卡中刷去 42 元,当卡内余额不足时,该卡无效。物业公司还可以根据自己的具体情况,对不同的楼层住户采用不同收费标准,由发卡中心根据自己公司的标准对住户进行收费和权限设置。

6. 应用特点

（1）具有设置黑名单的功能,防止被偷窃或遗失的 IC 卡继续被使用。

（2）具有在不通知住户或持卡人的情况下，随时对需要屏蔽的 IC 卡进行废除处理或取消其乘梯权力的功能。

（3）具有时间设定功能。可根据上下班、节假日和其他实际需要自由设定多个时间段的系统开启或关闭（系统关闭后即可不用刷卡自由使用电梯）。

（4）具有单次收费的功能（此功能类似公交 IC 卡系统，在刷卡时即刻扣除单次费用，先充值后使用）。

（5）具有便捷的楼层及权限设置功能，可以根据需要随意设定楼层开放权限和单次乘梯单价。如多层卡、单层卡、充值卡和全通卡。

6.5.3　智能 IC 卡电梯管理系统

1. IC 卡电梯管理器简介

智能 IC 卡电梯楼层控制系统，是集计算机技术、网络技术、自动控制技术、IC 卡感应技术为一体的强大的控制系统，主要分内控、外控两大系统。该系统类似于公交车 IC 卡系统，可对用户使用电梯实行刷卡收费，也可以独立进行控制，使用该系统可通过其管理系统建立用户信息档案，浏览全部用户信息，并可通过打印数据将用户信息进行输出。由于智能 IC 卡系统具有安全、节能、方便物业管理等特点，具备了可限制外来人员并减少电梯误操作等特点，因此在国内一些大中城市中已开始广泛使用。

2. 智能 IC 卡电梯对讲联动系统的组成

（1）安装于轿箱内的智能管理器：由非接触 IC 卡、读卡器、控制器、处理器、驱动电路组成楼宇对讲系统。

（2）安装于总台的发卡机：由写卡机和计算机写卡软件、管理软件、写卡器组成。

3. 基本功能描述

本设备通过刷卡实现去往各楼层人员身份的管理，加强大厦物业管理的时效性。系统通过对 IC 卡的管理，可以限制电梯的使用人员、使用楼层、使用时间、使用次数。

（1）限制使用人员：通过设置身份密码的方式，限制非授权人员使用电梯，使用的是非接触式可读写 IC 卡，具备刷卡直达、屏蔽闲杂人员等特点，所有使用电梯的持卡人，都必须先经过系统管理员的授权或对 IC 卡充值。

（2）限制使用楼层：楼层在进入限制楼层时，由 IC 卡管理系统控制电梯运行。如果想使用电梯需要使用 IC 卡，刷卡后可以直接到达被限制楼层，当解除限制时，用户可以通过电梯操纵箱按钮自由使用电梯。使用电梯时，不同的人有不同的权限分配，用户刷卡呼梯时，轿箱内的 IC 卡内呼控制器将根据 IC 卡中的授权楼层信息，只导通相应的楼层按钮，所以每个进入电梯的人必须经过授权才可以进入指定的区域或楼层，未经授权，无法进入管理区域所在楼层。

（3）限制使用时间：可设置电梯在任意时间段内解除或使用 IC 卡管理系统，并可在特殊情况下立即进入或解除楼层限制状态。

（4）限制使用次数：每使用一次会自动减次。卡中次数减少到 0 时将无法使用。当卡中次数小于 3 次时，发出 3 声报警。使用管理软件可以反复填充次数。

（5）卡的限时功能：在规定的日期和时间内使用，当超过规定日期和时间后，此卡将失效。

（6）卡的挂失功能：经挂失的卡将自动失效。

（7）特殊功能设置：通过刷卡，电梯直达某特殊楼层，即使轿箱外有召唤也不停。

（8）对于访客，无需刷卡就可实现乘梯：先使用对讲系统呼叫住户，住户确认访客身份后，通过对讲分机按开锁键开单元大门，同时给 IC 卡控制系统送出客人可以到该层的电梯信号，当电梯下到底层时，客人进入电梯后，按下住户所住楼层的按键，则登记启动电梯，而其他未授权的楼层，访客无法按键登记。

（9）如有收费要求，则内呼控制器在刷卡时，还会对 IC 卡中的金额进行相应扣除。

（10）具有黑名单设定功能，防止卡片遗失后被非法使用者拾到继续使用。

（11）IC 卡层控控制器与电梯本身的系统采用无源触点连接，两者完全隔离，不会对电梯原有性能产生任何影响。

（12）具有消防信号输入接口，当消防开关信号启动后，IC 卡电梯系统不工作，电梯恢复到原状态。

（13）IC 卡层控控制器记录每次成功刷卡使用电梯的相关信息（包括使用者卡号、使用时间、所使用的电梯代号、所到达的楼层等信息），以作统计、打印、存档、查询。

（14）一块主板可控制 16 个楼层，每增加 1 块楼层扩展板，就可增加控制 16 个楼层。

（15）主板配有 RS232 或 RS485 通讯接口，管理电脑可通过网络或数据采集器与系统进行数据通讯（网络与数据采集器、软件、读卡器为选配）。

4. IC 卡电梯收费及电梯系统图（如图 6-1）

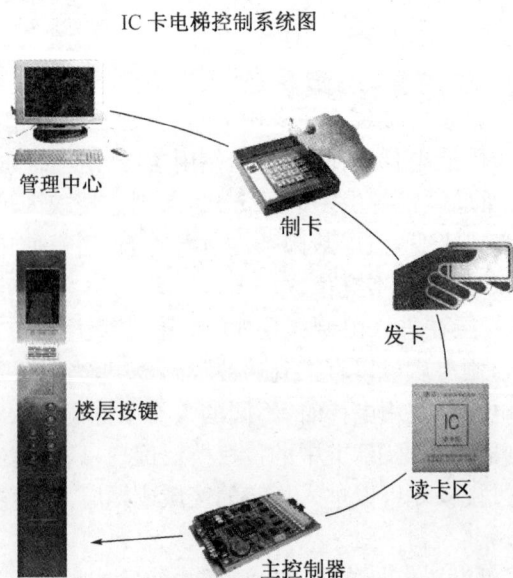

图 6-1　电梯控制系统图

5. 系统网络结构图（如图 6 - 2）

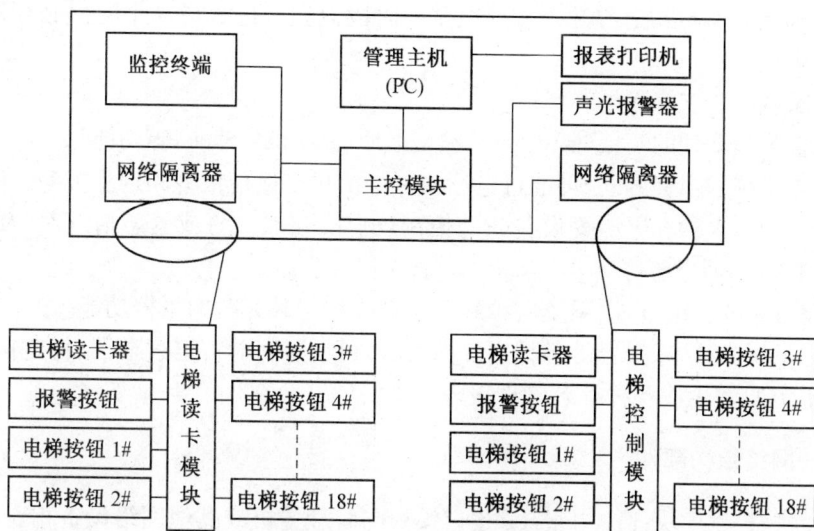

图 6 - 2 系统网络结构图

6. 系统辅助功能说明

系统的辅助功能是编程功能、报警功能和记录功能。

（1）编程功能：有编程权限的管理人员可通过监控终端和管理主机对所发感应卡设定限时、取消和重置使用。在发生意外时，可由中央控制室控制电梯的开闭。

（2）报警功能：系统的报警功能可分为破坏报警、非法使用报警和入侵报警。控制模块采用轮巡的方式监视网络中各模块单元，在系统设备和线路遭受破坏时，监控中心会收到报警信号。非授权卡读卡，系统也将相应报警信号传到控制中心。如安装红外探测器，在设防状态下，如有人非法闯入布防区，红外探测器将发现移动物体的报警信号并以声光报警的形式告知值班人员。值班人员通过监控终端或管理主机可查明报警原因和位置，并能立刻采取相应措施。

（3）记录功能：系统主控模块和管理主机对系统中每个发生的事件都有详细记录，如每次电梯的上下情况、卡的编号、报警输入的原因和位置等。这些记录信息在一定条件下可以共享，作为原始数据提供给其他相关系统，具有良好的兼容性。

7. IC 卡电梯控制系统的软硬件组成及功能

本系统所用 PC 主机：Pentium 486 或以上并配有 Windows 98 或 Windows 2000 平台，64 M 以上内存，10 G 以上硬盘空间，打印机为标准并行口打印机。运行于 PC 主机的管理软件具备如下基本功能：

（1）系统管理：设置系统管理人员和操作人员权限。

（2）发卡管理、记录持卡人个人资料。

（3）监控各控制点电梯的运行状况，出现异常情况会报警。

（4）设置持卡人进出各楼层的权限。

(5) 设置持卡人进出各楼层的有效时段。

(6) 设置用卡、卡＋密码或只凭密码进出入电梯(可按时段设置,如某个/几个楼层在特定时段保持通行状态,或某个/几个楼层在某一时段只凭卡进入或某个时段必须用"卡＋密码"进入等等)。

(7) 按区域设置或解除报警状态。

(8) 设置门禁管理的互锁(interlock)和反潜回(anti-passback)等功能。

(9) 设置系统的报警方式,可通过电话或网络实现多途径报警和远程报警。

(10) 与消防、报警和电源等设备联动控制(例如,在遇火警或紧急情况时,及时打开系统控制的电梯和切断电源等)。

(11) 设置系统网络电缆、系统电源和系统各模块遇破坏时的报警功能。

(12) 记录每次读卡、报警等各种事件的资料,可按时间对特定读卡器、特定持卡人等进行检索查询,并自动生成各种综合管理报表。

8. 系统网络结构部件

(1) 系统主控制模块:通过 UART 接口模块与管理主机或其他网络设备相连,是系统网络结构的核心和中央处理单元,因此系统运行时并不需要管理主机 24 小时连续开机。系统主控制模块最多可扩展为 3 000 个输入/输出接口,连接各功能和控制装置,实现门禁、报警和电源联动控制等功能,可配置 modem 和其他方式的远程联网接口,实现远程联网和监控。

(2) 网络隔离器:用于增加网络连接的安全性和增强网络电缆抗雷击和信号杂音干扰的能力。在网络连接线缆有断损时,系统可继续工作,通讯不受影响,但系统提供报警信息,提示有线缆断损,此时应检修网络电缆。

(3) 监控查询终端:在管理主机不开机时,可代替管理主机对系统进行设置,实现信息查询、系统监控等功能,需要密码开门时,还可作为密码输入装置。

(4) 电梯控制模块:为系统接口扩展板和专用的继电器接口板,与电梯的楼层按钮或电梯的智能控制部分相连,配合电梯读卡器和系统控制功能,控制持卡人操作电梯进入各楼层。

(5) 电梯读卡模块:用于连接控制各个楼层和安全报警所需的输入和输出部件。每个读卡模块可连接两台感应读卡器,配置 2 个继电器(relay)输出接口连接电控锁,另配置 6 个输入接口以供连接开门按钮、密码输入器和红外探测器等系统组件。

9. 系统各控制区所需部件

(1) 电梯读卡器:为感应式智能卡读卡器,感应读卡距离 3～5 cm,用于电梯控制,电梯内安装 1 台。

(2) 感应式智能 IC 卡:数量根据用户的持卡人数量而定,是本管理系统的媒介。员工及管理人员人手一张,根据系统设置的授权操作指定的电梯按钮,将来可扩展,实现电子钱包的储值消费功能。

(3) 电源箱:对电梯控制模块等各部件提供电源,输入电源取自于局部供电插座或集中供电的中央控制室 UPS。

(4) 后备电池:用于在突然断电的情况下,为系统各部件提供电源。

6.5.4 电梯管理系统设备连接图

电梯管理系统设备连接如图6-3所示。

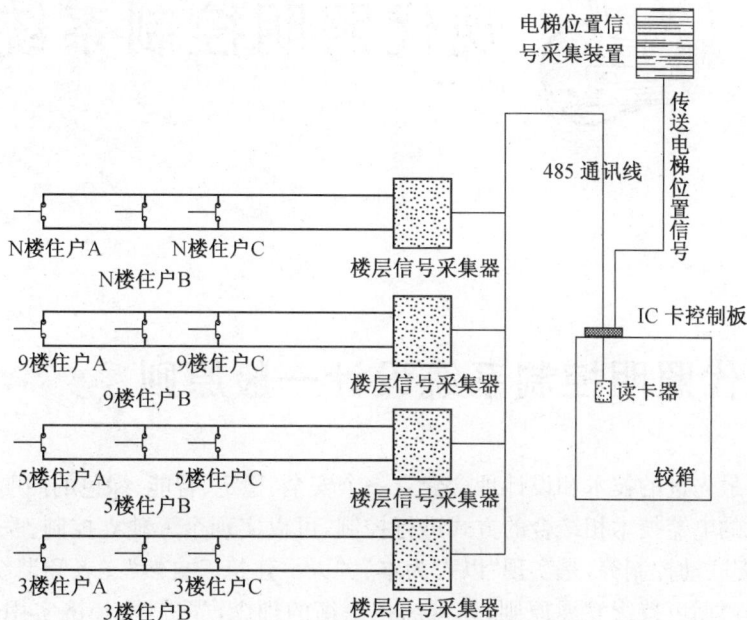

图6-3 电梯管理系统设备连接图

6.5.5 结　论

通过近半年的毕业设计,使我有机会再次对以前所学习的知识进行了一次系统的复习,有很多知识点在平常的学习中没有掌握好,在做毕业设计的过程中的确遇到了不少困难,如在预算IC电梯控制系统的节能作用时就找了很多参考资料。在做此次毕业设计的时候我也充分利用了身边一切可用的资源,如网络、书籍、老师、同学,结合一切力量终于完成了毕业设计的全部内容。最后感谢老师在这几年中给我提供的帮助,感谢指导老师在毕业设计中给予我的指导。

6.5.6 参考文献

[1] 潭善永主编. 现代物业管理实务[M]. 北京:首都经济贸易大学出版社,2003.
[2] 张宏庆主编. 智能建筑综合布线技术[M]. 北京:中国建筑工业出版社,2001.
[3] 吕俊芳主编. 传感器接口与检测仪器电路[M]. 北京:北京航空航天大学出版社,2002.
[4] 李贵山主编. 微型计算机测控技术[M]. 北京:机械工业出版社,2000.
[5] 卢胜利主编. 射屏卡应用技术[M]. 重庆:重庆大学出版社,2004.

第7章

现代照明控制系统设计

7.1 现代照明控制系统设计一般原则

采用世界最先进的技术和设计理念建立一个安全、稳定、智能、绿色的照明系统,采用网络技术和传统的电器技术相结合的方式进行控制,可以实现个人独立控制、联网控制、安全联动控制、火灾联动控制等,是实现"以人为本"、"人—建筑—自然"三者和谐统一的重要途径。绿色照明遵循可持续发展原则,体现绿色平衡的理念,先进性、经济实用性、安全可靠性、开放性、可扩充性、方便易用性是现代照明控制系统设计的基本原则。

1. 在电光源方面

光效高,寿命长,无汞化,固体化,显色性好,光色丰富,无有害射线辐射,光源组件应能适应作为数控终端实现智能照明控制的要求,电器部件简单可靠,供电简捷方便,总体满足绿色照明的要求。

2. 在照明效果方面

(1) **人性化** 照明设计与照明控制融合,营造出多种多样的灯光照明场景,满足人类为提高工作效率和营造温馨的生活气氛而对光环境提出的需求。

(2) **艺术化** 通过多种光源、灯具的选择与设计,结合智能照明控制技术,营造有创意的艺术化的灯光照明场景,例如,渲染文艺演出场地的灯光艺术旋律,烘托景观的人文、历史、现代夜景文化风韵,展现生态绿色园林的夜花园氛围等。

3. 在照明控制方面

(1) **实现绿色照明** 照明控制可实现照明节电并延长光源运行寿命。

(2) **照明控制智能化** 以人为本,操作简捷,便于编程输入照明场景程序,实现现场场景变换的"傻瓜式"或"一键化"控制。

(3) **照明控制网络化** 控制线路简便或无线化,将被控终端嵌入微处理机系统或将通信协议固化,可与上位机实现脱机分散式自主控制。

（4）**开放式网络** 总控与终端之间实现网络通信,可挂接以太网,实现远程传输,对大量复杂的控制信息存取自如;或通过网关等网络硬件,与不同的智能照明控制总线兼容。智能照明控制系统可与智能楼宇控制系统接口通信,互通信息,处理共同的相关事件。

4. 在安全照明方面

照明供电具备自动保护功能,实现安全用电;应急照明设有掉电保护,可自主启动;控制系统具备各种设备或终端之间的隔离与保护功能;照明总线与智能楼宇系统联网,包括消防、监视、门禁等安全系统。

7.2 现代照明控制系统的设计概况

7.2.1 现代灯光照明场景和设计方法

现代照明技术先进的光环境,主要体现在灯光照明场景上。现代的灯光照明场景越来越人性化和艺术化,而且丰富多样,又极具个性化,百花齐放,创意无限。采用世界最先进的技术和设计理念可建立一个安全、稳定、智能、绿色的照明系统,系统采用网络技术和传统的电器技术相结合的方式进行控制,可以实现个人独立控制、联网控制、安全联动控制、火灾联动控制等。

实现现代的灯光照明场景,是现代照明控制系统的主要任务。照明控制系统应能按照人类设计的各种灯光照明场景,用软件实现或连接以太网与上位机通信,获取控制信息,以实施现场灯光照明场景。它应具备先进性、经济实用性、安全可靠性、开放性、可扩充性、方便易用性。

1. 现代办公空间的灯光照明

现代室内办公或多功能会议厅的光环境变化很大,在工作、研讨、午休、晴天、阴天等情况时,对灯光照明场景的要求是不同的。工作时,每个办公桌或每个座位的局部照明要充分满足阅读和书写的照明标准要求,而整个办公室的基本照明可以相对减弱;研讨时,人员集中到会议桌,会议桌的照度要充分满足阅读和书写的照明标准要求;午休时,整个办公室的基本照明应该调暗些,形成温馨舒适的休闲环境;晴天时,如中午前后嫌阳光太刺激,办公室窗户需拉上窗帘,此时室内如光线不足,需补充一定的照度,当太阳减弱或者是在阴天,就可以打开窗帘,充分利用自然光解决室内照明,达到节约电能的目的。有时靠窗户近的位置自然光强一些,离窗户远的办公桌可能光线不足,照明控制应能适应具体情况,调节对应的局部照度。上述的各种灯光照明场景,都必须由照明控制系统自动实施。多功能会议厅、中小型会议式、办公室、居家住宅等,在经过灯光照明场景程序设置后,任何复杂的灯光照明场景在现场的操作都是遥控器或挂壁式的"一键式"控制,极其简单,适合任何人群使用,办公室照明如图7-1所示。

图 7-1　办公室照明

2. 街道和广场夜间照明

对于街道和广场夜间照明,采用单灯集成的单灯智能控制器或在线式的路灯智能控制系统,如单灯路灯智能照明控制器。现场无需操作人员管理,设有公用通讯网络的信息化手段,可实行远程检查与管理,广场夜间照明如图 7-2 所示。

图 7-2　广场夜间照明

3. 大型现代体育场的灯光照明

大型的体育运动盛会中的比赛场地、训练室、主席台、观众席、交通道路,需要进行专业的灯光场景设计,并与照明指标和眩光估算一起通过严格评审。体育运动盛会的灯光场景直接关系到运动员的成绩、观众的情绪、现场电视转播的效果。现代照明控制系统要能应对这种大型多变的多种区域的复杂灯光照明场景。对于大型或特大型的灯光照明控制项目,常为具有不同区域,不同空间,不同时域的多方位有机组合控制,而且在各个时域、地域和空间,包含着丰富的灯光变幻模式,有时,灯光场景的变化,还要跟随外部信息的变换。系统大部分采用了现场总线的方案,开放的总线允许各种受控灯光装置"即接即用",底层的灯光装置很多又是嵌入式微机的智能单元,在预定的程序下,可自主运行,同时又可通过网络通信实现相互之间或与上位机的沟通;系统还可通过以太网远程联络,实现大型灯光的照明控制,交流与存取方便。体育场照明如图 7-3 所示。

图 7-3　南京奥体中心体育场照明

4. 园林泛光照明

园林泛光照明采用光感及定时控制相配合的方式进行智能控制,当自然光渐暗至一定照度时,光感自动启动,将园林照明、泛光照明自动打开,至午夜时,定时器可自动将部分园林及泛光照明关闭,只保留部分灯光以保持适当的照度,当光线渐亮至一定照度后,光感自动将剩余的园林、泛照明关闭,从而达到最大的节能效果。园林照明如图 7-4、7-5 所示。

图 7-4　南京夫子庙夜景

图 7-5　公园夜景

5. 商业区灯光照明

对于景观夜景和商业渲染等场合,灯光照明场景的变幻需讲究艺术感染力,根据创意常常需要动、静结合,灯光的色彩与亮度要有闪烁、跳变、追逐、旋转、图案变化等。例如,城市夜景美化,有上千至近万种彩色灯光终端需要进行色彩、亮度与无数变幻模式的调节与控制。商业区照明如图 7-6 所示。

图 7-6 上海商业街灯光照明

7.2.2 智能照明控制方式

照明控制系统会为复杂多变的灯光需求提供丰富的操作方式,使用者可根据实际需求及产品情况选择一种或多种操作方式来对灯光进行控制。常用的控制方式有:

1. 轻触式弱电开关

根据需求,开关可以任意设定所需控制对象,比如门厅的按钮可以用来关闭所有的灯光。这样,当您离家时,轻轻一按即可关闭所有灯光,既节能、安全,又非常方便。

2. 红外、无线遥控

在任一个房间,用红外手持遥控器控制所有联网灯具(无论灯具是否处在本房间内)的开关状态和调光状态。住户不需要进入房间后再开灯,在进入任一间居室前就可以用遥控器打开灯光,从此再也不用在黑暗中寻找灯的开关了。

3. 电话远程控制

通过任何一部普通电话或手机,实现对灯光或场景的远程控制。此功能可以用在主人晚归时模拟主人在家的灯光状况,以迷惑可能的窃贼。

4. 计算机/互联网控制

通过本地计算机或者 Internet 上的一台计算机,可以远程控制灯光状态。

5. 时间场景控制

通过日程管理模块,可以对灯光的定时开闭进行定义。例如,在每天早晨 7:00,将卧室的灯光缓缓开启到一个合适的亮度,深夜则自动关闭全部照明灯光。

6. 灵活的场景切换

用户通过计算机或者遥控器可以设计一种灯光场景,随后,就可以通过遥控器上的场景按键,方便地在各种场景间切换,根据需要控制任意的灯光开闭或调节亮度,甚至可改变其他电器设备的工作状态,例如,打开电视机并切换频道。

7. 程序控制光照

采用微处理器,通过程序实现精确的光照变化控制,可设定亮度渐变速率,其变化速度可任意调节,可在 1 秒至数分钟范围内完成场景变化,提供丰富的现场光照变换效果;采用先进的过零触发技术,极大地降低调光电路对电网的干扰。

8. 与其他系统的连接

可方便地将灯光系统与其他的智能设备相连,响应其他节点发出的信号(例如,当用户在客厅打开电视时,客厅灯光自动变暗,其余灯光全部关闭等);可以设置为由某一个光照传感器来辅助完成灯光照度的自动调整。灯光系统可根据环境亮度自动调整工作状态,当天空变暗时,室内灯光自动打开;与人体探测传感器相连,当人经过时,灯光自动打开。

7.2.3　照明设计参照标准

(1)《工业企业照明设计标准》GB50034—92;
(2)《建筑电气设计技术规程》,中国建筑工业出版社;
(3)《现代建筑照明设计手册》,湖南科技出版社;
(4)《建筑电气安装工程图集》,水利电力出版社;
(5)《电气装置安装工程施工及验收规范》GBJ232—82,水利电力出版社;
(6)《简明建筑电气设计图册》,中国建筑工业出版社;
(7)《民用建筑电气设计规范》JGJ/T16—92;
(8)《建筑电气设计手册》,中国建筑工业出版社;
(9)《照明工程设计手册》;
(10)《城乡建筑电气设计施工手册》,四川科技出版社;
(11)《室内照明计算方法》,计量出版社;
(12)《建筑电气设备手册》,中国建筑工业出版社;
(13)《城市道路照明设计标准》CJJ45—91。

7.3 现代照明控制系统设备的选型

7.3.1 照明控制设备

1. 照明控制灯

激光射灯,投光灯,电脑灯,探照灯,各种灯具。

2. 照明传感处理器

人体感应热释电型传感器,环境光参数检测传感器,室温、气压、湿度等各种测量传感器和变送器,各种数据采集装置,PID 等数字控制器,烟雾发生器,光亮感应开关。

3. 照明控制器

照明调光器及其驱动器,路灯智能控制器,照明场景控制单元,LED 驱动与调光单元,荧光灯调光器,网络调光系统,窗帘驱动单元,可编程逻辑控制器 PLC,电动机控制设备,变频器,各种喷泉控制阀。

4. 照明监控网络设备

现场人机控制屏,现场控制网络连接设备,监控计算机,路由器,网络节点,网关,工作站及其外设。

7.3.2 灯光控制产品

1. DMX512

DMX512 是一个数字化照明调光协议,能对舞台、演播室、剧场等现场使用的控制器和调光器等设备实施数字控制。DMX512 标准实际上是一种基于微机技术的一机对多机的数字通讯控制系统,适用于一点对多点的主从式控制系统,采用多点式互联的总线结构,连接简单可靠。典型的 DMX512 系统结构如图 7-7 所示。

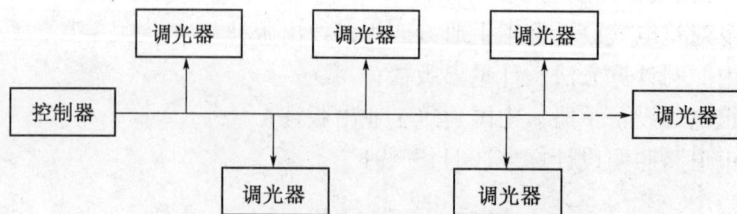

图 7-7 DMX512 系统结构示意图(一条数据链路时)

（1）**基本的组成** 一组 DMX512 系统必须包括四项基本组成部分：发送控制信息的控制器，传输信息的电缆，接收数据并进行控制的调光器和终结器。

（2）**兼容的关键** 实现 DMX512 设备都能兼容的关键是控制器和被控接收器必须严格遵守 DMX51 标准制定的信号传输的数据格式和时序的要求，此外，还要遵照 DMX512 规定的信号连接线、接插件和终结器等条款的要求。

（3）**常用联网方式** 常用的一种称为"菊花链"的连接方式是 DMX512 信号控制台与设备相连组网时经常采用的连接方法。DMX512 信号从作为控制器的调光台输出，送入第一台调光器的 DMX512 信号输入端，再从第一台调光器的 DMX512 信号输出端，送至第二台调光器的 DMX512 信号输入端，依序类推。

当接入设备多时，应配合 DMX512 信号中继器与信号分配器配套使用。DMX512 信号分配器对连接的设备还具有隔离与保护作用。

（4）**控制器方案** 原则上，微机或单片机都可以作为控制器。微机的优点是采用高级语言编程，有显示功能，便于实现可视化控制与管理，可以随时进行远程控制。但是，为了满足数据传送符合 DMX512 标准的时序要求，微机必须实现 DMX512 标准的信号时序转换，因此微机要配套或开发符合 DMX512 标准的专用接口卡插件。

在对实时性的可视化控制与管理要求不高的场合，可以采用微机与单片机电路相结合的方法，微机和单片机之间采用诸如 RS232C 或 USB 一类的串行接口通信，传递灯光控制信息，而由单片机电路承担发送满足 DMX512 时序要求的控制数据包的任务。

2. 小型数码调光控制台

A12 型的小型数码调光控制台是采用 DMX512 协议的智能化灯光控制设备，可与任何采用 DMX512 协议的调光器组成小型的数码灯光控制系统，如图 7-8 所示。

小型数码调光控制台可储存灯光场景，可编辑走灯程序，还有出厂时已内置的走灯程序供用户直接使用，可同时运行 1 个手动调光场景和 4 个集中控制场景以及 1 路走灯程序，适用于小型文艺演出、小型舞厅、酒吧等娱乐场所以及小型电视演播室使用。

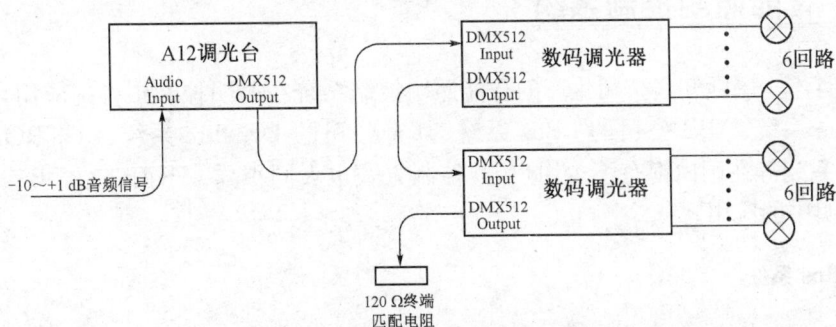

图 7-8 A12 调光控制台结构示意图

3. SC 型 LED 彩色灯光控制器

这是一种符合 DMX512 标准的升级新品。SC 型 LED 彩色灯光控制器，可把变换程序先用 PC 机软件编制好，写入 SC 型灯光控制器的 MMC/SD 卡上，使用时可控制单色

512/1 024 或全彩 170/340 个像素点。

SC 型 LED 彩色灯光控制器,采用了一种符合 DMX512/1990 标准的新型模块,让用户不需要深入研究 DMX512 协议,也能快速开发出 DMX512 相关产品,可选择 1 路至 9 路输出通道,每通道可达 256 级调光亮度。模块内建信号输出脚,可接至 LED 以指示系统工作状态。

这种符合 DMX512 标准的新型模块,可开发一系列的灯光控制器,广泛适用于各种灯光照明控制,例如,舞台灯光、LED 广告灯饰、LED 水下灯、LED 埋地灯、投光灯、幕墙灯、轮廓灯等等。

在城市夜景照明方面,SC 型 LED 彩色灯光控制器适用于建筑景观和商业场所的照明装饰,可控制 1 024 个 DMX512 灯光被控通道,内建 MMC/SD 存取,支持联机和脱机运行,可在景观照明中表现文字、FLASH 动画、视频、图像等媒体信息方式,产生绚丽多彩的变化效果。

4. 无线收发调制解调器

传统的 DMX512 系统,信号传输依靠 485 接口,有时使用灵活性较差,而基于 TCP/IP 网络的无线传输,由于有时时延较长,传输控制数据的实时性不能满足需要。为此,设计人员开发了一种符合 DMX512 标准的无线收发调制解调器,采用 2.4 GHz 全球通用频段通信。DMX512T 发射型与接收型的 DMX512R 配套使用,一次可传送 512 个控制信号。

DMX512 无线收发调制解调器,采用无线电波传输的方式传输 DMX512 控制数据,解决了 DMX512 灯光控制台与光源和灯具之间控制数据的无线传输,脱离了常用的传输电缆线,在数据的传输过程中无时延,实时性好,通信可靠。

DMX512 无线收发调制解调器适用于电脑灯控制台、舞台灯光控制器、大型文艺演出现场灯光控制、体育馆灯光控制、城市夜景照明系统、电视台演播室、会议中心灯光控制、主题公园夜景管理、歌舞厅与酒吧和小型文艺演出的灯光控制等。

7.3.3　智能照明控制系统

现在有不少国际知名公司生产的智能照明控制系统在照明控制中得到应用,如奇胜公司的 C-Bus 系统、ABB 公司的 i-Bus 系统、邦奇公司的 Dynalite 系统、LUTRON 公司的 GRAFIK 系列等在国内都有不少用户,其控制方式也大同小异。下面介绍 i-Bus 和 C-Bus 系统在照明中的应用。

1. i-Bus 系统

ABB i-Bus 系统是一种高标准的智能建筑控制系统,是一种标准的总线控制系统,它通过灵活控制楼宇的各种末端电器设备(如灯光、空调等),在满足各种复杂功能要求的同时,可大幅度减少电力消耗。它可以执行来自任何地方发出的指令,也可通过电话和互联网进行远距离遥控。i-Bus 系统总线介质访问方式为 CSMA/CA 方式,总线物理介质是 4 芯屏蔽双绞线,其中 2 芯为总线使用,另外 2 芯备用;所有元件均采用 DC24V 工作电源,DC24V 供电与电信号复用总线。采用 ABB i-Bus EIB 系统后,由传感器(如面板按钮)发出命令并通过两芯总线传送给驱动器。驱动器收到命令后加以执行，如图 7 - 9 所示。

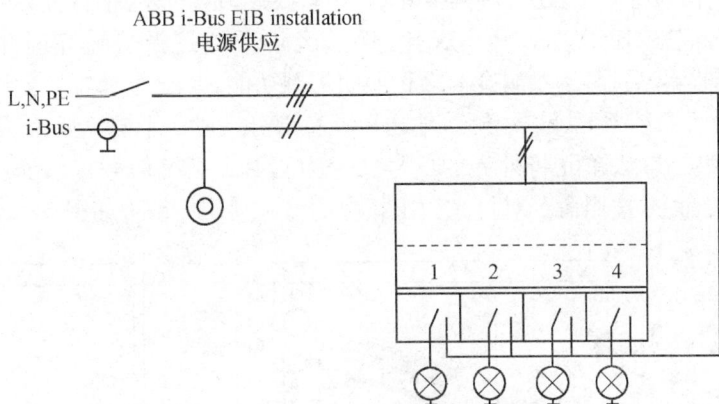

图 7 - 9　**ABB i-Bus EIB 系统的电气安装**

　　i-Bus 系统结构的性能可以单一使用，也可以综合使用。系统的基本构成是总线，多达 64 个 i-Bus 总线元件设备连接于总线，组成最小总线线路结构。线与线之间通过线路耦合器进行连接，15 条线组成一个区域。通过 15 个区域耦合器，15 个区域可以相互连接，从而构成一个完整的系统。i-Bus 系统最多能够支持 14 400 个元件，一些总线元件还可以控制多达 8 个独立的电路。一根线的最大长度为 1 000 m，两个元件之间的最大距离为 700 m。在实际应用中，如果线长需要超过 1 000 m，可采用中继器或光纤连接的方式将线长加以扩展。

　　i-Bus EIB 智能照明系统的设计过程如下：

　　① 智能照明系统设计之前，需要了解用户需求，首先需要知道环境结构。

　　② 了解所有灯光的布置情况，哪些是需要控制开闭的灯，哪些是需要调光的灯。控制开闭的灯要用双值输出驱动器，控制调光的灯要用调光驱动器。

　　③ 除了照明使用的器件以外，还要考虑完善的安保系统，如门禁开关、烟雾报警器和玻璃破碎器等，并通过区域终端与 i-Bus 系统相连。

　　④ 选定元器件后，就可以设计出 i-Bus 系统图和照明线路图。器件安装完毕就可以进行 i-Bus 总线连接，使这些独立的元器件成为一个功能完善的智能照明系统。总线的连接可以是线状、树状、星状等。安装非常方便，同时也方便扩容和改装。

　　⑤ 设计与编制 i-Bus 系统程序。

　　⑥ 最后的施工需要进行动力电缆的连接，动力线要从照明配件箱分别连接到每一个回路。

2. C-Bus 系统功能及特点

　　C-Bus 系统是一个分布式智能控制系统，它改变了传统的系统布线方式，改由五类线传输控制信号，通过弱电信号控制强电输出。C-Bus 系统应用广泛，具有操作简单、缩短安装时间、方便管理、延长光源寿命、节约能源的优点。C-Bus 系统可控制的负载类型很多，在实际工程中，所有需要控制电源的设备都可以通过该系统控制。C-Bus 系统具有分布式智能控制的特点和开放性，控制回路与负载回路分离，输入输出单元仅用一根 UTP5 五类线作为总线相连,并且在网络中可以随时添加新的控制单元。总线上开关的工作电压为安全电压 DC36V,可确保人身安全,还可和其他建筑管理系统(BMS)、楼宇自控系统(BAS)、保安及消防系统结合起来,任意实现单点、双点、多点、区域、群组逻辑控制,定时开关,亮度手/自动调节,红外线监测、遥控,场景组合等多种照明控制功能。

C-Bus 硬件由系统单元、输入单元、输出单元三部分组成。系统单元为系统提供弱电电源和控制信号载波;输入单元将外界的信号转变为 C-Bus 系统信号在系统总线上传播;输出单元收到相关命令,按照命令对灯光做出相应的输出动作。结构如图 7-10 所示。

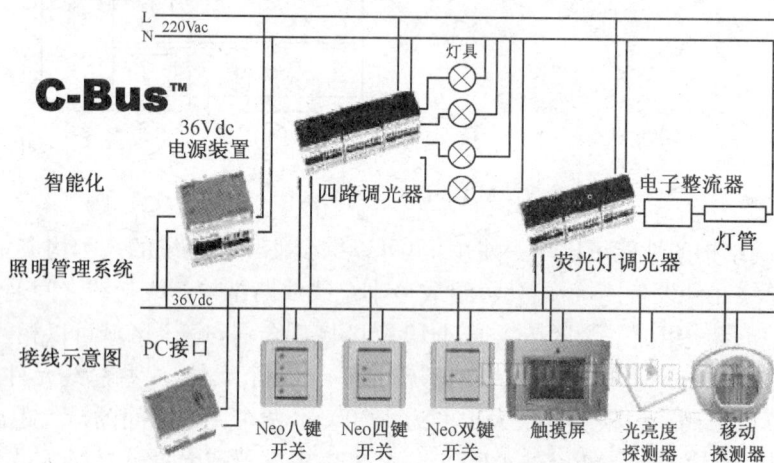

图 7-10 C-Bus 智能照明系统的结构图

C-Bus 智能照明系统设计过程:

① 通过业主或用户设计师,明确对照明系统的控制及功能需求。

② 根据用户对照明系统的控制和功能要求,参阅建筑照明系统图、灯位图、平面图,根据 C-Bus 系统的特点,设计最佳的照明系统的控制方案。

③ 根据控制方案及照明负荷的总容量划分合理的照明回路,由照明回路的容量、光源类型、数量和控制要求,选择输出、输入元件的型号、数量及系统单元数量,确定输出和输入模块的安装位置。

④ 设计并画出 C-Bus 系统施工图,设计与编制 C-Bus 系统程序。

⑤ 施工和现场调试,对每个元件的参数按照要求进行设置,并根据现场需要作适当的调整。

7.4 现代照明控制系统设计实例——建湖东方广场亮化照明设计

摘要:随着城市建设的发展,建筑的夜景照明也引起了人们的高度重视。可以说,建筑的夜景照明已经成为了城市装饰照明的主体。这样不仅可以为人们的夜间活动创造一个良好的光照环境,丰富人们的夜生活,还可以使极具特色的建筑物在夜间得以再现,使整个城市亮起来,令城市居民引以为豪,给旅游者留下美好深刻的印象。建筑夜景照明的这些重要作用已使它成为城市建筑设施中不可缺少的组成部分。

关键词：城市景观照明　亮化　应用

7.4.1　项目概况

建湖东方广场位于盐城建湖县中心地带，位于建湖人民路和向阳路的交汇处，东临建湖县的干道——河滨走廊，北临建港沟，西临人民路，南临向阳路，占地 6 公顷，主要由商业建筑、主入口、主干道、中心广场、儿童乐园区等几部分组成，这几部分在布局上既相互紧密联系，又各自有其特有的功能，再加上紧邻河滨走廊，碧波荡漾，楼台亭榭构成了一幅美妙的图画。广场为人们提供了一个购物、休闲、娱乐好场所，每个身在其中的人都会感到心旷神怡，心情放松。

7.4.2　广场夜景照明设计思路

在进行建湖东方广场照明设计前，设计人员认真听取了各方的意见，对现场环境进行了实地考察，并根据业主提出的要使东方广场具备商业广场、大型群众集会、市民休闲娱乐、文艺演出等功能的要求，确定了建湖东方广场的照明设计归纳为平面、立体、空间的三类。平面主要是对建筑平面的灯光进行合理的泛光处理，以增强建筑物在夜间的特色；立体主要是对景观雕塑这类立体饰物的修饰采用背景光和侧面光的协同作用，达到合理的照度要求，显示出装饰物夜间独特的景致效果；空间主要是对广场空间的照明，合理地利用各种照明器具对空间进行合理充分的照明，给人以舒适、恬静的效果。

7.4.3　广场照明设计原则

1. 重塑夜间形象

建筑夜景照明设计的第一步是构思，即根据建筑的外形结构及外墙材料设想其夜间可能达到的照明效果。因此，我们首先要掌握白天的自然光和夜晚的灯光照明的不同条件，在认真分析建筑的特征和形象内涵的基础上，通过光和影的变化为建筑重塑一个与白天明显不同的新形象。

2. 突出重点

夜景照明的基本目的是抓住重点，突出建筑灵魂的部分，要在深入研究其周围环境的基础上，借助照明手段，恰当地突出被照主体在环境中的地位，并且和周围环境照明协调一致。对于主体应采用重点布光，加强关键部位和装饰细部的照明。当然，建筑立面亮度的变化应当过渡自然，层次分明，确保夜景照明的整体效果。

3. 创造特色

充分体现照明技术和艺术的有机结合，做到照明功能合理，并富有艺术性，也就是既要照得亮，又要照得好、照得美、照得有特色。

4. 慎用彩色光

目前夜景照明常用的白炽灯、卤钨灯、高压钠灯色温低，色表偏暖；金属卤化物灯和高压汞灯色温高，色表偏冷，它们的显色性各不相同。根据建筑物的材料颜色选择某种色温合适的光源能加强照明效果，制造特有的情调，也可以在一座建筑物的不同部位选择不同色温的投光灯，用以强调建筑物的层次。不过，彩色灯光应当慎用，因为彩色光的感情色彩强烈，用彩色光在增强某种颜色的同时也改变了建筑立面上其他颜色的色调，引起色彩失衡。因此，建筑物的夜景照明，特别是一些重要的大型公共建筑的夜景照明，更要特别慎用彩色光。

5. 照明方式的选择

根据被照建筑物的特征和要求，合理选用最佳的照明方式。夜景照明方式有泛光照明、轮廓灯照明、内透光照明等几种，设计时可以综合使用多种照明方式，以达到最佳的夜景照明效果。

6. 绿色能源

随着科学技术的发展，人类物质文明与精神文明得到不断的提高。人口、资源、环境是制约国民经济可持续发展的重要因素，在这样的背景下，人们提出实施旨在节约能源、保护环境、提高照明质量的"绿色照明"概念。夜景照明要消耗可观的电能，为了节约电力，我们采用光效高、寿命长、安全和性能稳定的照明电器产品，包括高光效电光源、高功效因数灯具以及智能控制器设备，最终实现舒适、安全、经济，有益保护和改善环境的现代绿色照明。与此同时，我们特别注意采用节能的照明手法。例如，对反射比在 0.2 以下的深色材料的表面，要想用投光照明达到理想的亮度，则不可能做到经济和节能，这时应考虑换用其他照明方式，在照明效果上与周围建筑取得平衡。

7. 避免光污染

目前城市光污染正在威胁着人们的健康。光污染的危害显而易见，而且这种危害正在加重和蔓延。一般泛光照明用的投光灯功率大，亮度高，又布置在建筑物附近，极易对路人造成眩光，对周围建筑物内的居民造成光干扰。因此，我们在进行夜景照明设计时，要充分考虑到对设备的选型及设备安装位置的选择，尽量做到灯具安装隐蔽，积极去创造一个美好舒适的照明环境。在设计时设计人员还应充分地利用合理的照度设计及眩光控制等技术，尽可能地避免和减弱光对环境的污染，保护自然生态环境。

8. 便于维修

夜景照明设备要安全可靠，并且要便于维修。

7.4.4 广场照明设计程序

建筑夜景照明设计工作可分为两大阶段。第一步是收集资料，调查分析，包括环境分析、形象构思及现场调查；第二阶段是根据设计方案施工。

1. 环境分析

了解广场照明设计在城市中的具体位置，并且了解周围的建筑、道路、桥梁、绿化情况，特别是该地区的建设规划和发展情况，充分了解广场周围建筑物夜景照明的效果及该地区照度水平的高低和特色。观察白天建筑物的形象和艺术效果，在现实环境中加深对设计对象的理解，寻找实际可行的布灯地点。

2. 形象构思

分析广场建筑物的建筑风格和形象特征，了解建筑的设计构思和对夜景照明的一些要求；根据建筑物的结构造型、体量、外幕墙的形式及颜色和材料的反射特性、装饰细部等特点，确定该建筑需要表现和强调的重点部位，并突出重点，确定照明方法和主要使用的照明设备，构思出广场夜景照明的初步设计方案。

3. 重点部位的照明实验

在使用新的技术和器材或是满足甲方要求时，为了确保照明方案的可行性，要对重点照明部位的照明效果进行必要的现场或模型实验。

4. 确定设计标准

广场建筑物立面亮度是最直观的夜景照明标准。CIE(Chinese Institute of Electronics)推荐在昏暗的、中等的和明亮的夜视环境中，主立面的平均亮度分别为 4、6 和 12 cd/m²。

5. 确定灯位

根据广场夜景照明方案的要求来选定需要安装灯具的位置，再依据甲方提供的平面图、立面图及外幕墙的节点大样图，来确定此灯位在实际情况中的可实施性，有的时候需要在外幕墙上做一些过渡支架。

6. 照明器具和照明控制器的选择

光源的选择要考虑其光效、光通量、色温与显色性以及寿命等因素。一般要求灯具的效率要高，灯具的反射器配光性能适用、合理，灯具的结构小巧紧凑，有可靠的防水防尘性能，且便于安装、调试和维修。照明控制器要根据广场夜间景观照明控制要求和节点数来选择，便于控制。

7.4.5　夜景照明设计的具体实施

1. 广场建筑顶部照明

广场建筑的顶部是整个景观中最重要的部分。它既是建筑夜景的焦点又是统摄全局的要素，所以要对建筑的顶部进行完整的照明表现，并尽量强调它的形态特点。

在此次对东方广场的群体建筑顶部构造中我们选用的是高效节能的 LED 产品,利用红、黄、蓝色的 LED 管对建筑的楼顶檐口进行勾勒,强调并突出建筑的轮廓,起到一个有分量的核心作用,从而起到醒目的顶部夜景效果。(参见图 7-11、图 7-12)

图 7-11　广场入口建筑顶部亮化

图 7-12　屋面亮化

2. 建筑台阶的照明设计

台阶是两个高度不同的相邻区域之间重要的连接方式。通过台阶,人们往来于两个区域,在台阶上行走要比在平地上付出更多的力量,若有明确的任务或工作,必须要经过台阶,那就不必会有更多的考虑,但是对于一个商业休闲的空间,人们是否去那个地方则存在着选择的可能。因而对台阶的设计需要精心的考虑,对台阶进行合理的修饰,采用台阶灯加上温馨的暖色光源的方式对行人、顾客进行合理的引导。

3. 中心广场的夜景照明

建筑物前的小型广场与建筑物关系十分紧密。广场的夜景应与建筑夜景相互协调,成为整体夜景中的有机组成部分。

通常情况下,建筑夜景是整个景观中的背景。被照明的建筑立面既成为广场的景观环境的依托,使广场中休息和活动的人群获得心理上的安定感;同时,建筑立面照明的反射光也能为广场空间提供一种柔和的空间照明。而广场上的照明,包括各个小的空间的照明、甬道照明、植被照明、景观小品照明等,既要满足各个区域及照明对象的需要,又要有一种整体景观的考虑,要对建筑夜景形象形成衬托,或者是成为建筑夜景的一种补充。同时,被照明的广场景观和人群活动还要考虑适当地透露到广场之外,成为能在街道上观赏的景观,以提升广场的景观价值,也能吸引外边的人群到广场中来。(参见图 7-13)

图 7-13　中心广场亮化

4. 喷泉的夜景灯光照明

水是景观的生命。水能够使景观充满活力和灵气,而活水更是给夜景增添了一道亮丽的风景线。现场的喷泉主要是在北入口处,我们利用水的流动再辅以灯光,给本没有生命的水赋予灵气以达到吸引行人眼球、引领行人向广场更深处前进、为商家吸引顾客的目的。(参见图 7-14)

5. 步行街的照明

商业性步行街上的行人较多,来来往往,时走时停,走动的方向可能会经常变化。步行街上的街道公共设施比较多,沿街建筑的分布大多比较紧密,高高低低的各类建筑往往沿着街边一字派开,形成了比较封闭的空间。

针对商业步行街的这些特点和街上人们的活动需要,进行步行街的照明设计时应该保证有合适的空间照明、适度的地面照明、建筑的形象照明、街道上功能设施的照明、装饰性景观元素照明、门头店面的形象和功能相结合的照明。

6. 景观雕塑

景观雕塑的夜景照明要突出重点和关键部位,光源和灯具安装的位置、角度要合理,既要避免景观雕塑各部位不适当的明暗对比,影响夜景照明效果,又要防止眩光等光污染,影响人们的观赏和休闲。(参见图 7-15)

图 7-14　喷泉的夜景灯光照明

图 7-15　雕塑泛光

7.4.6　广场亮化照明的控制器和灯具的选用

1. 中心广场

中心广场选择的是七彩 LED 变色地埋灯,广场周边采用 SL/ZT0838 庭院灯来提升广场的整体照度,广场上的旱喷采用水下灯对水柱进行投光处理,草坪上安装草坪灯。

2. 主干道

主干道是顾客进到广场的必经通道之一，它正对着主入口，在灯具的选择上主要采用 SL/ZT0838 庭院灯来增加通道的光亮，在灯具上还做了相应的处理将原来的荧光灯改成七彩变色 LED 来增添主干道的活跃气氛，而顶部的 150 W 金卤灯不变，对于中心广场的玻璃路面则选用地埋灯对玻璃带进行突出。（参见图 7-16）

图 7-16 主干道照明

3. 路边树木、花坛

树木在夜景中充当着衬托的角色，在实际的应用中，采用 250 W 的金卤灯和钠灯对树木进行合理的投射，以求展现它的自然面貌为宜，对于花坛中的低矮的灌木则采用相应高度的草坪灯进行突出。

4. 内街的灯具

内街是顾客进入广场通向各处的通道，它的照明应适应周边的环境，还要满足行人的需求，可依据现场的情况选用 150 W 金卤灯为光源的庭院灯进行照明。

5. 过街天桥

图 7-17 二楼 LED 引导灯

过街天桥是连接两层相邻空间的通道，在其下方采用 400 W 的工矿灯来解决其下方的阴暗面问题，同时又美观大方，解决了必要的照明需求。

6. 楼梯踏步

此处选用光线柔和的暖光的踏步灯进行修饰，在楼梯旁安装光线较暗的庭院灯来引领行人。二楼对顾客的引导主要是采用 LED 侧光灯来完成的，灯具是一种带指示标的 LED 产品，既美观，又节能。（参见图 7-17）

7.4.7 照明施工技术要求

（1）电缆直埋或在保护管中不得有接头，电缆敷设时，外观应无损伤，绝缘良好，电缆两侧预留量不应小于 0.5 m；电缆在直线段，每隔 50～100 m 或在转弯处及进入建筑物等处应设置固定明显的标志，电缆保护管不应有孔洞、裂缝和明显的凹凸不平，内壁应光滑，无毛刺。基础坑开挖尺寸应符合设计规定,基础混凝土强度等级不应低于 C20,基础内的电缆护管从基础中心穿出并应超出基础平面 30~50 mm。

(2) 电缆埋设深度应符合下列规定:

① 绿地、车行道不应小于 0.7 m;

② 人行道下不应小于 0.5 m;

③ 在不能满足上述要求的地段应按设计要求敷设。

(3) 电缆接头和终端头整个绕包过程应保持清洁和干燥。绕包绝缘前,应用汽油浸过的白布条将线芯及绝缘表面擦干净,塑料电缆应采用自粘带、粘胶带、胶粘剂、收缩管等材料密封,塑料护套表面应打毛,粘接表面应用溶剂除去油污,粘接应良好。

(4) 同一街道、公路、广场、桥梁的灯具安装高度(从光源到地面)、仰角、装灯方向宜保持一致。

(5) 灯杆位置应合理选择,灯杆不得设在易被车碰撞的地点,且与供电线路等空中障碍物的安全距离应符合供电有关规定。

(6) 灯具安装纵向中心线和灯臂纵向中心线应一致,灯具横向水平线应与地面平行,紧固后目测应无歪斜。

(7) 灯头应固定好,可调灯头,将其按设计调整至正确位置,灯头界限应符合规定:

① 相线应接在中心触电端子上,零线应接螺纹口端子;

② 灯头应绝缘,外壳应无损伤、开裂;

③ 高压汞灯、高压钠灯宜采用中心触点伸缩式灯口。

(8) 高压汞灯、高压钠灯等气体放电灯的灯泡、镇流器、触发器等应配套使用,严禁混用。镇流器、电容器的接线端子不得超过两个线头,应按顺时针方向将线头弯曲并将其压在两垫片之间,接线端子瓷头不得破裂,外壳应无渗水和锈蚀现象,当钠灯镇流器采用多股导线接线时,多股导线不能散股。

(9) 在灯臂、灯盘、灯杆内穿线不得有接头,穿线孔口或管口应光滑、无毛刺,并应采用绝缘套管或包带包扎,包扎长度不得小于 200 mm。

(10) 各种螺母紧固,宜加垫片和弹簧垫。紧固后螺丝露出螺母不得小于两个螺距。

(11) 吊灯安装高度不宜小于 6 m,吊灯吊线抗拉强度不应小于吊灯重量的 10 倍。吊线松紧应合适,两端高度宜一致,当电杆强度或刚度不足以承受吊线拉力时,应将拉线增强。吊灯的电源引下线不得受力,其保险装置安装应符合规定。吊灯引下线如遇到障碍物时,可沿吊线敷设支持物,支持物之间间距不宜大于 1.5 m。

7.4.8 结 论

通过此次建湖东方广场的实际照明应用,让我深刻地体会到城市照明对城市的重要性,城市夜景照明已经成为了丰富城市夜间生活的主体。通过合理的照明设计、照明计算,使用新型照明材料,这样不仅可以为城市节约能源,还可以为人们的夜间活动创造一个良好的光照环境,还可以使极具特色的建筑物在夜间得以再现,提升城市的形象,提高了城市的文化蕴涵,促进了城市的商业繁荣,丰富了市民的夜生活。

虽然目前我国的城市亮化在技术和规范上还不是十分完善,但我相信通过众多城市亮化工作者的努力,在实际中不断地归纳总结,必将走出一条符合我国国情的城市亮化发展之路,促进我国城市亮化工程技术与管理的现代化、科学化。相信中国城市的明天会更好,中国城市的亮化必会放射出更加璀璨的光芒!

7.4.9 参考文献

［1］ 金基建湖东方广场亮化照明设计和施工工作手记.2005.11~2006.4.
［2］ 李铁楠编著.景观照明创意和设计[M].北京:机械工业出版社,2005.
［3］ 肖辉主编.电气照明技术[M].北京:机械工业出版社,2004.

第 8 章

企业供配电系统设计

8.1　供配电设计一般原则

8.1.1　供配电设计要求

电能是工业生产的主要能源和动力,做好工厂供配电工作具有十分重要的意义。要使电能很好地为工业生产服务,必须做到安全、可靠、优质、经济。此外,在供电工作中,应合理地处理局部和全局、当前和长远等关系,既要照顾局部的利益,又要有全局观点,能顾全大局,适应发展。

8.1.2　企业供配电设计的一般原则

按照国家标准 GB50052—95《供配电系统设计规范》、GB50054—95《低压配电设计规范》等的规定,进行工厂供电设计必须遵循以下原则:遵守规程、执行政策;安全可靠、先进合理;近期为主、考虑发展;全局出发、统筹兼顾。供配电设计是整个工厂设计中的重要组成部分,从事工厂供电工作及设计的人员,有必要了解和掌握供配电设计的有关知识,以便适应设计工作的需要。

8.1.3　电力负荷分级

根据电力负荷对供电可靠性的要求及中断供电所造成的损失或影响程度,电力负荷分为三级:一级负荷指中断供电将造成人身伤亡或将在政治、经济上造成重大损失者,例如重要交通枢纽、重要通信枢纽等用电单位中的重要电力负荷;二级负荷指中断供电将在政治、经济上造成较大损失者;三级负荷则是除一级负荷和二级负荷以外的电力负荷。

对一级负荷,应由两个电源供电。一级负荷中特别重要的负荷,应增设应急电源,并严禁将其他负荷接入应急供电系统。对二级负荷,宜由两回线路供电。在负荷较小或地区供电条件比较困难时,二级负荷可由一回 6 kV 及以上专用的架空线路或电缆供电。当采用架空线时,可为一回架空线供电。当采用电缆线路时,应采用两根电缆组成曲线路供电,其每根电缆应能承受 100% 的二级负荷。

8.1.4 供配电设计主要内容及程序

供配电设计主要包括变配电所设计、高压配电线路设计、车间低压配电线路设计和电气照明设计等,学生毕业设计可以选做上述一种或几种组合。以下列出几种设计包括的主要内容,并在本章最后一节以某企业供配电设计为例介绍具体设计过程及内容。

1. 变配电所设计

变配电所设计是全厂总降压变电所及配电系统设计,是根据各个车间的负荷数量和性质,生产工艺对负荷的要求以及负荷布局,结合国家供电情况解决各部门安全可靠和经济地分配电能的问题。其基本内容有以下几方面:

(1) 负荷计算及无功功率补偿计算;

(2) 变配电所的所址和型式的选择;

(3) 变电所主变压器台数、容量及类型的选择(配电所设计不含此项内容);

(4) 变配电所主结线方案的设计;

(5) 短路电流的计算;

(6) 变配电所一次设备的选择;

(7) 变配电所二次回路方案的选择及继电保护装置的选择与整定;

(8) 配电所防雷保护与接地装置的设计;

(9) 编写设计说明书及主要设备材料清单;

(10) 绘制变配电所主结线图、平面图和必要的剖面图、二次回路图。

2. 工厂高压配电线路设计

工厂高压配电线路设计包括以下基本内容:

(1) 工厂高压配电系统方案的确定;

(2) 高压配电线路的负荷计算;

(3) 高压配电线路的导线和电缆的选择;

(4) 架空线杆位的确定及电杆、绝缘子、金具等的选择和设计;

(5) 防雷保护和接地装置的设计;

(6) 编写设计说明书及主要设备材料清单;

(7) 绘制高压配电系统图、平面布线图、电杆总装图及其他施工图样。

3. 车间低压配电线路设计

车间低压配电线路设计包括以下基本内容:

(1) 车间低压配电系统方案的确定;

(2) 低压配电线路的负荷计算;

(3) 低压配电线路的导线和电缆的选择;

（4）低压配电设备和保护设备的选择；

（5）低压配电线路敷设方式的设计；

（6）低压配电系统接地装置的设计；

（7）编写设计说明书及主要设备材料清单；

（8）绘制车间低压配电系统图、平面布线图及其他施工图样。

4. 电气照明设计

电气照明设计应包括以下基本内容：

（1）光源的选择；

（2）照度计算；

（3）灯具造型、灯具布置、眩光控制和调光控制的设计；

（4）照明配电线路敷设等设计；

（5）编写设计说明书及主要设备材料清单；

（6）绘制车间低压配电系统图、平面布线图及其他施工图样。

照明设计与建筑装饰有着非常密切的关系，应该相互配合，在使用功能及艺术意境方面求得统一，同时尽量选用高光效电光源，以取得节能的明显效果。

5. 供配电设计的程序

企业供配电设计通常分为初步设计、技术设计和施工图设计等三个阶段，也有的分为方案设计、初步设计和施工图设计等三个阶段。如果工程规模较小或技术不太复杂，也可采用初步设计和施工图设计两个阶段。如果设计任务紧迫，且工程规模较小，又经技术论证许可时，也可直接进行施工图设计。

学生的毕业设计，其深度和广度视学生的专业知识水平和设计时间长短而定，大致相当于上述的初步设计或将其稍微扩展，条件允许时适当增绘一些平面、剖面图的施工图样。初步设计（含技术设计）的任务，主要是根据设计任务书的要求，进行负荷的统计计算，确定工厂的需电容量，选择工厂供电系统的初步方案和主要设备，提出主要设备材料清单，编制工程概算。在初步设计期间或初步设计之后，工厂应向供电部门办理用电申请手续，并与供电部门签订供用电协议。学生在接到设计任务书后，首先应认真学习和消化设计任务书，明确设计的题目、任务和要求，搞清楚已给哪些原始数据，尚有哪些数据和资料需要自己收集，然后借阅一些手册和相关图书资料，编写大致进程安排。在确定供配电设计方案时，需征求指导教师意见，以免出现原则性错误。

8.1.5　供配电设计依据的主要设计规范

表 8-1 中列出了企业供配电设计依据的主要设计规范。

表 8-1　工厂供电设计依据的主要设计规范

序号	规范代号	规范名称	序号	规范代号	规范名称
1	GB50052—95	供配电系统设计规范	10	GBJ63—90	电力装置的电测量仪表装置设计规范
2	GB50053—94	10 kV 及以下变电所设计规范	11	GB50064—××	电力装置过电压保护设计规范
3	GB50054—95	低压配电设计规范	12	GB50065—××	电力装置接地设计规范
4	GB50055—93	通用用电设备配电设计规范	13	GB50217—94	电力工程电缆设计规范
5	GB50057—94	建筑物防雷设计规范	14	GB50227—95	并联电容器装置设计规范
6	GB50058—92	爆炸和火灾危险环境电力装置设计规范	15	GB50034—92	工业企业照明设计标准
7	GB50059—92	35～110 kV 变电所设计规范	16	JBJ6—96	机械工程电力设计规范
8	GB50060—92	3～110 kV 高压配电装置设计规范	17	JGJ/T16—92	民用建筑电气设计规范
9	GB50062—92	电力装置的继电保护和自动装置设计规范			

8.2　负荷计算及无功补偿

8.2.1　负荷计算方法

1. 需要系数法

(1) 单组用电设备计算负荷的计算公式

有功计算负荷(单位为 kW)：　$P_{30} = K_d P_e$。　　(8-1)

无功计算负荷(单位为 kvar)：　$Q_{30} = P_{30}\tan\varphi$。　　(8-2)

视在计算负荷(单位为 kV·A)：　$S_{30} = \dfrac{P_{30}}{\cos\varphi}$。　　(8-3)

计算电流(单位为 A)：　$I_{30} = \dfrac{S_{30}}{\sqrt{3}U_N}$。　　(8-4)

式中 P_e——用电设备组总的设备容量(不含备用设备容量,单位为 kW)。注意:对反复短时工作制的设备，其 P_e 应按照规定的负荷持续率 ε 进行换算。

　　K_d——用电设备组的需要系数，参看手册。

　　$\tan\varphi$——对应于用电设备组功率因素的正切值，参看手册。

　　U_N——用电设备组的额定电压，单位为 kV。

（2）多组用电设备计算负荷的计算公式

有功计算负荷（单位为 kW）：　　　$P_{30} = K_{\Sigma \cdot p} \cdot \Sigma P_{30 \cdot i}$。　　　　　　　（8 - 5）

无功计算负荷（单位为 kvar）：　　$Q_{30} = K_{\Sigma \cdot q} \cdot \Sigma Q_{30 \cdot i}$。　　　　　　　（8 - 6）

视在计算负荷（单位为 kV·A）：　$S_{30} = \sqrt{P_{30}^2 + Q_{30}^2}$。　　　　　　　　（8 - 7）

计算电流（单位为 A）：　　　　　$I_{30} = \dfrac{S_{30}}{\sqrt{3}U_N}$。　　　　　　　　　　（8 - 8）

式中 $\Sigma P_{30 \cdot i}$，$\Sigma Q_{30 \cdot i}$——所有设备组有功计算负荷 P_{30}、无功计算负荷 Q_{30} 之和。

　　$K_{\Sigma \cdot p}$——有功负荷同时系数，可取 $0.85 \sim 0.95$。

　　$K_{\Sigma \cdot q}$——无功负荷同时系数，可取 $0.9 \sim 0.97$。

2．二项式系数法

（1）单组用电设备计算负荷的计算公式

有功计算负荷（单位为 kW）：　　　$P_{30} = bP_e + cP_x$。　　　　　　　　（8 - 9）

无功计算负荷（单位为 kvar）：　　$Q_{30} = P_{30}\tan\varphi$。　　　　　　　　（8 - 10）

视在计算负荷（单位为 kV·A）：　$S_{30} = \dfrac{P_{30}}{\cos\varphi}$。　　　　　　　　　（8 - 11）

计算电流（单位为 A）：　　　　　$I_{30} = \dfrac{S_{30}}{\sqrt{3}U_N}$。　　　　　　　　　　（8 - 12）

式中 P_e——用电设备组总的设备容量（单位为 kW）。

　　P_x——用电设备组中容量最大的 x 台的设备容量（单位为 kW）。x 值参看手册。

　　b，c——二项式系数，参看手册。

（2）多组用电设备计算负荷的计算公式

有功计算负荷（单位为 kW）：　　　$P_{30} = \Sigma(bP_e)_i + (cP_x)_{max}$。　　　　　　（8 - 13）

无功计算负荷（单位为 kvar）：　　$Q_{30} = \Sigma(bP_e\tan\varphi)_i + (cP_x)_{max}\tan\varphi_{max}$。　　（8 - 14）

式中 $\Sigma(bP_e)_i$，$\Sigma(bP_e\tan\varphi)_i$——各组有功平均负荷之和与无功平均负荷之和。

　　$(cP_x)_{max}$——各组中最大的一个有功附加负荷。

　　$\tan\varphi_{max}$——$(cP_x)_{max}$ 的那一组设备的功率因素角的正切值。

视在计算负荷（单位为 kV·A）：$S_{30} = \sqrt{P_{30}^2 + Q_{30}^2}$。　　　　　　　　（8 - 15）

计算电流（单位为 A）：　　　　　$I_{30} = \dfrac{S_{30}}{\sqrt{3}U_N}$。　　　　　　　　　　（8 - 16）

负荷计算还可采用单位指标法(即按单位产品耗电量或单位面积耗电量估算)计算负荷、逐级计算法等,前种方法多用于照明计算负荷的估算,后者一般从低压线路末端开始逐级往上,计算电力线路及变压器的损耗(此略),并考虑相应的同时系数,直至计算高压配电所总计算负荷。具体步骤参阅相应的手册。此外,计算时还可能涉及单相负荷的计算等。

3. 负荷计算方法选取原则

在初步设计及施工图设计阶段,宜采用需要系数法。对于住宅,在设计的各个阶段均可采用单位指标法。用电设备台数较多,各台设备容量相差不悬殊时,宜采用需要系数法,它一般用于干线配变电所的负荷计算。用电设备台数较少,各台设备容量相差悬殊时宜采用二项式法,一般用于支干线和配电屏(箱)的负荷计算。

4. 负荷计算注意事项

进行负荷计算时,对于不同工作制的用电设备的额定功率应换算为统一的设备功率。具体应按下列规定计算设备功率:

(1) 连续工作制电动机的设备功率等于额定功率。

(2) 断续或短时工作制电动机的设备功率,当采用需要系数法或二项式法计算时,是将额定功率统一换算到负载持续率为25%时的有功功率。

(3) 电焊机的设备功率是指将额定功率换算到负载持续率为100%时的有功功率。

此外,照明用电设备的设备功率为:白炽灯、高压卤钨灯灯泡标出的额定功率;低压卤钨灯除灯泡功率外,还应考虑变压器的功率损耗;气体放电灯、金属卤化物灯除灯泡的功率外,还应考虑镇流器的功率损耗。整流器的设备功率是指额定交流输入功率,成组用电设备的设备功率,不应包括备用设备。

8.2.2 无功补偿及其计算

1. 无功功率的人工补偿

并联电容器的补偿方式有以下几种:高压集中补偿、低压集中补偿和低压分散补偿等。高压集中补偿是将电容器装设在变配电所的高压电容器室内,与高压母线相连。低压集中补偿是电容器装设在变电所的低压配电室或单独的低压电容器室内,与低压母线相连,它利用指示灯或放电电阻放电。按GB50227—95规定,低压电容器组可采用三角形结线或中性点不接地的星形结线方式。低压分散补偿是指电容器装设在低压配电箱旁或与用电设备并联,它就利用用电设备本身的绕组放电,电容器组多采用三角形结线。

无功补偿可采用GR—1型高压电容器柜和PGJ1型低压无功功率自动补偿屏,且有多种方案可选,具体参阅手册。

2. 并联电容器的选择计算

(1) 无功补偿容量的计算

$$Q_c = P_{30}(\tan\varphi_1 - \tan\varphi_2) = \Delta q_c P_{30}。 \tag{8-17}$$

式中 $\tan\varphi_1$，$\tan\varphi_2$ —— 对应于原来和补偿后的功率因数的正切。

　　Δq_c —— 无功补偿率（单位为 kvar/kW），可查阅相关书籍或手册。

（2）**并联电容器个数 n**

$$n = \frac{Q_c}{q_c}。 \tag{8-18}$$

式中 q_c —— 单个电容器的容量，单位同上。

对单相电容器来说，n 应取为 3 的整数倍，以便三相均衡分配。

3. 无功补偿后的总计算负荷

供电系统中装设无功补偿装置后，对前面线路或变压器的无功功率进行了补偿，从而使前面线路或变压器的无功计算负荷、视在计算负荷和计算电流得以减小，功率因数提高。实际应用中补偿后的变压器容量应适当减小，同时由于计算电流的减小，使补偿点以前系统中各元件上的功率损耗也相应降低，因此无功补偿的经济效益十分可观。

8.3　变电所及主变压器的选择

8.3.1　变电所所址选择

变电所是电网的重要组成部分，选择变电所所址是电力基本建设工作的主要组成部分。选址工作的粗与细、所址的好与差，不仅直接影响着工程建设的投资和建设速度，而且对工程经济效益和社会效益有着决定性的影响。因此，配变电所位置选择应根据多项要求综合考虑确定，具体查阅相关手册。

8.3.2　变压器的选择

变压器的选择主要包括主变压器类型、台数和容量的选择。

1. 台数选择

变电所有大量一级负荷时，应装设两台及以上变压器。有时虽然只有二级负荷，但从保安（如消防等）角度考虑，或在季节性负荷变化较大及集中负荷较大时，也应装设两台及以上变压器，否则装设一台变压器。

2. 容量选择

装设一台变压器的主变电所，主变压器的容量应不小于总的计算负荷。

$$S_{N·T} \geqslant S_{30}。 \tag{8-19}$$

装设两台主变压器的变电所，每台变压器的容量应同时满足以下两个条件：

(1) 每一台主变压器容量不小于总计算负荷的 60％,最好为 70％左右,即

$$S_{N \cdot T} \approx (0.6 \sim 0.7)S_{30} 。 \tag{8-20}$$

(2) 每一台主变压器容量不小于全部一、二级负荷之和,即

$$S_{N \cdot T} \geqslant S_{30(\mathrm{I}+\mathrm{II})} 。 \tag{8-21}$$

另外,低压为 0.4 kV 变电所中单台变压器的容量不宜大于 1 000 kV·A,当用电设备容量较大、负荷集中且运行合理时,可选用较大容量的变压器。设置在二层以上的三相变压器,应考虑垂直与水平的运输对通道及楼板荷载的影响,如采用干式变压器时,其容量不宜大于 630 kV·A。居住小区变电所内单台变压器容量不宜大于 630 kV·A。

8.4　电气主结线方案的选择

变配电所的主结线,应根据变配电所在供电系统中的地位、进出线回路数、设备特点及负荷性质等条件确定,并应满足安全、可靠、灵活和经济等要求,具体选择时可参照常用的选择原则。

本节列出若干主结线方案供设计参考。变配电所主结线应尽量由成套的高低压配电装置组合而成,而且方案的设计应考虑到变配电所可能的增容扩展,特别是出线柜要便于添置。

8.4.1　高压主结线方案

1. 一路电源进线的 6～10 kV 侧主结线方案

一路电源进线常用左侧电缆引入、右侧电缆引出和右侧架空线引入、左侧电缆引出两种主结线方案。以一路电源右侧架空线引入的 6～10 kV 主结线方案为例,见表 8-2 所示。

表 8-2　一路电源、右侧架空线引入的 6～10 kV 主结线方案

柜列编号	No. 6	No. 5	No. 4	No. 3	No. 2	No. 1
柜名	出线柜	出线柜	出线柜	计量柜	进线柜	互感器柜
柜型及方案编号	GG—1A (F)—03	GG—1A (F)—03	GG—1A (F)—03	GG—1A (J)—05	GG—1A (F)—11	GG—1A (F)—54
主结线方案						

2. 两路电源进线的 6～10 kV 侧主结线方案

两路电源进线常用的主结线方案有两种：一种是两路电缆进线、单母线分段的主结线方案，另一种是一路电缆进线、一路架空进线、单母线分段的主结线方案。具体主结线方案参阅手册。

此外，还有采用高压环网柜的主结线方案，它主要采用负荷开关加熔断器的组合方式。正常的电路通断操作由负荷开关（一般为 SF6 负荷开关）进行，而短路保护则由具有高分断能力的熔断器来完成。这种环网柜与通常采用的高压断路器开关柜相比，柜体尺寸和重量明显减少，价格也大大降低。机械行业标准 JBJ6—96《机械工厂电力设计规范》也规定：当双电源供电给多个变电所时，宜采用环网供电方式。当主电源断开时，合上备用电源恢复供电，提高供电可靠性。6～10 kV 双电源单环系统的环网结线见表 8-3 所示。

表 8-3　6～10 kV 双电源单环系统的环网结线

柜列编号	No. 1	No. 2	No. 3	No. 4	No. 5	No. 6	No. 7	…
柜　名	电源Ⅰ进线柜	电源Ⅰ出线柜	电源Ⅱ进线柜	电源Ⅱ出线柜	计量柜	电压互感器柜	用户出线柜	
柜型方案								…
主结线方案								…

8.4.2　低压主结线方案

一台主变压器供电的低压侧主结线方案见表 8-4 所示。

表 8-4　一台主变压器供电的低压侧主结线

柜列编号	No. 1	No. 2	No. 3	No. 4	No. 5	No. 6	…
柜　名	低压总柜	动力柜	动力柜	照明柜	照明柜	电容器柜	
柜型及方案编号	PGL1—04 GGD1—09	PGL1—29 GGD1—39	PGL1—29 GGD1—39	PGL1—40 GGD1—35	PGL1—40 GGD1—35	PGJ1—01 GGJ1—01	…
主结线方案							…

两台主变压器供电的低压侧主结线方案略,读者可参阅手册。

8.5 供配电系统短路电流计算

8.5.1 短路电流计算的目的及方法

短路电流计算的目的是为了正确选择和校验电气设备以及进行继电保护装置的整定计算。进行短路电流计算,首先要绘制计算电路图。在计算电路图上,将短路计算所考虑的各元件的额定参数都表示出来,并将各元件依次编号,然后确定短路计算点。短路计算点要选择得使需要进行短路校验的电气元件有最大可能的短路电流通过,一般计算三相短路电流。然后按所选择的短路计算点绘出等效电路图,并计算电路中各主要元件的阻抗。对于供配电系统来说,由于将电力系统当作无限大容量电源,而且短路电路也比较简单,因此一般只需采用阻抗串、并联的方法即可将电路化简,求出其等效总阻抗,最后计算短路电流和短路容量。

短路电流计算的方法,常用的有欧姆法(又称有名单位制法)和标幺制法(又称相对单位制法)。

8.5.2 欧姆法

1. 绘计算电路图,选短路计算点

计算电路图上应将短路计算中需计入的所有电路元件的额定参数都表示出来,并将各个元件依次编号,如图8-1所示。

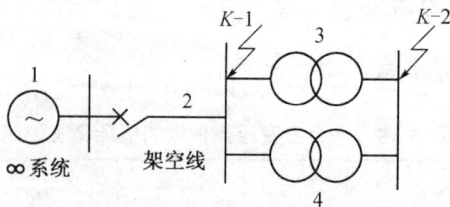

图8-1 短路计算电路示例

2. 计算短路回路中各主要元件的阻抗

参阅手册计算:电力系统的电抗、电力线路的阻抗、电力变压器的阻抗等。

3. 绘短路回路等效电路,并计算总阻抗

对选定的短路计算点,绘短路回路等效电路,如图8-2所示。注意:等效电路图上标注的元件阻抗值必须换算到短路计算点。对系统和变压器阻抗来说,其阻抗计算公式中的U_c采用短路计算点的计算电压,即相当于已经换算,而对线路阻抗,则必须按下列公式换算:

$$R' = R\left(\frac{U'_c}{U_c}\right)^2。 \tag{8-22}$$

$$X' = X\left(\frac{U'_c}{U_c}\right)^2。 \tag{8-23}$$

式中 R, X——在计算电压为 U_c 的电网中的电阻和电抗值。

R', X'——换算为计算电压为 U'_c 的电网中的电阻和电抗值。

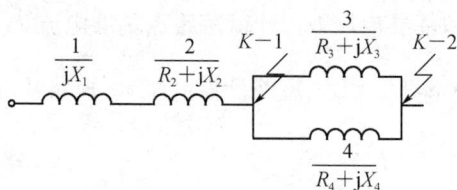

图 8-2 短路等效电路

图 8-2 中对 $(K-1)$ 点的短路回路总阻抗为

$$|Z_{\Sigma(K-1)}| = \sqrt{R^2_{\Sigma(K-1)} + X^2_{\Sigma(K-1)}} = \sqrt{R_2^2 + (X_1 + X_2)^2}。$$

对 $(K-2)$ 点短路,元件 3 和 4 并联,计算方法同上。

4. 计算短路电流

分别对各短路计算点计算其三相短路电流周期分量 $I_K^{(3)}$、短路次暂态短路电流 $I''^{(3)}$、短路稳态电流 $I_\infty^{(3)}$、短路冲击电流及短路后第一个周期的短路全电流有效值(又称短路冲击电流有效值)。

三相短路电流周期分量有效值按下式计算

$$I_K^{(3)} = \frac{U_c}{\sqrt{3}\,|Z_\Sigma|} = \frac{U_c}{\sqrt{3}\,\sqrt{R_\Sigma^2 + X_\Sigma^2}}。 \tag{8-24}$$

当 $R_\Sigma < X_\Sigma/3$ 时,可不计电阻。

在无限大容量系统中,存在下列关系:

$$I''^{(3)} = I_\infty^{(3)} = I_K^{(3)}。 \tag{8-25}$$

高压电路的短路冲击电流及其有效值按下列公式近似计算:

$$i_{sh}^{(3)} = 2.55 I''^{(3)}, \tag{8-26}$$

$$I_{sh}^{(3)} = 1.51 I''^{(3)}。 \tag{8-27}$$

低压电路的短路冲击电流及其有效值按下列公式近似计算:

$$i_{sh}^{(3)} = 1.84 I''^{(3)}, \tag{8-28}$$

$$I_{sh}^{(3)} = 1.09 I''^{(3)}。 \tag{8-29}$$

5. 计算短路容量

三相短路容量按下式计算: $S_K^{(3)} = \sqrt{3} U_c I_K^{(3)}$。 \hfill (8-30)

8.5.3 标幺值法

1. 绘计算电路图,选短路计算点

与前面欧姆法相同。

2. 设定基准容量 S_d 和基准电压 U_d,计算短路点基准电流 I_d

一般设 $S_d = 100\ \text{MV} \cdot \text{A}$,$U_d = U_c$(短路计算电压)。短路基准电流按下式计算:

$$I_d = \frac{S_d}{\sqrt{3}U_d}。 \tag{8-31}$$

3. 计算短路回路中各主要元件的阻抗标幺值

(1) 电力系统的电抗标幺值

$$X_S^* = \frac{S_d}{S_\infty}。 \tag{8-32}$$

式中 S_d——电力系统出口断路器的断流容量(单位为 $\text{MV} \cdot \text{A}$)。

(2) 电力线路的电抗标幺值

$$X_{WL}^* = X_0 l \frac{S_d}{U_c^2}。 \tag{8-33}$$

式中 X_0——线路电抗(单位 $\Omega \cdot \text{km}^{-1}$);$l$——线路长度(单位 km)。

U_c——线路所在电网的短路计算电压(单位为 kV)。

采用标幺值计算时,无论短路计算点在哪里,电抗标幺值均不需换算。

(3) 电力变压器的电抗标幺值

$$X_T^* = \frac{U_K\%S_d}{100S_N}。 \tag{8-34}$$

式中 $U_K\%$——变压器的短路电压(阻抗电压)百分值。

S_N——变压器的额定容量(单位为 $\text{kV} \cdot \text{A}$,计算时化为与 S_d 同单位)。

4. 绘短路回路等效电路,并计算总阻抗

采用标幺值法计算时,无论有几个短路计算点,其短路等效电路只有一个,如图 8-3 所示。

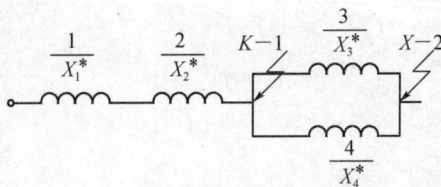

图 8-3　短路等效电路(标幺值法)

图 8-3 中对 $(K-1)$ 点的短路回路总电抗标幺值为:

$$X^*_{\Sigma(K-1)} = X^*_1 + X^*_2 \, 。$$

图 8-3 中对 $(K-2)$ 点的短路回路总电抗标幺值为:

$$X^*_{\Sigma(K-2)} = X^*_1 + X^*_2 + \frac{X^*_3 X^*_4}{X^*_3 + X^*_4} \, 。$$

5. 计算短路电流

分别对各短路计算点计算其各种短路电流,如 $I_K^{(3)}$, $I''^{(3)}$, $I_\infty^{(3)}$, $i_{sh}^{(3)}$ 和 $I_{sh}^{(3)}$ 等。

$$I_K^{(3)} = \frac{I_d}{X^*_\Sigma} \, 。$$

其余短路电流的计算与欧姆法相同。

6. 计算短路容量

$$S_K^{(3)} = \frac{S_d}{X^*_\Sigma} \, 。$$

8.6 一次电气设备的选择

为了保证一次设备的安全可靠运行,必须按照下列条件选择并校验。

(1) 按照正常工作条件,包括电压、电流、频率、开断电流等选择,即要求设备的额定电压 $U_{N.e}$ 不应小于所在线路的额定电压 U_N(限流式高压熔断器例外,电压应该相等),设备的额定电流 $I_{N.e}$ 不应小于所在线路的计算电流 I_{30},设备的额定开断电流 I_{oc} 或断流容量 S_{oc} 不应小于设备分断瞬间的短路电流有效值 I_K 或短路容量 S_K。

(2) 按照短路条件,包括动稳定和热稳定来校验。

(3) 考虑电气设备运行的环境条件,如温度、湿度、海拔以及有无防尘、防腐、防爆等要求。

(4) 按照各类设备的自身特点和要求进行选择。

选择高低压一次设备时应进行校验,具体校验的项目参阅表 8-5 所示。

表 8-5 选择一次设备的校验项目

一次设备名称	额定电压 V	额定电流 A	开断电流 kA	短路电流校验		环境条件	其 他
				动稳定	热稳定		
高低压熔断器	√	√	√	×	—	√	
高压隔离开关	√	√	—	√	√	√	操作性能
高压负荷开关	√	√	√	√	√	√	操作性能
高压断路器	√	√	√	√	√	√	操作性能
低压刀开关	√	√	√	×	×	√	操作性能

（续表）

一次设备名称	额定电压 V	额定电流 A	开断电流 kA	短路电流校验		环境条件	其　　他
				动稳定	热稳定		
低压负荷开关	√	√	√	×	×	√	操作性能
低压断路器	√	√	√	×	×	√	操作性能
电流互感器	√	√	—	√	√	√	二次负载准确级
电压互感器	√	—	—	—	—	√	二次负荷准确级
并联电容器	√	—	—	—	—	√	额定容量
母　线	—	√	—	√	√	√	
电　缆	√	√	—	—	√	√	
支柱绝缘子	√	√	—	√	—	√	
穿墙套管	√	√	—	√	√	√	
备　注	表中"√"表示必须校验，"—"表示不必校验，"×"表示一般可不校验						

8.7　供电系统继电保护

供电系统继电保护是保证系统安全可靠运行的重要手段。所谓继电保护装置是能反映供电系统中电气设备发生故障或处于不正常工作状态，并能动作于断路器跳闸或起动信号装置发出预报信号时的一种自动装置，一旦发生故障能自动、迅速地将故障设备从电力系统中切除，或及时针对各种不正常的运行状态发出信号，通知运行值班人员，由值班人员处理，把事故尽可能限制在最小范围内。

继电保护和自动装置的设计应该以合理的运行方式和可能的故障类型为依据，并应满足可靠性、选择性、灵敏性和速动性四项基本要求。配电系统中的电力设备和线路应装设短路故障、异常运行的继电保护和自动装置，短路故障保护应有主保护和后备保护，必要时增设辅助保护。

8.7.1　常见的继电保护方式

常见的继电保护装置有过电流保护、过负荷保护、电流速断保护和变压器瓦斯保护等。

过电流保护是被保护元件中的电流超过预先整定的电流数值时便动作的保护装置。过负荷保护只能作变压器辅助保护或后备保护。电流速断保护是按照被保护设备的短路电流整定的，不依靠上下级保护的整定时间差别来求得选择性。它可以实现快速跳闸并切除故障。电流速断保护为了防止越级动作，其动作电流要选得大于被保护设备末端的最大短路电流。因此，在被保护设备的末端有一段保护不到的死区，这时就必须依靠过电流保护作为后备。我国规定，当过电流保护的动作时间超过1 s时，应该装设电流速断保护装置。电流速断保护常用于保护变压器本身出现的短路保护,也可作为变压器以外部分发生故障时的后备保护。

气体继电保护又称瓦斯保护。根据继电保护规程的规定:800 kV·A 及以上的油浸式变压器和 400 kV·A 及以上的车间内油浸式变压器应装设瓦斯保护。此外还有纵差动保护和接地保护。

本书简单介绍电力线路及电力电容器与电动机的继电保护配置,设备各种保护的整定计算及其他设备的保护详见中国电力出版社《工业与民用配电设计手册》2005 年版第七章。

8.7.2　6～10 kV 电力线路的保护

6～10 kV 线路的继电保护配置见表 8-6。

表 8-6　6～10 kV 线路的继电保护配置

被保护线路	保护装置名称				备　注
	无时限电流速断保护	带时限速断保护	过电流保护	单相接地保护	
单侧电源放射式单回线路	自重要配电所引出的线路装设	当无时限电流速断不能满足选择性动作时装设	装　设	根据需要装设	当过电流保护的时限不大于 0.5～0.7 s,且没有保护配合上的要求时,可不装设电流速断保护

8.7.3　6～10 kV 电力电容器的保护

6～10 kV 电力电容器的保护配置见表 8-7。

表 8-7　6～10 kV 电力电容器的保护配置

被保护设备	保护装置名称									备　注
	带短延时的电流速断保护	过电流保护	过负荷保护	横差保护	中性线不平衡电流保护	开口三角电压保护	过电压保护	低电压保护	单相接地保护	
电容器组	装设	装设	宜装设	对电容器内部故障及其引出线短路采用专用的熔断器保护时,可不装设			当电压可能超过 110% 额定值时,宜装设	宜装设	电容器与支架绝缘时可不装设	当电容器组的容量在 400 kvar 以内时,可以用带熔断器的负荷开关进行保护

8.7.4　3～10 kV 异步电动机的保护

3～10 kV 异步电动机的保护配置见表 8-8。

表8-8　3～10 kV异步电动机的保护配置

电动机容量（kW）	保护装置名称					
	电流速断保护	纵联差动保护	过负荷保护	单相接地保护	过电压保护	失步保护
异步电动机 <2 000	装设	当电流速断保护不能满足灵敏性要求时装设	生产过程中易发生过负荷时，或起动、自起动条件严重时应装设	单相接地电流≥5 A时装设，≥10 A时一般动作于跳闸，5～10 A时可动作于跳闸或信号	根据需要装设	
异步电动机 ≥2 000		装设				装设

8.8　防雷与接地

　　进行建筑物防雷设计时，应认真调查地质、地貌、气象、环境等条件和雷电活动规律以及被保护物的特点等，因地制宜地采取防雷措施，做到安全可靠、技术先进、经济合理，不应采用装有放射性物质的接闪器。新建工程应在设计阶段详细研究防雷装置的形式及其布置，并与有关人员充分协商合作，尽可能利用建筑物金属导体作为防雷装置。按建筑物的重要性、使用性质、发生雷电事故的可能性及后果，建筑物的防雷分为三级，具体参阅手册。

8.8.1　防雷设备

　　防雷的设备主要有接闪器和避雷器。其中，接闪器就是专门用来接受直接雷击（雷闪）的金属物体。接闪的金属称为避雷针，接闪的金属线称为避雷线，或称架空地线。接闪的金属带称为避雷带。接闪的金属网称为避雷网。避雷器是用来防止雷电产生的过电压波沿线路侵入变配电所或其他建筑物内，以免危及被保护设备的绝缘。避雷器应与被保护设备并联，装在被保护设备的电源侧。当线路上出现危及设备绝缘的雷电过电压时，避雷器的火花间隙就被击穿，或由高阻变为低阻，使过电压对大地放电，从而保护了设备的绝缘。避雷器主要有阀式和排气式等型式。

8.8.2　接闪器的保护范围

　　布置接闪器时应优先采用避雷网或避雷带，当采用避雷针时，不同建筑防雷级别的滚球半径采用滚球法计算，避雷针的保护范围参阅手册。
　　滚球法是以h_r为半径的一个球体，沿需要防直击雷的部位滚动，当球体只触及接闪器（包括利用作为接闪器的金属物）或接闪器和地面（包括与大地接触能承受雷击的金属物）而不触及需要保护的部位时，则该部分就得到接闪器的保护。设计时常对接闪器所用材料和尺寸提出具体要求，此略，读者可参阅手册。

8.8.3　变配电所的防雷措施

（1）室外配电装置应装设避雷针来防护直接雷击。如果变配电所处在附近高建（构）筑物的防雷设施保护范围之内或变配电所本身为室内型时，就不必再考虑直击雷的保护。

（2）高压侧装设避雷器主要用来保护主变压器，以免雷电冲击波沿高压线路侵入变电所，损坏了变电所的这一最关键的设备，为此要求避雷器应尽量靠近主变压器安装。

对架空线路而言，架设避雷线是防雷的有效措施，但是造价高，10 kV 及以下的线路上一般不装设避雷线，35 kV 的架空线路上，一般只在进出变配电所的一段线路上装设。

8.8.4　接地与接地装置

电气设备的某部分与大地之间做良好的电气连接，称为接地。埋入地中并直接与大地接触的金属导体，称为接地体，或称接地极。专门为接地而人为装设的接地体，称为人工接地体。人工接地体的尺寸不应小于下列数值：圆钢直径为 10 mm，扁钢截面为 100 mm，扁钢厚度为 4 mm，角钢厚度为 4 mm，钢管壁厚为 3.5 mm。

兼作接地体用的直接与大地接触的各种金属构件、金属管道及建筑物的钢筋混凝土基础等，称为自然接地体。接地体应镀锌，焊接处应涂防腐漆。接地体埋设深度不宜小于 0.6 m，垂直接地体的长度一般为 2.5 m。垂直埋设的接地体，宜采用圆钢、钢管、角钢等；水平埋设的接地体，宜采用扁钢、圆钢等。

连接接地体与设备、装置接地部分的金属导体，称为接地线。接地线与接地体合称为接地装置，由若干接地体在大地中相互用接地线连接起来的一个整体，称为接地网。

8.8.5　接地装置的设计计算步骤

（1）按照设计规范确定允许的接地电阻最大值 R_E。电力装置和建筑物要求的接地电阻最大值可参阅手册。

（2）实测或估算可以利用的自然接地体的接地电阻 $R_{E(nat)}$。设计时一般首先充分利用自然接地体，包括直接与大地接触的各种金属构件、金属管道及建筑物的钢筋混凝土基础等。对于变配电所，可利用建筑的钢筋混凝土基础作自然接地体。10 kV 及以下变配电所如利用基础作接地体满足接地电阻要求时，可不另设人工接地体，而 10 kV 以上变配电所及有爆炸危险的场所仍需要装设人工接地体。自然接地体接地电阻的估算及土壤电阻率可查阅手册。

8.9 企业供配电系统设计实例——机械厂降压变电所的电气设计

8.9.1 设计任务书

1. 设计题目

××机械厂降压变电所的电气设计。

2. 设计要求

以中小型工厂 6～10/0.4 kV、容量为 800～2 000 kV·A 的降压变电所电气设计为例，这种类型的变电所，既含有高压供电部分，又有电力变压器和低压配电部分，还包括继电保护及防雷与接地设计。

要求根据本厂所能取得的电源及本厂用电负荷的实际情况，适当考虑生产的发展，确定变电所主变压器的台数与容量、类型，选择变电所主结线方案及高低压设备和进出线，确定二次回路方案，选择整定继电保护装置，确定防雷接地装置，最后按要求写出设计说明书，绘出部分设计图样。

3. 已知的设计资料

（1）**工厂负荷情况** 本厂多数车间为两班制，年最大负荷利用时间为 4 600 h，日最大负荷持续时间为 6 h。该厂除铸造车间、电镀车间和锅炉房属于二级负荷外，其余均属三级负荷。负荷统计资料见表 8-9 所示。

（2）**供电电源情况** 按照本厂与当地供电部门签订的供用电协议规定，本厂可由附近一条 10 kV 的公用电源干线取得工作电源。该干线的导线牌号为 LGJ—150，导线为等边三角形排列，线距为 2 m；干线首端距离本厂约 8 km。干线首端所装设的高压断路器断流容量为 500 MV·A。此断路器配备有定时限过电流保护和电流速断保护，定时限过电流保护整定的动作时间为 1.7 s。为满足工厂二级负荷的要求，工厂可采用高压联络线由邻近的单位取得备用电源。

（3）**气象资料** 本厂所在地区的年最高气温为 38℃，年平均气温为 23℃，年最低气温为 −8℃，年最热月平均最高气温为 33℃，年最热月平均气温为 26℃，年最热月地下 0.8 m 处平均温度为 25℃。当地主导风向为东北风，年平均雷暴数为 20 日。

（4）**电费制度** 本厂与当地供电部门达成协议，在工厂变电所高压侧计量电能，设专用计量柜，工厂最大负荷时的功率因数不得低于 0.90。

表 8-9 工程负荷统计资料(示例)

厂房编号	厂房名称	负荷类别	设备容量/kW	需要系数	功率因数
1	铸造车间	动力	300	0.3	0.70
		照明	6	0.8	1.0
2	锻压车间	动力	350	0.3	0.65
		照明	8	0.7	1.0
3	电镀车间	动力	150	0.6	0.80
		照明	5	0.8	1.0
4	电镀车间	动力	250	0.5	0.80
		照明	5	0.8	1.0
5	仓库	动力	20	0.4	0.80
		照明	1	0.8	1.0
6	工具车间	动力	360	0.3	0.60
		照明	7	0.9	1.0
7	金工车间	动力	400	0.2	0.65
		照明	10	0.8	1.0
8	锅炉房	动力	50	0.7	0.80
		照明	1	0.8	1.0
9	装配车间	动力	180	0.3	0.70
		照明	6	0.8	1.0
10	机修车间	动力	160	0.2	0.65
		照明	4	0.8	1.0
11	生活区	照明	350	0.7	0.90

8.9.2 设计说明书

1. 前言(略)

2. 目录(略)

3. 负荷计算和无功功率补偿

(1) 负荷计算。负荷计算过程略,计算结果见表 8-10 所示。

表 8-10　××机械厂负荷计算表

编号	名　称	类别	设备容量 P_e/kW	需要系数 K_d	$\cos\varphi$	$\tan\varphi$	计算负荷			
							P_{30}/kW	Q_{30}/kvar	S_{30}/kV·A	I_{30}/A
1	铸造车间	动力	300	0.3	0.7	1.02	90	91.8	—	—
		照明	6	0.8	1.0	0	4.8	0	—	—
		小计	306	—			94.8	91.8	132	201
2	锻压车间	动力	350	0.3	0.65	1.17	105	123	—	—
		照明	8	0.7	1.0	0	5.6	0	—	—
		小计	358	—			110.6	123	165	251
3	热处理车间	动力	150	0.6	0.8	0.25	90	67.5	—	—
		照明	5	0.8	1.0	0	4	0	—	—
		小计	155	—			94	67.5	116	176
4	电镀车间	动力	250	0.5	0.8	0.75	125	93.8	—	—
		照明	5	0.8	1.0	0	4	0	—	—
		小计	255	—			129	93.8	160	244
5	仓库	动力	20	0.4	0.8	0.75	8	6	—	—
		照明	1	0.8	1.0	0	0.8	0	—	—
		小计	21	—			8.8	6	10.7	16.2
6	工具车间	动力	360	0.3	0.6	1.33	108	144	—	—
		照明	7	0.9	1.0	0	6.3	0	—	—
		小计	367	—			114.3	144	184	280
7	金工车间	动力	400	0.2	0.65	1.17	80	93.6	—	—
		照明	10	0.8	1.0	0	8	0	—	—
		小计	410	—			88	93.6	128	194
8	锅炉房	动力	50	0.7	0.8	0.75	35	26.3	—	—
		照明	1	0.8	1.0	0	0.8	0	—	—
		小计	51	—			35.8	26.3	44.4	67
9	装配车间	动力	180	0.3	0.7	0.02	54	55.1	—	—
		照明	6	0.8	1.0	0	4.8	0	—	—
		小计	186	—			58.8	55.1	80.6	122
10	机修车间	动力	160	0.2	0.65	0.17	32	37.4	—	—
		照明	4	0.8	1.0	0	3.2	0	—	—
		小计	164	—			35.2	37.4	51.4	78
11	生活区	照明	350	0.7	0.9	0.48	245	117.6	272	413
总计（380 V 侧）		动力	2 220				1 015.3	856.1	—	—
		小计	403							
		计入 $K_{\Sigma p}=0.8$ $K_{\Sigma p}=0.85$			0.75		812.2	727.6	1 090	1 656

（2）无功功率补偿。由表 8-17 可知,该厂 380 V 侧最大负荷时的功率因数只有 0.75,而供电部门要求该厂 10 kV 进线侧最大负荷时功率因数不应低于 0.90。考虑到主变压器的无功损耗远大于有功损耗,因此 380 V 侧最大负荷时功率因数应稍大于 0.90,拟取 0.92 来计算 380 V 侧所需无功功率补偿容量:

$$Q_c = P_{30}(\tan\varphi_1 - \tan\varphi_2) = 812.2[\tan(\arccos 0.75) - \tan(\arccos 0.92)]$$
$$= 370 \text{ kvar}。$$

查阅手册,选 PGJ1 型低压自动补偿屏,并联电容器为 BW0.4—14—3 型,采用主屏 1 台与辅屏 4 台相组合,每屏共 84 kvar,总共容量为 84 kvar×5＝420 kvar。因此无功补偿后工厂 380 V 侧和 10 kV 侧的负荷计算见表 8-11 所示。（也可选其他补偿屏型式）

表 8-11　无功补偿后工厂的计算负荷

项　　目	$\cos\varphi$	计　算　负　荷			
		P_{30}/kW	Q_{30}/kvar	$S_{30}/\text{kV·A}$	I_{30}/A
380 V 侧补偿前负荷	0.75	812.2	727.6	1 090	1 556
380 V 侧无功补偿容量			—420		
380 V 侧补偿后负荷	0.935	812.2	307.6	868.5	1 320
主变压器功率损耗		$0.015 \, S_{30}=13$	$0.06 \, S_{30}=52$		
10 kV 侧负荷总计	0.92	825.2	359.6	900	52

4. 变电所主变压器的选择

根据工厂的负荷性质和电源情况,工厂变电所的主变压器可有下列两种方案:

（1）装设一台主变压器,容量选 $S_{N·T} = 1\,000 \text{ kV·A} > S_{30} = 900 \text{ kV·A}$,可以选一台 S9—1000/10 型低损耗配电变压器。至于工厂二级负荷的备用电源,由与邻近单位相连的高压联络线来承担。（注意:由于二级负荷达 335.1 kV·A,380 V 侧电流达 509 A,距离又较长,因此不能采用低压联络线作备用电源）

（2）装设的两台主变压器型号亦采用 S9,而每台容量为

$$S_{N·T} \approx (0.6 \sim 0.7) \times 900 = (540 \sim 630) \text{ kV·A},$$
$$S_{N·T} \geqslant S_{30(I+II)} = 132 + 160 + 44.4 = 336.4 \text{ kV·A}。$$

因此选两台 S9—630/10 型低损耗配电变压器,二级负荷的备用电源由与邻近单位相连的高压联络线来承担。通过经济比较（此略）,装设一台主变压器的方案远优于装设两台主变压器的方案。（如果工厂负荷近期有较大增长的话,则宜采用装设两台主变压器的方案）

5. 短路电流的计算

（1）绘制计算电路（如图 8-4）。

（2）确定基准值　设 $S_d=100 \text{ MV·A}$,$U_d=U_c$,即高压侧 $U_{d_1}=10.5 \text{ kV}$,低压侧 $U_{d_2}=0.4 \text{ kV}$。

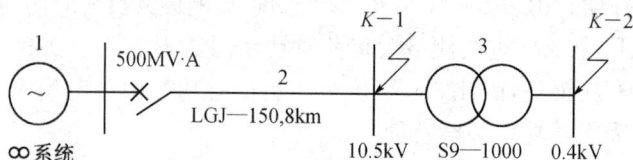

图 8 - 4 短路计算电路

$$I_{d_1} = \frac{S_d}{\sqrt{3}U_{d_1}} = \frac{100 \times 10^3}{\sqrt{3} \times 10.5} = 5.5 \text{ kA},$$

$$I_{d_2} = \frac{S_d}{\sqrt{3}U_{d_2}} = \frac{100 \times 10^3}{\sqrt{3} \times 0.4} = 144 \text{ kA}。$$

(3) 计算短路电路中各元件的电抗标幺值。

① 电力系统

$$X_1^* = (100 \text{ MV} \cdot \text{A})/(500 \text{ MV} \cdot \text{A}) = 0.2;$$

② 架空线路 查表得 LGJ—150 的 $X_0 = 0.36 \ \Omega/\text{km}$，而线路长 8 km，故

$$X_2^* = (0.36 \times 8) \times \frac{100 \text{ MV} \cdot \text{A}}{(10.5 \text{ kV})^2} = 2.6;$$

③ 电力变压器 查表得 $U_z\% = 4.5$，故

$$X_3^* = \frac{4.5}{100} \times \frac{100 \text{ MV} \cdot \text{A}}{1\,000 \text{ kV} \cdot \text{A}} = 4.5,$$

因此绘等效电路，如图 8 - 5 所示。

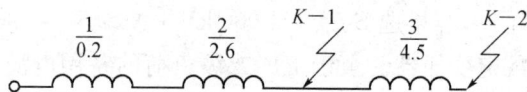

图 8 - 5 等效电路(标幺值法)

(4) 计算(K-1)点(10.5 kV 侧)的短路电路总电抗及三相短路电流和短路容量。

① 总电抗标幺值

$$X_{\Sigma(K-1)}^* = X_1^* + X_2^* = 0.2 + 2.6 = 2.8;$$

② 三相短路电流周期分量有效值

$$I_{K-1}^{(3)} = I_{d_1}/X_{\Sigma(K-1)}^* = 5.5/2.8 = 1.96 \text{ kA};$$

③ 其他短路电流

$$I''^{(3)} = I_\infty^{(3)} = I_{K-1}^{(3)} = 1.96 \text{ kA},$$

$$i_{sh}^{(3)} = 2.55 I''^{(3)} = 2.55 \times 1.96 = 5.0 \text{ kA},$$

$$I_{sh}^{(3)} = 1.51 I''^{(3)} = 1.51 \times 1.96 = 2.96 \text{ kA};$$

④ 三相短路容量

$$S_{K-1}^{(3)} = S_d / X_{\Sigma(K-1)}^* = 100/2.8 = 35.7\ \mathrm{MV \cdot A};$$

(5) 计算 $(K-2)$ 点 $(0.4\ \mathrm{kV}$ 侧$)$ 的短路电路总电抗及三相短路电流和短路容量。

① 总电抗标幺值

$$X_{\Sigma(K-2)}^* = X_1^* + X_2^* + X_3^* = 0.2 + 2.6 + 4.5 = 7.3;$$

② 三相短路电流周期分量有效值

$$I_{K-2}^* = I_{d_2} / X_{\Sigma(K-2)}^* = 144/7.3 = 19.7\ \mathrm{kA};$$

③ 其他短路电流

$$I''^{(3)} = I_\infty^{(3)} = I_{K-2}^{(3)} = 19.7\ \mathrm{kA},$$

$$i_{sh}^{(3)} = 1.84 I''^{(3)} = 1.84 \times 19.7 = 36.2\ \mathrm{kA},$$

$$I_{sh}^{(3)} = 1.09 I''^{(3)} = 1.09 \times 19.7 = 21.5\ \mathrm{kA};$$

④ 三相短路容量

$$S_{K-2}^{(3)} = S_d / X_{\Sigma(K-2)}^* = 100/7.3 = 13.7\ \mathrm{MV \cdot A}。$$

以上计算结果综合见表 8-12 所示。

表 8-12　短路计算结果

短路计算点	三相短路电流/kA					三相短路容量/MV · A
	$I_K^{(3)}$	$I''^{(3)}$	$I_\infty^{(3)}$	$i_{sh}^{(3)}$	$I_{sh}^{(3)}$	$S_K^{(3)}$
$K-1$	1.96	1.96	1.96	5.0	2.96	35.7
$K-2$	19.7	19.7	19.7	36.2	21.5	13.7

6. 变电所一次设备的选择校验

(1) 10 kV 侧一次设备的选择校验,查阅手册,10 kV 侧选择见表 8-13 所列的一次电气设备,并作相应的校验,表中的 t_{ima} 指短路发热假想时间,单位 s。

表 8-13　10 kV 侧一次设备的选择校验

选择校验项目		电压	电流	断流能力	动稳定度	热稳定度	其他
装置地点条件	参　数	U_N	I_{30}	$I_K^{(3)}$	$i_{sh}^{(3)}$	$I_\infty^{(3)2} t_{ima}$	
	数　据	10 kV	57.7 A	1.96 A	5.0 A	$1.96^2 \times 1.9 = 7.3$	
一次设备型号规格	额定参数	U_N	I_N	I_{oc}	i_{max}	$I_t^2 t$	
	高压少油断路器 SN10—10I/630	10 kV	630 A	16 kA	40 kA	$16^2 \times 2 = 512$	

选择校验项目	电压	电流	断流能力	动稳定度	热稳定度	其他
额定参数	U_N	I_N	I_{oc}	i_{max}	I_t^2	
高压隔离开关 GN1—10/200	10 kV	200 A	—	25.5 A	$10^2 \times 5 = 500$	
高压熔断器 RN2—10	10 kV	0.5 A	50 kA	—	—	
电压互感器 JDJ—10	(10/0.1)kV	—	—	—	—	
电压互感器 JDZJ—10	$\left(\frac{10}{\sqrt{3}} \Big/ \frac{0.1}{\sqrt{3}} \Big/ \frac{0.1}{3}\right)$kV	—	—	—	—	
电流互感器 LQJ—10	10 kV	100/5 A	—	$225 \times \sqrt{2} \times 0.1$kA $= 31.8$ kA	$(90 \times 0.1)^2 \times 1 = 81$	二次负荷 0.6 Ω
避雷器 FS4—10	10 kV	—	—	—	—	
户外式高压隔离开关 GW4—15G/200	15 kV	200 A	—	—	—	

（2）380 V 侧一次设备的选择校验（见表 8-14）。

表 8-14 380 V 侧一次设备的选择校验

选择校验项目		电　压	电　流	断流能力	动稳定度	热稳定度
装置地点条件	参数	U_N	I_{30}	$I_K^{(3)}$	$i_{sh}^{(3)}$	$I_\infty^{(3)2} t_{ima}$
	数据	380 kV	总 1 320 A	19.7 A	36.2 A	$19.7^2 \times 0.7 = 272$
一次设备型号规格	额定参数	U_N	I_N	I_{oc}	i_{max}	$I_t^2 t$
	低压断路器 DW15—1500/3	380 V	1 500 A	40 kA		
	低压断路器 DZ20—630	380 V	630 A （大于 I_{30}）	一般 30 kA		
	低压断路器 DZ20—200	380 V	200 A （大于 I_{30}）	一般 25 kA		
	低压刀开关 HD13—1 500/30	380 V	1 500 A	—		
	电流互感器 LMZJ1—0.5	500 V	1500/5 A			
	电流互感器 LMZ1—0.5	500 V	160/5 A 100/5 A			

（3）高低压母线的选择如下：10 kV 母线选 LMY—3(40×4)，即母线尺寸为 40 mm×4 mm；380 V 母线选 LMY—3(120×10)+80×6，即各相母线尺寸为 120 mm×10 mm，中性母线尺寸为 80 mm×6 mm。

7. 变电所进线的选择

(1) 10 kV 高压进线的选择,采用 LJ 型铝绞线架空敷设,接往 10 kV 公用干线。

首先按发热条件选择。对变压器高压进线,I_{30} 应取变压器高压绕组的额定电流。由 $I_{30} = I_{1N·T} = 57.7$ A 及室外环境温度 33℃,查阅手册初选 LJ—16,其 35℃时的导线或电缆的允许载流量 $I_{a_1} \approx 95$ A $> I_{30}$,满足发热条件。

然后校验机械强度。查阅手册对应表格,最小允许截面 $A_{min} = 35$ mm²,因此 LJ—16 不满足机械强度要求,故改选 LJ—35。由于此线路很短,所以不需校验电压损耗。

(2) 由高压配电室至主变的一段引入电缆的选择校验,采用 YJL22—10000 型交联聚乙烯绝缘的铝芯电缆直接埋地敷设。

首先按发热条件选择,由 $I_{30} = I_{1N·T} = 57.7$ A 及土壤温度 25℃查阅手册,初选缆芯为 25 mm² 的交联电缆,其 $I_{a_1} = 90$ A $> I_{30}$,满足发热条件。

然后校验短路热稳定,计算满足短路热稳定的最小截面

$$A_{min} = I_\infty^{(3)} \frac{\sqrt{t_{ima}}}{C} = 1\,960 \frac{\sqrt{0.75}}{77} \text{ mm}^2 = 22 \text{ mm}^2 < A = 25 \text{ mm}^2。$$

式中的母线材料的热稳定系数 C 值可通过查阅手册得到。因此 YJL22—10000—3×25 电缆满足要求。

变电所 380 V 低压出线的选择此略,作为备用电源的高压联络线采用 YJL22—10000 型交联聚氯乙烯绝缘铝心电缆,直接埋地敷设,与相距约 2 km 的邻近单位变配电所的 10 kV 母线相连。

综合以上所选变电所进线和联络线的导线和电缆型号规格,见表 8-15 所示。

表 8-15　变电所进出线和联络线的型号规格

线路名称		导线或电缆的型号规格
10 kV 电源进线		LJ—35 铝绞线(三相三线架空)
主变引入电缆		YJL22—10000—3×25 交联电缆(直埋)
380 V 低压出线	至 1~11 号厂房	此　略
与邻近单位 10 kV 联络线		YJL22—10000—3×25 交联电缆(直埋)

8. 变电所主结线方案

完整的变电所主接线方案如图 8-6 所示。图中部分参数的计算过程及元器件选取因篇幅所限,未一一列出,读者可根据 §8.1～§8.4 的内容提示并参阅使用手册自行完善。

9. 变电所继电保护的整定

(1) 主变压器的继电保护装置

一是装设瓦斯保护,当变压器油箱内故障产生轻微瓦斯或油面下降时,瞬时动作于信号,当产生大量瓦斯时,应动作于高压侧断路器。

二是装设反时限过电流保护,采用 GL15 型应式过电流继电器,两相两继电器式结线,

10kV
电源进线
LJ—35

GW4—15G/200

FS4—10

GN6—10/200
LQJ—10,100/5
GN8—10/200
RN2—10/0.5
JDJ—10,10000/100
GG—1A(F)—03　No.101

LMY—3(40×4)

GN8—10/200
RN2—10/0.5
FS4—10
JDZJ—10
$\dfrac{10000}{\sqrt{3}}/\dfrac{100}{\sqrt{3}}/\dfrac{100}{3}$
GG—1A(F)—54　No.102

GN8—10/200
SN10—10I/630
LQJ—10 100/5
GN6—10/200
GG—1A(F)—07　No.103

GN8—10/200
SN10—10I/630
LQJ—10 100/5
GN6—10/200
GG—1A(F)—07　No.104

YJL22—10000—3×25
联络线(备用电源)

YJL22—10000 3×25

主变压器
S9—1000
10/0.4 kV
Yyn0
HD13—1500/30
DW15—1500/3电动
LMZJ1—0.5,1500/5
PGL2—05　No.201

220/380V
LMY—3(120×10)+80×6

BW0.4—14—3
420 kvar

开关柜编号	No.202				No.203				No.204			No.205		No.206	No.207～211
开关柜型号	PGL2—29				PGL2—29				PGL2—30			PGL2—28		PGL2—28	PGJ1—1.3
开关柜用途	动力配电				动力配电				动力配电			照明配电		照明配电	无功自动补偿
线路编号	1	2	3	4	5	6	7	8	9	10	11	12	13	14	15
线路去向	1#	2#	3#	4#	6#	7#	9#	—	5#	8#	10#	工厂生活区			
计算电流 /A	201	251	176	244	280	194	122	—	16.2	67	78	413			

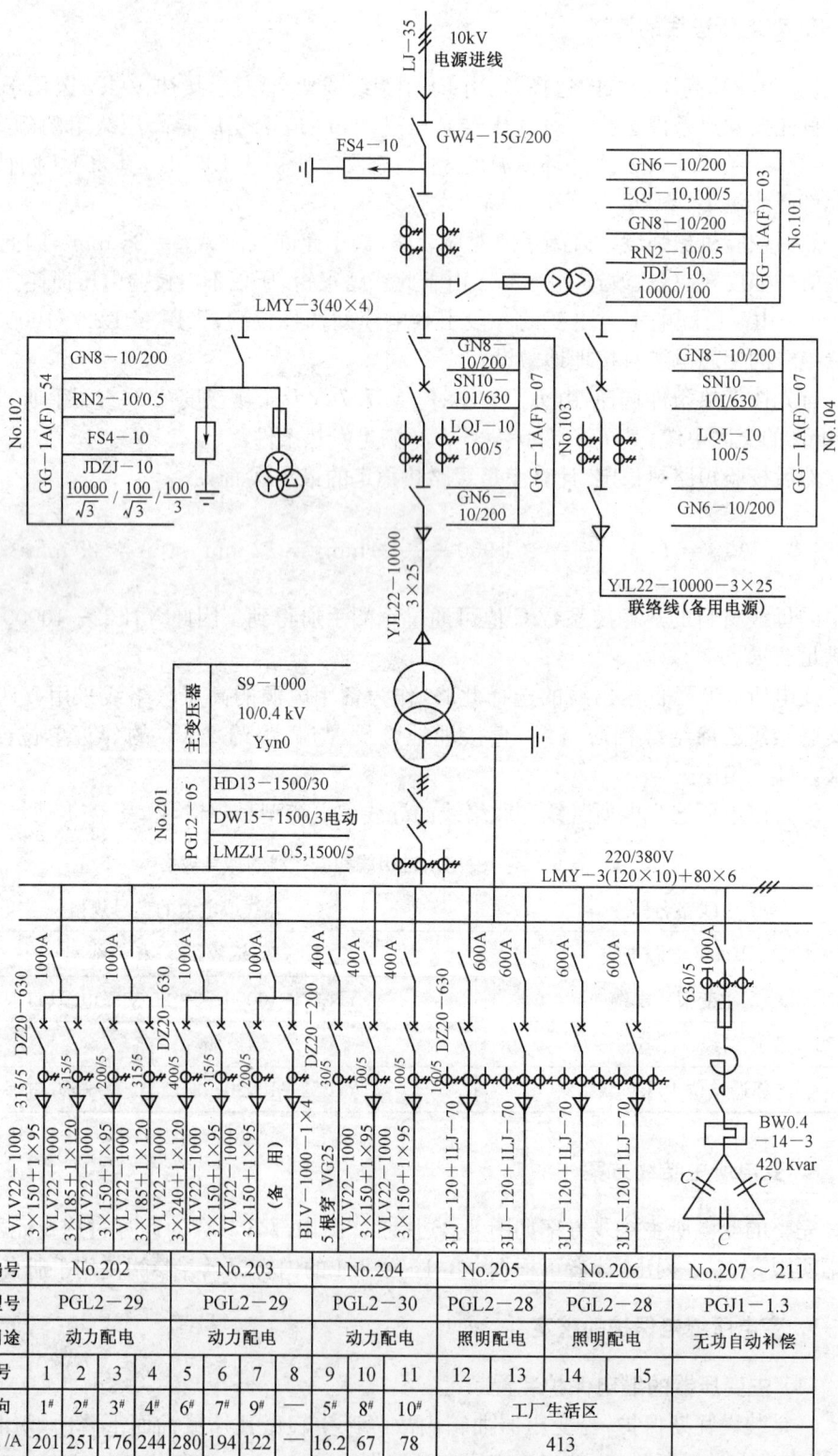

图 8-6 　××机械厂降压变电所主接线电路图

去分流跳闸的操作方式。动作电流和保护动作的整定时间详细计算过程略,下同。因本变电所为电力系统的终端变电所,故其过电流保护的动作时间可整定为最短的 0.5 s。经计算动作电流为 $I_{op} = 9.3$ A,整定为 10 A。(注意:I_{op} 只能为整数,且不能大于 10 A)灵敏系数检验时首先计算得灵敏系数为 $S_p = 3.41 > 1.5$,满足灵敏度的要求。

三是利用 GL15 的速断装置装设电流速断保护,速断电流整定时,经计算,速断电流为 $I_{qp} = 55$ A,则速断电流倍数整定为 $K_{Qb} = 55$ A/10 A $= 5.5$。电流速断保护灵敏系数经计算为 $S_p = 1700$ A/1100 A $= 1.55$,按 GB50062—92 规定,电流保护(含电流速断保护)的最小灵敏系数为 1.5,因此这里装设的电流速断保护的灵敏系数是达到要求的。但按 JBJ6—96 和 JGJ/T16—92 的规定,其最小灵敏系数为 2,则这里装设的电流速断保护灵敏系数偏低一些。

（2）**作为备用电源的高压联络线的继电保护装置**

一是装设反时限过电流保护,采用 GL15 型感应式电流继电器、两相两继电器式结线,去分流跳闸的操作方式。动作时间的整定按终端保护,考虑整定为 0.5 s。动作电流整定经计算为 $I_{qp} = 10.1$ A,整定为 10 A。

二是装设电流速断保护,亦利用 GL15 的速断装置。整定计算和检验灵敏系数从略。

变电所低压侧的保护装置的整定可看有关手册。

10. 变电所的防雷保护与接地装置的设计

（1）变电所的防雷保护,分成两种:

① 就直击雷防护而言:在变电所屋顶装设避雷针和避雷带,并引出两根接地线与变电所公共接地装置相连。如变电所的主变压器装在室外或有露天配电装置时,则应在变电所外面的适当位置装设独立避雷针,其装设高度应使其防雷保护范围包括整个变电所。如果变电所处在其他建筑物的直击雷防护范围以内时,则可不另设独立避雷针。按手册规定,独立避雷针的接地装置接地电阻 $r_E \leqslant 10$ Ω。通常采用 3～6 根长 2.5 m、ϕ50 mm 的钢管,在装避雷针的杆塔附近一排或多边排列,管间距离 5 m,打入地下,管顶距地面 0.6 m。接地管间用 40 mm×4 mm 的镀锌扁钢焊接相连。引下线用 25 mm×4 mm 的镀锌扁钢,下与接地体焊接相连,并与装避雷针的杆塔及其基础内的钢筋相焊接,上与避雷针焊接相连。避雷针采用 ϕ20 mm 的镀金圆钢,长 1～1.5 m。独立避雷针的接地装置与变电所公共接地装置应有 3 m 以上的距离。

② 对雷电侵入波的防护:在 10 kV 电源进线的终端杆上装设 FS4—10 型阀式避雷器,引下线采用 25 mm×4 mm 的镀锌扁钢,下与公共接地网焊接相连,上与避雷器接地螺栓连接;在 10 kV 高压配电室内装设有 GGD—A(F)—54 型开关柜,其中配有 FS4—10 型避雷器,靠近主变压器。主变压器主要靠此避雷器来保护,防护雷电侵入波的危害;在 380 V 低压架空出线杆上,装设保护间隙,或将其绝缘子的铁脚接地,用以防护沿低压架空线侵入的雷电波。

（2）变电所公共接地装置的设计,公共接地装置接地电阻 $r_E \leqslant 4$ Ω。接地装置的设计采用长 2.5 m、ϕ50 mm 的钢管 16 根,沿变电所三面均匀布置(变电所前面布置两排),管距 5 m,垂直打入地下,管顶离地面 0.6 m。管间用 40 mm×4 mm 的镀锌扁钢焊接相连。变电所的变压器室有两条接地干线,高低压配电室各有一条接地干线与室外公共接地装置焊接相连,接地干线均采用 25 mm×4 mm 的镀锌扁钢。接地电阻的验算满足 $r_E \leqslant 4\ \Omega$ 的接地电阻要求。

另外,本设计还可根据设计需要绘制其他相关图纸,在此未一一列出。

8.9.3 参考文献

[1] 刘介才主编. 工厂供电[M]. 北京:机械工业出版社,2004.

[2] 刘介才主编. 工厂供电设计指导[M]. 北京:机械工业出版社,1998.

[3] 韩笑主编. 电气工程专业毕业设计指南——继电保护分册[M]. 北京:中国水利水电出版社,2003.

[4] 中国建筑东北设计研究院主编. 民用建筑电气设计规范 JGJ/T 16—92 及条文说明[S]. 北京:中国计划出版社,1992.

[5] 中华人民共和国机械工业部主编. 低压配电设计规范 GB50054—95[S]. 北京:中国计划出版社,1999.

[6] 中国航空工业规划设计研究院主编. 工业与民用配电设计手册[M]. 第 3 版. 北京:中国电力出版社,2005.

第 9 章

过程自动化系统设计

9.1 过程自动化系统设计一般原则

9.1.1 学习自控工程设计的重要性

过程自动化工程设计是指为了实现生产过程的自动化,将其用图纸资料和文字资料的形式表达出来。对于自动化专业的学生,在学习各专业课程后,进行一次过程自动化工程设计的实践是十分必要的。工程设计是工程建设过程中一个很重要的环节,对整个工程项目起着指导作用。作为自动化类工科专业的学生,过程自动化工程设计是针对某生产工艺流程,实施过程自动化方案的具体体现。完成过程自动化工程设计,既要掌握控制理论及控制工程的基本理论,又要熟悉自动化技术工具(控制及检测仪表)的使用方法及型号、规格、价格等信息,而且要学习本专业的有关工程实际知识,如工程设计的程序和方法、仪表安装方式及常用设备材料的规格、型号等。从事自控工程设计也将是毕业后工作任务中的一项重要内容。

9.1.2 过程自动化工程设计的一般原则

过程自动化工程设计是以现有石化工厂中某一典型的生产装置或生产工序为对象,以这种对象的生产工艺机理、流程特点、操作条件、设备及管道布置状况等为基础所进行的石油化工自动化工程模拟设计。通过毕业设计,学生将综合运用所学的基本理论、基本知识和基本技能,分析和解决工程中实际问题的能力,强化工程计算、工程制图和编制设计文件等能力,对石油化工自动化工程设计的基本程序有一个较全面、系统的了解。

1. 过程自动化工程设计步骤

(1) 确定过程自动化方案。根据工厂实际情况和对自控的要求,确定自动化水平和自动化方案,绘制带控制点的工艺流程图草稿。

(2) 仪表选型。确定仪表类型,选择设计所需要的各种检测仪表、控制仪表及自控设备,编制自控设备表草稿。

(3) 设计计算。对在毕业实习时收集的,并经过指导老师审查的数据和资料进行设计计算,编写计算书草稿和编制计算数据表草稿。

(4) 完善选表。根据计算结果,进一步确定检测仪表、变送器和执行器等仪表的型号、规格,补充和完善自控设备表草稿和计算数据表草稿的内容。

(5) 绘制草图。绘制施工图草稿,编制设计表格草稿。

(6) 编写毕业设计说明书草稿。

(7) 交指导教师审查。将以上设计文件和图纸草稿交给指导教师审阅,进一步完善设计草稿。

(8) 完成正式设计。按照石油化工自控施工图设计标准所推荐的标准示例图格式,完成正式的毕业设计文件和图纸。

(9) 整理装订。按统一要求的格式,将正式的毕业设计文件和图纸装订成册。

2. 过程自动化工程设计准备工作

为了保证设计的顺利进行,必须做好各项准备工作。

(1) 分析和研究设计的内容和条件,弄清楚设计要求。

(2) 了解生产装置的工艺流程、反应机理、环境特点。

(3) 生产原料、能源、成品或半成品等物料的性质及数据。

(4) 各种被控变量及控制指标,各种被测变量的正常值及变化范围、变化情况。

(5) 装置区厂房布置、设备特征、管道配置等情况。

(6) 现有的自动化水平、自动化方案、主要采用的仪表类型和特点。

(7) 现有控制室的设置和仪表盘安装、布置情况。

(8) 现场仪表安装设置、配管配线、管线敷设。

(9) 现有自动化系统、仪表及自控设备使用中存在的问题。

3. 过程自动化毕业设计的主要内容

设计应完成下列图纸和文件:

(1) 设计文件目录;

(2) 设计说明书;

(3) 带控制点的工艺流程图(或管道与仪表流程图);

(4) 仪表索引(或自控设备表二);

(5) 仪表数据表(节流装置、控制阀、差压式液位变送器等);

(6) 仪表回路图;

(7) 控制室布置图;

(8) 仪表盘布置图;

(9) 端子(安全栅)柜配线图;

(10) 供电系统图;

(11) 联锁报警系统逻辑图;

(12) 附录(相关仪表数据设计计算书)。

有时采用 DCS 系统,设计文件可增加:

(13) DCS 技术规格书;

(14) DCS‑I/O 表;

(15) DCS 系统配置;

(16) 显示图(工艺流程、联锁报警系统逻辑图等)。

4. 过程自动化毕业设计说明书

毕业设计说明书是对化工自动化工程毕业设计进行解释和说明的书面文件,也是毕业设计的总结性材料,是反映毕业设计质量的重要内容之一。需要说明的是,毕业设计说明书的编写贯穿于整个设计过程,成稿于毕业设计结束时,装订在毕业设计文件的最前面,基本内容包括:

(1) **设计依据和指导思想** 毕业设计的依据通常是毕业设计任务书。毕业设计的指导思想主要根据毕业设计任务书的要求来确定。对设计中图纸不易描述而又必须交代清楚的一些技术问题,需要以说明书的形式加以阐述。说明书应简明扼要,语言通畅,有据有理,条理清楚。

(2) **工艺流程及环境特征简介** 简要地说明与毕业设计项目有关的工艺装置的生产任务、工艺流程的组成及环境特征,如易燃、易爆、高温、高压、有毒、有腐蚀、灰尘、潮湿、有强电磁干扰等。

(3) **自动化水平和方案的确定** 按工艺专业提出的工艺条件和控制操作要求,说明确定自动化水平和仪表选型的依据和特点。说明在仪表选型时需考虑的仪表性能的可靠性、稳定性、统一性、安全性、准确性、经济性、便于安装和维修等问题的情况和采用可靠的新技术、新设备以提高经济效益,综合利用资源、节约能源等问题的情况。

自动化方案的讨论和确定,是毕业设计说明书的重要内容之一。应当说明的内容包括:

① 合理选择被测变量、被控变量和操纵变量,组成合理的自动检测、控制系统。

② 确定采用常规仪表控制系统还是 DCS 系统(计算机控制),合理选择控制规律。

③ 正确选择控制阀的流量特性,气开、气关形式和控制器的正、反作用形式。

(4) **对复杂控制系统的说明** 对为了控制重要工艺变量而设计的复杂控制系统的作用原理、系统特点、信号报警及联锁装置的动作原理等都要进行说明。

(5) **动力供应** 仪表及自控设备需要的动力,有电源、气源和热源等。对仪表的供电,应说明仪表电源的来源、电压、频率、容量和等级等。对仪表的供气,应说明压缩空气的来源,仪表用气的总量、压力、质量等。对仪表和导压管的保温,应说明采用的伴热方式和对热源的要求等。

(6) **控制室的设置** 说明控制室的面积大小、规模、仪表盘、半模拟盘、操纵台的规格、数量及设置、建筑、采光照明、空调等要求,电缆、管缆的进线、敷设方式,防火、防爆、防毒、防噪声、防电磁干扰、接地等安全措施。

(7) **采用新技术、新方案及安全防护措施** 简要说明采用新技术、新方案的依据,说明仪表防爆、防火、防腐、防冻、防堵、防震动、抗干扰、接地及电气安全等措施。

(8) **对施工要求的基本说明** 简要说明管线及管架施工敷设的方式和要求,在仪表安装专业与其他专业施工范围划分无统一规定时,也可在说明书中予以必要的说明,还可以推荐安装规程,提出订货、施工、生产等的特殊要求。

(9) 总结（略）

(10) 主要参考文献（略）

9.2 过程自动化控制方案的确定与仪表选型

根据毕业设计任务书的要求,在做好自动化工程毕业设计准备工作的基础上,绘制带控制点的工艺流程图(或管道与仪表流程图)。根据工艺生产要求,确定过程自动化系统的水平,是采用常规仪表控制还是 DCS 计算机系统控制。根据工艺生产状况及要求,确定自动控制系统方案,是简单回路控制还是复杂回路控制或先进控制方案。

生产过程自动化的实现,不仅需要制定合理的自动化方案,而且还需要正确地选用自动化仪表。在自动化工程设计中,这项工作通常称为仪表选型。

9.2.1 过程自动化工艺流程图的绘制

工艺流程图是用来表达一个工厂或生产车间的工艺流程、相关设备、辅助装置、仪表与控制要求的基本概况,是企业工程技术人员和管理人员使用最多、最频繁的一类图纸。工艺流程图涉及到工艺、机械、仪表自动化、建筑工程、公用工程等,随着设计工作的进展不断修改,由浅入深、由定性到定量,分阶段逐步形成与完善。

工艺流程图一般分流程示意图(方案流程图)、带控制点的工艺流程图(设计流程图)和管道与仪表流程图(施工流程图)三个阶段进行。

1. 带控制点的工艺流程图

由物料流程、控制点和图例三部分组成,如图 9-1 所示。它是在工程技术人员完成设备设计而且过程控制方案也基本确定之后绘制的。它是以方案流程图为依据,并综合各专业技术人员相关的设计结果,在方案流程图的基础上经过进一步的修改、补充和完善而绘制出来的图样。此类图纸的基本特征如下:

(1) 按工艺流程次序自左至右展开,按标准图例详细画出一系列相关设备、辅助装置的图形和相对位置,并配以带箭头的物料流程线,同时在流程图上需标注出各物料的名称、管道规格与管段编号、控制点的代号、设备的名称与位号以及必要的尺寸、数据等。

(2) 在流程图上按标准图例详细绘制需配置的工艺控制用阀门、仪表、重要管件和辅助管线的相对位置以及自动控制的实施方案等有关图形,并详细标注仪表的种类与工艺技术要求等。

(3) 图纸上常给出相关的标准图例、图框与标题栏以及设备位号与索引等。

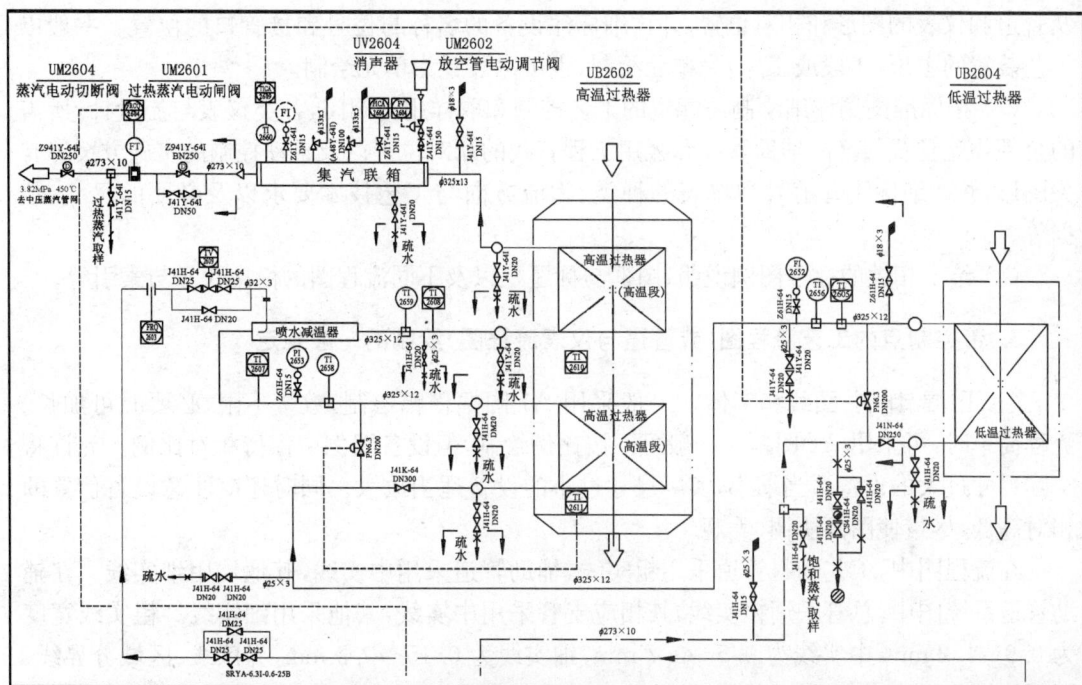

图 9-1　DCS 控制系统工艺流程图（部分）

2. 管道与仪表流程图

管道与仪表流程图也常称为施工流程图。它是以带控制点的工艺流程图为依据，采用图示的方法将化工工艺装置的流程和所需要的全部设备、机器、管道、阀门、管件和仪表表示出来，通过和各相关专业技术人员的反复协商，并综合各相关专业技术人员提供的最终设计结果，经过对已有工艺流程图的进一步修改、补充和完善而绘制出来的图样和工艺设计的最后成品。它是设计和施工的依据，也是操作运行及检修的指南。此类图纸的基本特征如下：

（1）按工艺流程次序自左至右展开，按标准图例详细画出全部设备、机器、辅助装置以及管道和仪表的图形和相对位置,并详细标注设备的名称与位号和接管口的位置。一般以工艺装置的主项(工段或工序)为单元绘制,也可以装置为单元绘制。

(2) 按标准图例详细绘制需配置的工艺控制和取样用的阀门,各类仪表与流量计,所需的全部物流管线、管件、辅助管线和公用工程管线的相对位置以及自动控制的实施方案等有关图形,并详细标注管道号和仪表的种类、物流方向与工艺技术要求以及必要的尺寸、数据等。

(3) 给出相关的标准图例说明、图框与标题栏以及不同流程图的衔接代号与索引等。

3. 带控制点的工艺流程图(或管道与仪表流程图)绘制的一般规定

(1) **图幅、比例、图线和字体** 一般采用 A1 图幅横幅绘制,数量不限,必要时可加长。流程简单时,可采用 A2 图幅。一般可不按比例绘制,但设备图例应保持相对比例。允许将实际尺寸过大的设备适当缩小,实际尺寸过小的设备适当放大。同时还应注意设备位置的相对高低,尽量使图面协调、美观。

在流程图中,工艺物料管道采用粗实线,辅助管道采用中实线,其他均用细实线。在辅助管道系统图中,总管采用粗实线,其相应支管采用中实线,其他采用细实线。粗实线宽度为 0.9~1.2 mm,中实线为 0.5~0.7 mm,细实线为 0.15~0.3 mm,界区线、区域分界线、图形接续分界线以及只绘制设备基础的机泵简化示意图线宽度均采用 0.9 mm。所有物流平行线之间的间距至少要大于 5 mm,以确保复制件上的图线不会分不清或重叠。

图纸和表格中的所有文字(包括数字)的书写,均应符合国标 GB4457.3 的规定。汉字尽可能写成长仿宋体或正楷体(签名除外),字体宽度约等于高度的 2/3,必须采用国家规定的简化汉字。外文字母必须全部大写,不得书写草体。采用的字号(字体高度,mm)与机械制图相同,常用字号见表 9-1 所示。

表 9-1 常用字号

书写内容	推荐字号/mm	书写内容	推荐字号/mm
图标中的图名及视图符号	7	图名	7
工程名称	5	表格中的文字	5
图纸中的文字说明及轴线号	5	表格中的文字(小于 6 mm 时)	3.5
图纸中的数字及字母	3,3.5		

(2) **设备的图示与标注** 在工艺流程图上,所有的设备都应按照 HG20519.31—92 规定的标准图例绘制并给出标注。设备的标注方法如图 9-2 所示,它由设备位号、位号线和设备名称三部分组成,分上、中、下三层排列。最上面给出的代号称为设备位号,设备位号由设备分类代号、工段(分区)序号和分类设备序号以及相同设备序号四部分构成。设备序号应分类编制,完全相同的设备应采用相同的位号,但在位号的尾端应加注小写字母"a"、"b"、"c"等字样以示区别。如果在流程图上只画出其中一台

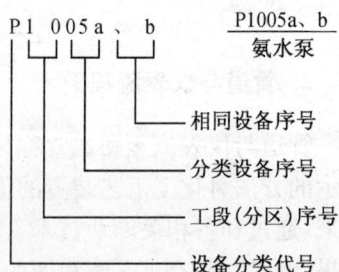

P1 005a、b

P1005a、b
氨水泵

相同设备序号
分类设备序号
工段(分区)序号
设备分类代号

图 9-2 设备的标注方法

时,在标注该设备的位号时应全部注出,如"P1002a、b、c"以表示该设备共有三台。在设备位号的下方需注明所表示设备的名称,设备的名称应尽量反映该设备的用途,例如,乙苯塔、甲醇罐、氨冷凝器、脱硫塔等,不能写成精馏塔、贮槽、换热器、吸收塔。在设备位号和名称之间用一水平细实线表示位号线。

在工艺流程图中一般要在两个地方标注设备位号,第一是标注在设备的正上方(或正下方),要求水平排列整齐。若在垂直方向排列设备较多时,它们的位号和名称也可由上而下按序标注。第二是标注在设备内或其近旁,但此处只注位号和位号线,不注名称。

(3) **物流管道的图示与标注**　在工艺流程图上一般只画出工艺物流的管道以及与工艺有关的一段辅助管道,用粗实线绘制,相应流向则在物流线上以箭头表示。工艺的管道一般包括:装置正常操作所用的物料管道,工艺排放系统管道,开车、停车专用管道和必要的临时管道。

对于带控制点的工艺流程图,每一根管道都必须按照 HG20519.37—92 标准进行编号和标注。管道(管段)的标注采用管道组合号,由管道(管段)号、管径和管道技术要求(包括管道等级、隔热与隔声)三编号组成,分为前、后两组,两组之间留一定的空隙。前面一组由管道号和管道的公称直径组成,两者之间用一短线隔开;后面一组由管道等级和管道的隔热或隔声代号组成,两者之间用一短线隔开。一般标注在管道线的上方,必要时也可将前、后两组分别标注在管道线的上方、下方,标注方法可如图 9-3 所示。

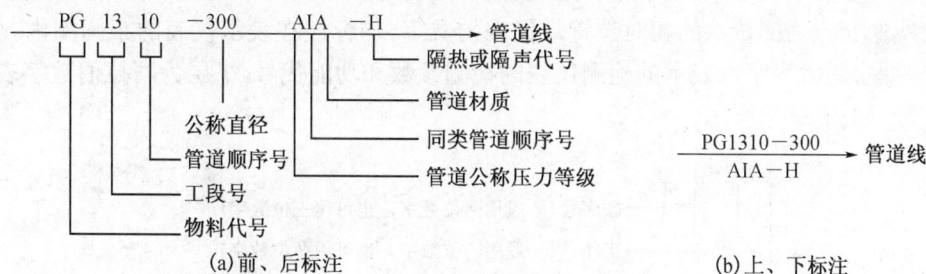

图 9-3　管道标注

(4) **阀门、主要管件和管道附件的图示与标注**　在带控制点的工艺流程图上,除需要绘制工艺管道线外,同时还应按 HG20519.32—92 标准图例绘出和标注管道线上相对应的阀门、主要管件和管道附件。其他一般的连接管件,如法兰、三通、弯头、管接头、活接头等,若无特殊要求均可不予画出。绘制阀门时,其宽度约为物流线宽度的 4~6 倍,长度为宽度的2 倍。在流程图上所有阀门的大小应一致,水平绘制的不同高度阀门应尽可能排列在同一垂直线上,而垂直绘制的不同位置阀门应尽可能排列在同一水平线上,且在图上表示的高低位置应大致符合实际高度。在实际生产工艺流程中使用的所有控制点(即在生产过程中用以调节、控制和检测各类工艺参数的手动或自动阀门、流量计、液位计等)均应在相应物流线上用标准图例、代号或符号加以表示。

在工艺流程图上,所有控制阀组一般可不予画出,但在施工图上的左下角应给出控制阀表,分项详细列出相关数据。若控制阀组较少,也可在流程图上直接画出,如图 9-4所示。

控制阀表

仪表号	管段号	各阀尺寸						备注
		A			B	C	D	
		DN	PN	法兰面				
T301	PG—3003	25	40	凹面	50	50	50	
P302	MS—3002	125	40	凹面	250	250	250	

有控制阀表时的画法　　无控制阀表时的画法

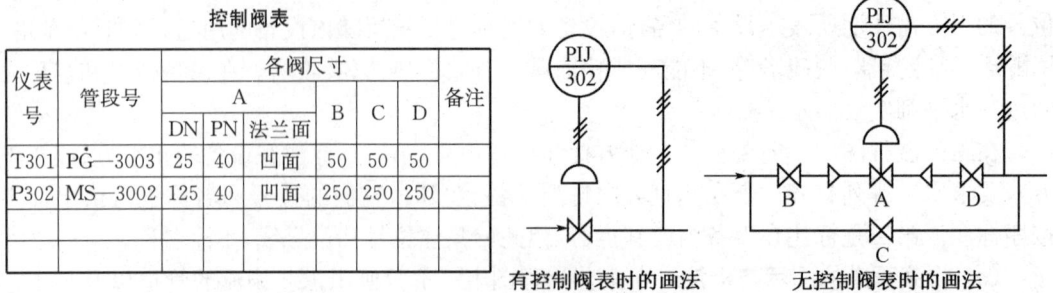

图 9－4　控制阀组的图示

（5）**检测仪表、调节控制系统的图示与标注**　在检测控制系统中，构成一个回路的一组仪表，其中每个仪表（或元件）都用一个仪表位号来标识。常用仪表位号由字母代号组合和回路编号两部分组成。字母代号的第一位表示检测参数（被测变量），后继字母表示仪表的功能，回路编号由工序号和顺序号组成，通常是 3～5 位数。不同被测变量的仪表位号不得连续编号。

仪表在工艺流程图上的标注，一般由表示检测仪表的小圆圈、指引线和文字说明三部分组成。小圆圈的直径约为 10 mm，用细实线表示。指引线是连接仪表与被测管道（设备）并穿过小圆圈中心的一条细实线，与管道（或设备）线垂直，必要时可转折一次，指引线和管道（设备）线的交点为测量点的相对位置。仪表的文字，均标注在表示仪表的小圆圈内，分上、下两层，上层是大写字母表示的检测仪表的检测参数和功能代号，下层为阿拉伯数字表示的仪表位号，如图 9－5 所示。

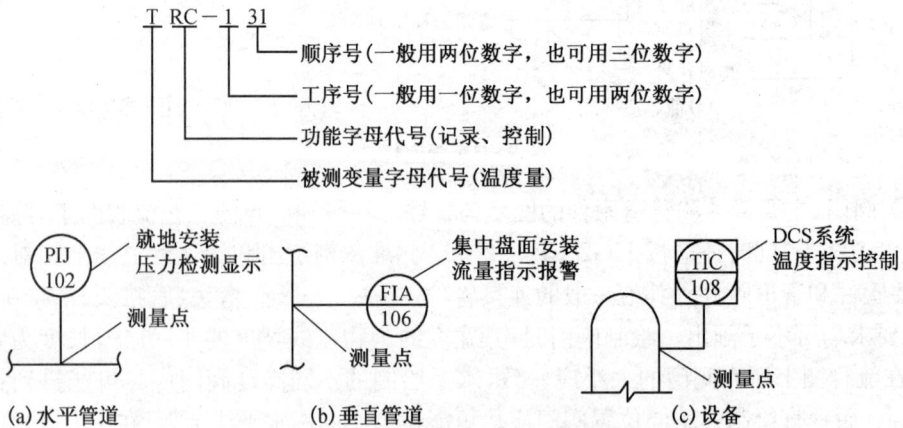

T RC－1 31
　　顺序号（一般用两位数字，也可用三位数字）
　　工序号（一般用一位数字，也可用两位数字）
　　功能字母代号（记录、控制）
　　被测变量字母代号（温度量）

图 9－5　检测仪表的图示与标注
(a) 水平管道　　(b) 垂直管道　　(c) 设备

HG20519.5—92 规定的常用检测参数代号和仪表功能代号见表 9－2、表 9－3。

表 9－2　仪表常用检测参数代号

测量参数	代号	测量参数	代号	测量参数	代号	测量参数	代号
物料组成	A	压力或真空	P	长度	G	放射性	R
流量	F	温度	T	电导率	C	转速	N

(续表)

测量参数	代号	测量参数	代号	测量参数	代号	测量参数	代号
物位	L	数量或件数	Q	电流	I	重力或力	W
水分或湿度	M	密度	D	速度或频率	S	末分类参数	X

表9-3 仪表功能代号

功能	代号	功能	代号	功能	代号	功能	代号	功能	代号	功能	代号	功能	代号
指示	I	扫描	J	控制	C	连锁	S	检出	E	指示灯	L	多功能	U
记录	R	开关	S	报警	A	积算	Q	变送	T	手动	K	未分类	X

在带控制点的工艺流程图上,应按标准图例画出和标注所有与工艺有关的检测仪表、调节控制系统和取样点、取样阀(组),常用检测仪表图例见表9-4所示,仪表安装要求的图示见表9-5所示。

表9-4 常用检测仪表图例(HG 20519.4—92)

检测仪表	孔板流量计	转子流量计	文氏流量计	电磁流量计	液位计
图例					

表9-5 仪表安装要求的图形符号

安装要求	就地安装	集中盘面安装	集中盘后安装	DCS控制	PLC逻辑控制
图例					

在工艺流程图上的调节与控制系统,一般由检测仪表、调节阀、执行机构和信号线四部分构成。常见的执行机构有气动执行、电动执行、活塞执行和电磁执行四种方式,如图9-6所示。控制系统常见的连接信号线有四种,如图9-7所示,系统连接方式如图9-4所示。

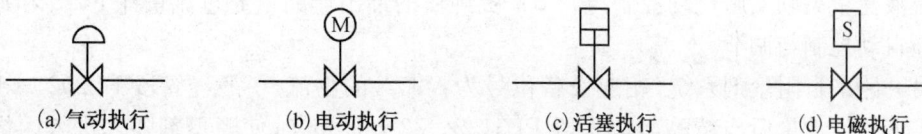

(a)气动执行　　　　(b)电动执行　　　　(c)活塞执行　　　　(d)电磁执行

图9-6 执行机构的图示

(a)过程连接或机械连接　　(b)气动信号连接　　(c)电动信号连接　　(d)复杂系统中的信号线

图9-7 控制系统常见的连接信号线的图示

9.2.2　工艺流程图阅读的一般方法

阅读工艺流程图,尤其是阅读设备较多、流程比较复杂的管道与仪表流程图,一般应按以下顺序和要求进行,以图 9-8 为例。

1. 阅读标题栏

阅读标题栏,是为了概略了解所阅读图样的背景资料。从图 9-8 的标题栏中可以了解到以下信息:该图是丙烯酸甲酯车间精馏工段的提纯部分的带控制点的工艺流程图,为施工图阶段的设计图纸;该车间丙烯酸甲酯的生产能力为 3 600 吨/年,隶属于 XX 单位;这一套图纸共有多少张以及所阅读的图纸是其中的第几张。了解了这些信息,就可以确定看完这张图纸之后,是否需要看其他相关图纸。

2. 阅读图例

阅读图例可以了解图纸中采用的各种图形、符号和代号的意义,了解图纸中各类设备的位号、管道号、仪表参数与功能以及相关控制系统的图示与标注方法,以便为进一步的阅读提供参考。

3. 阅读工艺流程图

工艺流程图的阅读应从设备开始,按照从左至右、从上至下的顺序进行。图 9-8 中最左边的设备的位号是 T511,由其正下方的设备标注可知相应的设备名称是提纯塔。由箭头指向该塔的物流线可知,该塔的进料来自同一工段精馏塔 T503,通过管段 PG5032—219N1E—H(气相进料,公称管径为 219 mm,操作压力为 2.5 Mpa,不锈钢材质,保温)进入该塔的下半部,经提纯后的精酯由塔顶出口送入提纯塔的冷凝器 E514,残液则经塔釜从底部出口送回 T503。冷凝器 E514 的冷却水由管段 CWS5514—65L1B 提供,从冷凝器右管箱下部进入,由上部离开,该冷凝器应为双管程。被冷凝器冷凝下来的精酯凝液直接放入其下方的回流罐 V512,再经提纯塔的回流泵 P513a、b,一部分经出口管段 PL5131—32N3E 送回提纯塔 T511。同时,另一部分被冷凝器冷凝下来的精酯凝液经管段 PL5132—32N3E 送至精酯冷却器 E518,作为提纯塔的馏出产品。

返回提纯塔 T511 的回流液流量,入塔前通过液位计 L522 和控制阀组与回流罐 V512 的液位关联实施自动控制与调节。进入冷凝器的冷却水流量,则通过控制阀与提纯塔 T511 的回流液流量关联实施自动控制与调节。提纯塔的馏出产品量通过流量计 F523 和控制阀组实施自动控制与调节。

另一路来自阻聚剂系统(相连设备位号为 V202)的物流,一股经管段 PL2021—15P4E 和转子流量计计量后与精酯凝液管段 PL5132—32N3E 相连,使阻聚剂随之进入丙烯酸甲酯车间的各设备与管段,防止出现工艺上不允许出现的聚合现象;另一股则分别进入三台精酯中间槽 V515a、b、c。

提纯塔出口、塔中和塔底的温度,通过温度表 T101、T102 和 T103 在仪表盘上集中记录与控制。提纯塔的塔釜液位通过液位计 L520 与控制阀组相连,实施液位指示与控制。

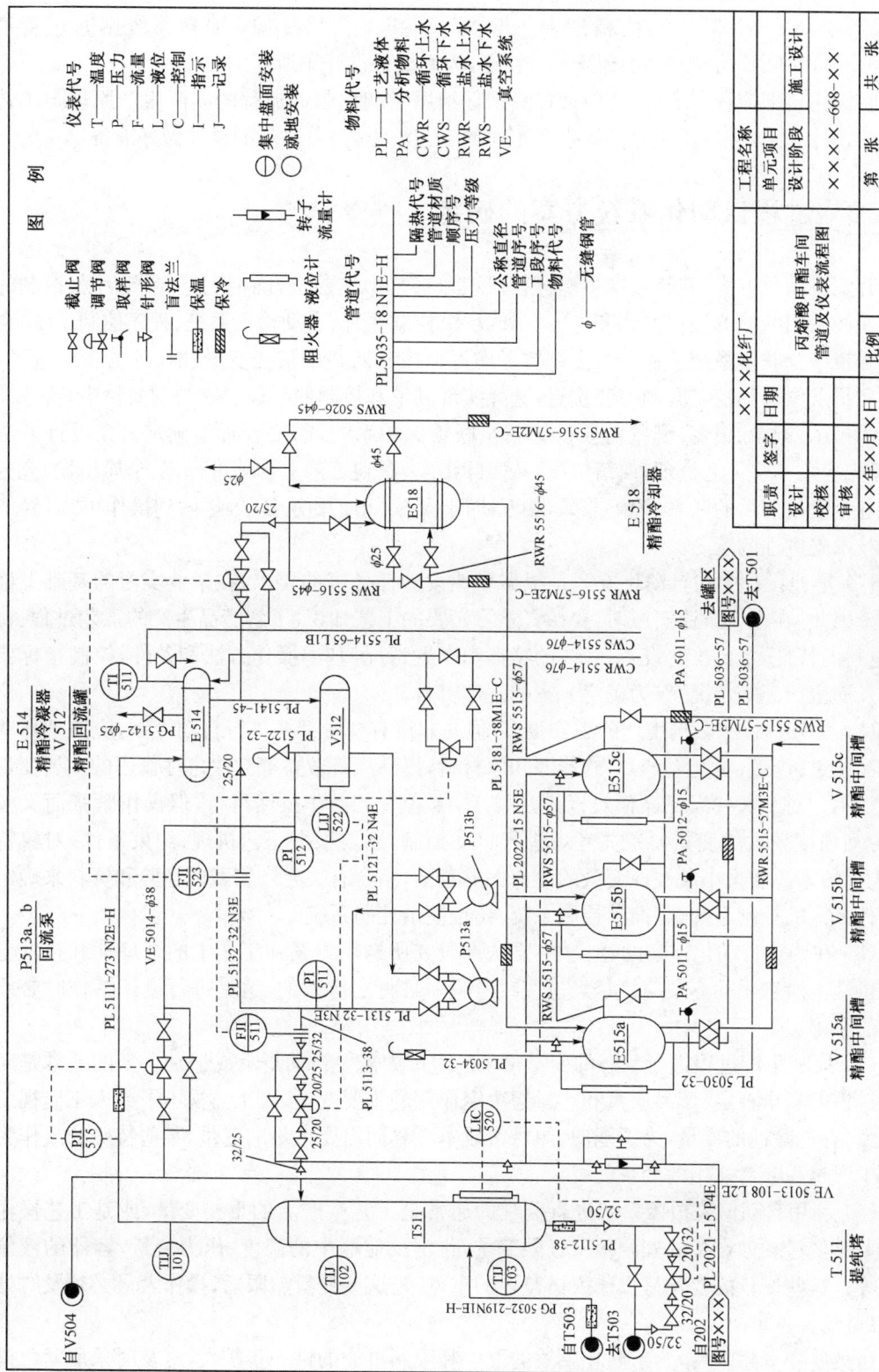

图 9 - 8 施工阶段工艺流程图

冷冻盐水系统通过辅助管道 RWR5516—57M2E—C,为回流冷却器 E518 提供冷源;通过 RWR5516—57M3E—C,为精酯中间槽 V515a、b、c 提供冷源。真空系统则通过管道 VE5013—108L2E 与精酯回流罐 V512 相连,为系统提供开车所需的真空。

在读完全部流程图之后,还应回过头来仔细思考和比较该流程的实际生产原理与工艺流程的设计思路,进一步深入了解生产车间的工艺流程,为下一步的设计做好准备。

9.2.3　过程自动化系统方案的确定

确定自动化方案,就是根据生产过程机理和工艺操作要求,确定工艺要求检测、控制的变量所需采用的检测控制方法和方案。如:反馈控制系统、自动检测系统、程序控制系统、自动信号报警及联锁系统。在技术上主要考虑每个控制回路中被控变量和操纵变量的选择,确定测量点位置和控制阀的安装位置,选择实现测量和控制的手段。在被测变量中,哪些需要自动指示、记录、报警,哪些需要设置安全联锁保护系统,需要合理地确定。在设计方法上,首先应该了解工艺机理,摸清情况,从实际出发,做到工艺上合理可行;从全局出发,充分考虑各个设备前后的联系,统筹兼顾,相互协调,从实际使用考虑,尽量做到操作可靠,经济性和技术先进性的统一。

(1) 毕业设计中的自动化方案是根据毕业设计任务书的要求,在毕业实习的基础上确定的。因此,在进行毕业实习时,要认真学习必要的工艺知识,了解产品生产的工艺过程、特点,物料的特性,主要工艺设备,管线的特征和布置情况,基本操作方法和条件,控制指标要求以及安全措施等情况,作为确定方案的基础资料。

(2) 工艺过程中影响生产的因素很多,但并非所有变量都要进行自动控制,应该把那些对产品质量、产量,安全生产,节约能源和原材料,提高经济效益等起决定性作用的主要变量加以控制。对于那些人工操作难以满足要求,或者人工操作虽然可行,但操作紧张而又频繁、劳动强度较大的变量要首先考虑进行自动控制,还要根据工艺机理、约束条件、对象特性、干扰的来源和大小及被控变量的允许偏差范围,结合有关生产实践的经验和资料来确定组成什么样的控制系统,是简单控制系统,还是复杂控制系统。

(3) 在确定自动化方案的过程中,要认真研究所选用方案在工艺上的合理性和技术上的可行性。所选用的方案应该是经过实践考验并且行之有效的,这是进行设计工作时必须遵循的原则。

(4) 反映生产过程进行状态的变量很多。生产中需要自动指示或记录下来的通常是对生产过程的安全稳定、产品质量和产量起决定作用的主要变量,人工监视不了或人工监视工作量大、有危险性的变量,为了能源、原材料成本核算而需要计量的变量,某些特殊的或作为管理生产过程参考之用的变量。

(5) 利用自动信号报警系统进行监视的通常是工艺生产上的重要变量,或是工艺操作上的关键变量。如设备的安全报警极限变量,化学反应器中的温度、压力变量,容器的液位变量等。这些变量的变化是操作人员监视的重点,当这些变量超限后,操作人员必须及时处理,以避免发生事故。

当某些变量超限后,为了防止事故的发生和限制事故的进一步扩大,应及时采取紧急措施。例如,将与事故有关的阀门打开或关闭,泵和压缩机开启或停车。这些操作由人工完成往往来不及,即使能来得及,也存在着危险。为此,需要设计自动联锁保护系统来实现紧急操作。

(6) 自动化水平的确定应根据工程项目的需要(例如重要性、投资多少等因素)来进行统筹考虑。自动化水平并不是越高越好。如果用简单控制系统能够满足工艺要求,就不采用复杂控制系统。控制回路也不是越多越好,要注意各个控制回路之间的关联问题。信号报警和联锁系统并不是到处都需设置,如果设置不当,则会出现动不动就停车停产的现象,造成因工艺停车过于频繁而影响生产的恶果。目前,对大中型企业的生产过程来说,采用DCS 计算机控制也是非常普遍的事。

总之,确定自动化方案,要从工艺过程的实际需要出发,从整个生产过程控制的全局考虑,使之繁简适宜,安全可靠,满足要求,简便易行。

9.2.4 过程自动化仪表的选型

确定过程自动化仪表,主要是进行仪表选型。首先要确定的是采用常规仪表还是 DCS系统。然后,以确定的控制方案和所有的检测点,按照工艺提供的数据及仪表选型的原则,查阅有关部门汇编的产品目录和厂家的产品样本与说明书,调研产品的性能、质量和价格,通过比较和分析,选定检测、变送、显示、控制等各类仪表的规格、型号,并编制出仪表索引(或自控设备表),填写仪表数据表等有关仪表信息的设计文件。

1. 压力仪表的选用

压力检测仪表的种类和型号的选择要根据工艺要求,介质性质及现场环境等因素来确定。例如,仅需就地显示,还是要求远传;仅需指示,还是要求记录;仅需报警,还是要求自动控制;介质的物理、化学性质(如温度,黏度,脏污程度,腐蚀性能,是否易燃、易爆等)如何;现场环境条件(如温度,湿度,有无振动,有无腐蚀性气体,尘埃)等,进行仪表的种类、型号、量程精度等级的选择。

在工业自动化系统中,能输出标准信号的传感器称为变送器。压力(差压)变送器的输入信号为 $P(\Delta P)$,输出信号为 $4\sim20\,\mathrm{mA}$ 的标准电流信号。普通型差压变送器输出信号为模拟量,智能型和现场总线型差压变送器输出信号为数字量。

差压变送器是应用最广、使用频率最高的检测仪表之一。差压变送器可用于单点压力的测量及设备中两点间压力差的测量,还常应用于液位、密度、流量等变量的测量。

差压变送器的精度在出厂时就已经确定了,用户可根据需要进行选择,精度越高,价格越贵。模拟量输出的差压变送器一般为 0.5~0.2 级,智能型和现场总线型差压变送器通常在 0.2 级及以上。

2. 流量仪表的选择

流量仪表的选择应根据工艺要求和工艺条件进行合理选择。由于流量计的种类多,适应性也不同,因此正确选用流量计对保证流量测量精度十分重要。

(1) 根据被测介质的性质选择,必须首先明确被测流体的物态及其特性;

(2) 根据用途选择,各种流量计的功能不同、测量精度和价格不同,因而不同的使用场

所对流量计的这些性能要求也有侧重;

（3）根据工况条件选择,工况条件包括被测流体的流量变化范围、温度和压力的高低等。

（4）其他还应该考虑流量计的安装条件、管道情况、费用等。

总之,没有一种流量计能够适用于所有的流体和各种流动状况。因此,在选用时应该对各类测量方法和仪表特性有所了解,在全面比较的基础上选择符合实际测量要求的最佳型式。

3. 物位仪表的选用

物位仪表的选择应在深入了解工艺条件、被测介质的性质、测量控制系统要求的前提下,根据物位仪表自身的特性进行合理的选配。

根据仪表的应用范围,液面和界面测量应优选差压式仪表、浮筒式仪表和浮子式仪表。当不满足要求时,可选用电容式、辐射式等仪表。

仪表的结构形式和材质,应根据被测介质的特性来选择。主要考虑的因素为压力、温度、腐蚀性、导电性,是否存在聚合、黏稠、沉淀、结晶、结膜、气化、起泡等现象,密度和黏度的变化,液体中含悬浮物的多少,液面扰动的程度以及固体物料的粒度。

仪表的显示方式和功能,应根据工艺操作及系统组成的要求确定。当要求信号传输时,可选择具有模拟信号输出功能或数字信号输出功能的仪表。

仪表量程应根据工艺对象实际需要显示的范围或实际变化的范围确定。除供容积计量用的物位仪表外,一般应使正常物位处于仪表量程的 50% 左右。

仪表计量单位如为 m 和 mm 时,显示方式为直读物位高度值的方式。如计量单位为％时,显示方式为 0～100％ 线性相对满量程高度形式。

仪表精度应根据工艺要求选择,但供容积计量用的物位仪表其精度等级应在 0.5 级以上。

4. 温度仪表的选用

液体膨胀式温度计在石油化工行业中常用的有水银玻璃温度计、有机液玻璃温度计和电接点水银温度计。其中水银玻璃温度计和有机液玻璃温度计一般用于取数据的场合,在工艺过程操作压力较高及有易燃易爆的危险性时,一般选用温度计套管,仅供就地测量。

由于热电偶性能稳定、结构简单、使用方便且有较高的准确度,因而被广泛应用于化工生产中的温度测量,其测量范围可达到 0～1 600℃。当然不同分度号的热电偶其测量范围不同,使用时要注意补偿导线与热电偶及显示仪表之间的配套。

热电阻测温仪表常用来测量 -200℃～+600℃ 之间的温度,选用时要注意热电阻与显示仪表的配套以及三线制接法。

非接触式测温仪表,可用于测微小物体和运动物体的温度以及由于振动、冲击而不能安装其他测温元件的场合。在石油化工生产中,非接触式测温仪表一般用于测高温,如炉膛和炉管的温度。

5. 成分分析仪表的选用

成分分析仪表的特点是专用性很强,每一种分析仪表的适用范围都是有限的。同一类分析仪,即使有相同的测量范围,但由于待测试样的背景组成不同,并不一定都能适用。因此,在选用时需考虑下列原则。

(1) **分析对象的考虑**　分析对象是指试样的类型、待测组分和背景组分。试样有气体、液体和固体三类。气体分析仪品种齐全,在过程检测中被广泛应用。

(2) **分析仪性能的选择**　选择性是分析仪辨别试样中待测组分与背景组分的能力。应选用对试样中待测组分有响应,而对背景组分不敏感的分析仪表。分析仪的选择性主要取决于仪表的测量原理,此外也与待测试样中各组分的相对浓度、试样状态有关。

响应速度主要决定于分析原理,其次是仪表的结构。通常物理式分析仪响应时间 T_{90} (表示响应达 90% 的时间)为几秒到几十秒;而电化学式则是一至数分钟;对于如色谱仪一类的周期性的取样分析仪,响应速度取决于每个分析取样周期。

精确度同仪表的工作条件、试样状况、校验情况等有关。仪表的各生产厂家确定的分析仪精度和规定的条件也不一样。因此在选用时,尚需考虑实际使用条件与规定条件的差异带来的误差。随着在分析仪中引入微处理器或计算机后,分析仪的精确度大大提高,可高达 $\pm(0.5\sim1)\%$,一般也能达 $\pm(1\sim2.5)\%$,微量分析的分析仪精确度为 $\pm(2\sim5)\%$,少数的为 $\pm10\%$ 或更大。

在分析仪性能的选择时,还应考虑到仪表的灵敏度、测量范围等指标。

(3) **适应安装现场的环境要求**　在选择分析仪的结构形式时,尚需根据安装现场的环境要求,考虑是否采用防爆、防腐、防震及防磁等结构。例如,在爆炸危险场所,应选用防爆型分析仪,或采取相应的防爆措施后,能达到所要求的防爆等级的普通型分析仪。

(4) **其他因素**　在考虑了以上三点因素外,还应从经济因素(性能价格比)、分析仪的操作复杂程度和日常维护工作量等方面综合考虑,选用适宜的分析器。

6. 控制阀的选型

控制阀如果按其执行机构的驱动能源来分,可分为气动、电动、液动三大类;而按阀来分,则类型更多。气动薄膜执行机构在石油、化工等生产过程中应用最为广泛。

控制阀的选择要求:

(1) **合理选用阀型和阀体、阀内件的材质**　这方面主要从被控流体的种类、腐蚀性和黏度、流体的温度、压力(入口和出口)、最大和最小流量及正常流量时的压差等因素来确定。

(2) **正确确定控制阀的口径**　阀的口径确定是根据工艺提供的有关参数,计算出流量系数 K_V(流通能力 C)来确定的。

(3) **选择合适的流量特性**　控制阀的流量特性需通过考虑对系统的补偿及管路阻力情况来确定。自控设计人员在系统设计时应予以考虑。

(4) **控制阀开闭形式确定**　开闭形式的确定主要是从生产安全角度出发来考虑。当阀上控制信号或气源中断时,应避免损坏设备和伤害人员。如事故情况下,控制阀处于关闭位置时危害较小,则选用气开式,反之,应选用气闭式。

此外,如对控制阀有最大允许的噪声等级要求,则噪声超出允许值时,应合理采取降低噪声的措施或选低噪声阀。

9.2.4 仪表索引与仪表数据表

自控方案确定和仪表选型后,此时可编制自控仪表规格表,反映自控仪表的型号、规格及在各测量、控制系统中的使用和位置等情况,根据不同的设计体制和设计标准,可以编制成各种形式的仪表规格表。国际通用设计体制《化工装置自控工程设计规定》(HG/T20636—20639)对自控仪表规格表的编制方式是主要由仪表索引、仪表数据表来表达自控仪表的选型和使用等情况的。

1. 仪表索引

仪表索引是以一个仪表回路为单元,按被测变量英文字母代号的顺序列出所有构成检测、控制系统的仪表设备位号、用途、名称和供货部门以及相关的设计文件号,表9-6列出了仪表索引的示例。

2. 仪表数据表

仪表数据表是与仪表有关的工艺、机械数据,对仪表及附件的技术要求、型号及规格等。仪表数据表在国际通用设计体制中有三种版本:中英文对照版仪表数据表、中文版仪表数据表、英文版仪表数据表。通常国内工程项目可选用中英文对照版或中文版,出口工程项目或涉外工程项目可选用中英文对照版或英文版。表9-7~表9-9列出了三种仪器的数据表。

表 9 - 6　仪表索引

南化集团设计院	项目名称 PROJECT	**化学工业有限公司
	装置名称 ITEM	大化肥原料改造
	设计阶段 DES. STAGE	施工图

图号/版次 DWG. NO./REV.　894K2 - 2　　版次 REV. 0　　修改标记 REV. ◇

第 1 页 sheet　共 2 页 of

编制 PREP.	校核 CHK.	审核 REV.	日期 DATE

仪表索引 INSTRUMENT LIST

位号 TAG. NO.	用途 SERVICE	名称 DISCRIPTION	数量 QTY.	数据表号 DATA. SHEET. NO.	安装地点 LOCATION	安装图号 HOOK-UP DWG.	流程图号 P&ID DWG.	回路图号 LOOP DIA.	备注 REMARKS
	料浆制备工段								
一	温度仪表								
TE - 51101	测 V3104 添加剂槽温度	铂热电阻	1	894K2 - 3(P3)	V3104	894K2 - 17(P2)	894D1 - 201	894K2 - 11(P4)	拟加温变
TI - 51101	温度指示		(1)		PLC				
TE - 51102	测 V3105 氨水槽温度	铂热电阻	1	894K2 - 3(P3)	V3105	894K2 - 17(P2)	894D1 - 201	894K2 - 11(P5)	拟加温变
TI - 51102	温度指示		(1)		PLC				
二	压力仪表								
PG - 51503 - 1	测 P3104A 氨水给料泵出口 压力就地指示	弹簧管压力表	1	894K2 - 3(P5)	1″- 31 - AW05 - A2B	894K2 - 17(P5)	894D1 - 201		
PG - 51503 - 2	测 P3104B 氨水给料泵出口 压力就地指示	弹簧管压力表	1	894K2 - 2(P5)	1″- 31 - AW08 - A2B	894K2 - 17(P5)	894D1 - 201		
三	流量仪表								
FE - 51104 - 1	进 H3101A 流量	标准孔板	1	894K2 - 3(P8)	4″		894F2 - 3		
FT - 51104 - 1		差压变送器	1	894K2 - 3(P16)	就地保温箱	894K2 - 17(P6,11)		894K2 - 11(P13)	
F1 - 51104 - 1	指示	指示	(1)		PLC				
FT - 51105 - 1	进 H3101A 流量	电磁流量计	1	894K2 - 3(P9)	就地		894F2 - 3	894K2 - 11(P13)	
FICAS - 51105 - 1		指示调节报警联锁	(1)		PLC				

（续表）

仪表索引 INSTRUMENT LIST

南化集团设计院

项目名称 PROJECT	**化学工业有限公司
装置名称 ITEM	大化肥原料改造
设计阶段 DES. STAGE	施工图

	版次 REV.	编制 PREP.	校核 CHK.	审核 REV.	日期 DATE
	0				

图号/版次 DWG. NO./REV. 894k2-2 ◇
第1页 sheet 　共2页 of

位号 TAG. NO.	用途 SERVICE	名称 DISCRIPTION	数量 QTY.	数据表号 DATA. SHEET. NO.	安装地点 LOCATION	安装图号 HOOK-UP DWG.	流程图号 P&ID DWG.	回路图号 LOOP DIA.	备注 REMARKS	修改标记 REV.
FAH-51105-1		高报警	(1)		PLC					
FAL-51105-1		低报警	(1)		PLC					
FALL-51105-1		低低报警联锁	(1)		PLC				条件不详,待定	
FV-51105-1		气动调节阀	1	894K2-3(P15)	4″-31-PL03-A2B					
FSV-51105-1		电磁阀	1		调节阀上					
四	液位仪表									
LT-51107-1	V3103A磨煤机出口槽液位	单法兰差压变送器(液位)	1	894K2-3(P11)	V3103A.	894K2-17(P9)	894DI-202	894K2-11(P22)		
LIC-1S-51107-1		指示调节报警联锁	(1)		PLC				条件不详,待定	
LAHH-51107-1		高高位报警联锁	(1)		PLC					
LAH-51107-1		高位报警	(1)		PLC					
LAL-51107-1		低位报警	(1)		PLC					
LALL-51107-1		低低位报警联锁	(1)		PLC				控制 ST	
ST-51141-1		信号反馈	(1)		PLC					
五	其他									
3	现场控制柜									
RL-51301A/B	所有备妥		(2)		PLC			894K2-11(P86)	DI	
XA-51301A/B	综合故障		(2)		PLC			894K2-11(P87)	DI	

表 9-7　节流装置计算数据表

							南化集团设计院			山东＊＊化工有限公司		
										设计项目		ϕ1400 氨合成
				职责	签字	日期				设计阶段		施工图
				编制			节流装置数据表					
				校核						893K1-6		
				审核			专业　自控　区域　／			2003 年　第 1 张　共 3 张　　版		
				位　　号			FE-901			FE-902		FE-903
				型　　号			LGTH			LGTH		LGTH
				名　　称			高压透镜孔板			高压透镜孔板		高压透镜孔板
				计算标准			IS05167 GB/T2624—93			IS05167 GB/T2624—93		IS05167 GB/T2624—93
				用　　途			总入塔气流量			塔副线流量		冷激气 1 流量
专业	姓名	日期		PID 图号								
				管线号								
				额定工作压力（表压）			32MPa			32MPa		32MPa
	会签			取压方式			角接取压法			角接取压法		角接取压法
				孔径比（β）或圆缺高度（H）　mm			制造厂计算			制造厂计算		制造厂计算
日期				孔径（d_{20}）或圆缺半径（r）　mm			制造厂计算			制造厂计算		制造厂计算
				法兰标准			H12—67			H12—67		H12—67
				法兰规格			PN32　DN150			PN32　DN125		PN32　DN125
审核				法兰材料			35			35		35
				管道规格 $\delta(D_x)$mm			ϕ219×35			ϕ180×30		ϕ180×30
				管道材料			♯20			15CrMo		15CrMo
				检测元件材料			0Cr18Ni10Ti			0Cr18Ni10Ti		0Cr18Ni10Ti
校核				环室材料								
				差压计位号			FT-901			F-902		FT-903
				差压计型号			WT1151HP6E22FM1B1D2i			WT1151HP4E22FM1B1D2i		WT1151HP5E22FM1B1D2i
				差压计压差			250kPa			25kPa		40kPa
修改				介质名称及组分			氢氮气			氢氮气		氢氮气
				标尺流量			300 000 nm³/h			6 000 nm³/h		35 000 nm³/h
				最大流量								
				正常流量			165 000 nm³/h			5 000 nm³/h		25 000 nm³/h
				最小流量								
修改说明				操作压力（表压）MPa			31.4			31.4		31.4
				操作温度　　℃			40			160		160
				介质密度　kg/m³			102.7			71.5		71.5
				动力黏度　mPa·s								
				运力黏度　mm²/s								
				允许压力损失			121 kPa			16 kPa		25 kPa
				压缩系数　　（Z）								
				等指数　　　（K）								
				相对湿度　　%								
修改标记				成套附件			取压阀 夹持法兰、螺栓、螺母等			取压阀 夹持法兰、螺栓、螺母等		取压阀 夹持法兰、螺栓、螺母等
△ △ △				地区大气压　Pa/ 标准状态基准温度℃								
				备　　注			差压计的差压以节流装置厂家（江阴威尔胜仪表制造有限公司）计算的结果为准。					

表 9 - 8　调节阀计算数据表

南化集团设计院					山东＊＊化工有限公司		
职　责	签　字	日　期		调节阀数据表	设计项目	φ1400 氨合成	
编制					设计阶段	施工图	
校核					893K1-5		
审核			专业　自控　区域 /	2003 年　第 3 张　共 4 张　版			
1	位　号		LV-901		LV-902		LV-903
2	用　途		废锅液位调节		冷交换器液位调节		氨分离器液位调节
3	PID 号/管段号						
4	管道规格		φ57×3.5		φ49×10		φ49×10
5	阀门类型		全功能调节阀		角形高压调节阀		角形高压调节阀
6	公称通径	阀座直径	40	40	25	8	25	7
7	导　向	阀座数量					
8	连接标准及规格		厂家标准 PN2.5		H12-67　PN32 DN25		H12-67　PN32 DN25
9	阀 体	阀体	ZG230—450		45#		45#
10		阀芯 阀座	0Cr18Ni10Ti		0Cr18Ni10Ti		0Cr18Ni10Ti
11		阀杆					
12		填料	石墨		F4		F4
13	上阀盖型式		常温		常温		常温
14	泄漏等级		Ⅳ		Ⅳ		Ⅳ
15	流量特性		等百分比		等百分比		等百分比
16	最大允许噪声 dB						
17							
18	执行机构	制造厂 型号	重庆华林 ZSR—126B		重庆华林 ZHB—23		重庆华林 ZHB—23
19		类型 规格	气关式		气开式		气开式
20		关信号 kPa 开信号 kPa					
21		流　向					
22		故障时阀位	阀开		阀关		阀关
23		手轮及位置	带		带		带
24	定位器	制造厂 型号	重庆华林 CCC×4321		重庆华林 CCC×4311		重庆华林 CCC×4311
25		空气过滤减压器 压力表	带	带	带	带	带	带
26		输入信号	DC4～20 mA		DC4～20 mA		DC4～20 mA
27		输出信号	0～250 kPa		0～250 kPa		0～250 kPa
28		供气压力	500 kPa		500 kPa		500 kPa
29	转换器	制造厂 型号					
30		输入信号					
31		输出信号 kPa					
32		防爆等级 防护等级	ExiallCT6		ExiallCT6		ExiallCT6
33	阀门回讯器 输出：4～20 mA						
34	技术条件	介　质	软水		液氨		液氨
35		最大流量 KV	16.8 t/h	9.87	13.9 t/h	1.06	5.6 t/h	0.42
36		正常流量 KV					
37		阀门 Kv FL XT	16		1.6		1.0
38		正常入口 正常 ΔP					
39		最大入口 最大切断 ΔP	1.5 MPa	0.2 MPa	30 MPa	28.4 MPa	30 MPa	28.4 MPa
40		最高温度℃ 操作温度℃	95		25		—4
41		操作重度 kg/m³	965.3		603		644
42		操作黏度					
43		蒸汽绝压 pv 临界绝压 pC					
44		预计噪声 dB					
45	阀门制造厂 型号		重庆华林 ZSRH—25B		重庆华林 ZJHS—320K		重庆华林 ZJHS—320K
	备　注						

表 9-9　差压式液位计计算数据表

南化集团设计院		差压式液位计计算数据表			山东＊＊化工有限公司		
专业 自控	区域				设计项目	φ1400 氨合成	
2003 年		编制 校核 审核			设计阶段	施工图	893K1-7 版
					第 1 张	共 1 张	

正迁移(方案A)　负迁移(方案B)　负迁移(方案C)　负迁移(方案D)

序号			1	2	3
仪表位号			LT-901	LT-904	LT-905
用途			废热锅炉液位	氨蒸发器液位	补充气氨蒸发器液位
变送器	型号		WT1151DP3E22MIBIDIi	WT1151LT4E22MIDIi	WT1151LT4E22MIDIi
	测量范围	kPa	-4.4~-2.5	0~8.5	0~24.49
被测介质	成分		水·蒸汽	液氨	液氨
	密度 ρ₁	g/cm³	0.965	0.595	0.595
隔离液	名称		水	/	/
	密度 ρ₂	g/cm³	1	/	/
	密度 ρ₀	g/cm³	/	/	/
法兰间距 h		mm	580	1450	/
液位范围 h		mm	200	1450	/
毛细管中传递液密度 h₀		mm	50	0	/
计算量程 ΔP₁		Pa	1891.4	8454.95	/
选用方案号			D	A	A
迁移量		Pa	-4427.15	/	/
备注			利用旧设备,情况不详,故测量范围圈为参考值。		

9.3 过程自动化系统的设计内容

9.3.1 控制室设计

自控方案确定,仪表选型后,根据工艺特点可进行控制室的设计。采用常规仪表时,首先考虑仪表盘的正面布置,画出仪表盘布置图等有关图纸,然后画出控制室布置图及控制室与现场信号连接的有关设计文件,例如,仪表回路图、端子配线图等。在进行控制室设计中,还应向土建、暖通、电气等专业提出有关设计条件。

1. 控制室布置图

控制室的设计是自控工程设计中显示自动化水平的一个侧面。控制室是操作人员借助仪表和其他自动化工具(计算机),对生产过程实行集中监视、控制的核心操作岗位,有的也是进行生产管理、调度的场所。在进行控制室设计时,不仅要为仪表及其他自动化工具(计算机)正常可靠地运行创造必要的条件,还必须为操作人员的工作开辟一个适宜的环境。控制室往往是参观采访的一个主要场所,所以搞好控制室的设计,也是向外界表征这个工业生产过程操作控制水平的一个重要方面。

在一些中、小企业中,经常采用常规仪表实现对生产过程的监控,此时在控制室内,可以见到矗立的仪表盘,盘上安装显示仪表、控制器等,这就是传统的采用常规仪表控制的控制室。

随着计算机在过程控制中的应用日趋广泛,分散控制系统 DCS 已被大量使用在生产过程控制的领域中。因此,除了常规的控制室外,又有了 DCS 控制室(中心),它是几种不同功能房间的组合。

(1) **控制室设计的一般要求** 控制室设计的一般要求有如下几个方面:控制室的位置选择,仪表盘平面布置,控制室的面积,控制室的建筑要求,控制室的采光、照明,控制室的空调和采暖,控制室的进线方式及电缆、管缆敷设,控制室的供电及安全保护等。设计时可参阅行业标准《控制室设计规定》(HG20508—92)、《化工厂控制室建筑设计规范》(HG20556—93)。

控制室的位置应位于安全区域内,选择在接近现场和方便操作的地方,方向宜朝南,对于高压和易爆的生产装置,宜背向装置,要避免接近振动源和电磁干扰的场所。对易燃、易爆和有毒及腐蚀性介质的生产装置,控制室应在主导风向的上风侧。

控制室的内设计主要考虑到长度、进深以及仪表盘前后区域的分配,以便于安装、维修和日常操作。仪表盘的设计,主要包括仪表盘的选型、正面布置、盘后仪表布置、半模拟盘的设计,并应考虑仪表盘的配线、配管和操作台的设计等。图 9-9 所示为控制室的平面布置。

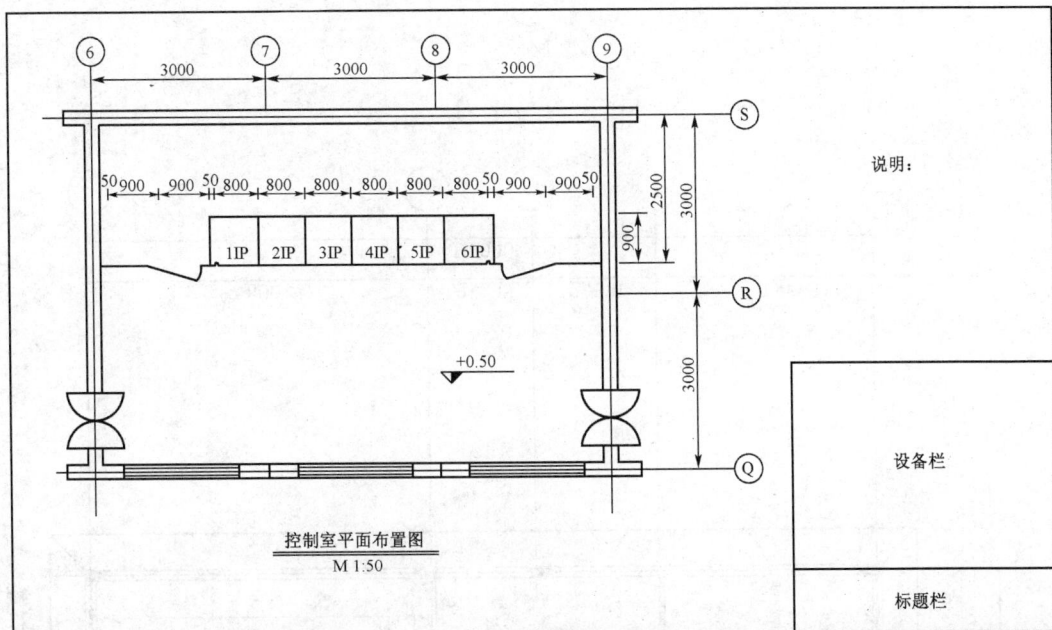

图 9 - 9　控制室的平面布置

（2）采用 DCS 系统的控制室设计　DCS 控制室位置的选择原则与常规仪表控制室相同。

DCS 控制室的建筑物一般应设置以下区域，图 9 - 10 所示为 DCS 控制室的平面布置。

① 操作控制室。在操作控制室内布置有 CRT、大屏幕显示操作设备、工业电视设备、报警联锁显示装置、紧急停车显示、操作装置、打印机、拷贝机。

② 机柜室。又称主机房（简称机房），或称辅助室。室内安置 DCS 的主要设备，如处理机、控制器、存储器、输入/输出装置、通讯设备等。

③ 计算机室。也称上位机室，放置计算机，用于实施计算机运算和操作（高级控制算法、优化、管理等）。在没有计算机系统的 DCS 控制室，则不必设置计算机室。

④ 其他工作室。根据需要在 DCS 控制室内还可设置软件工作室、硬件工作室、仪表值班室、UPS 电源工作室、空调室等。

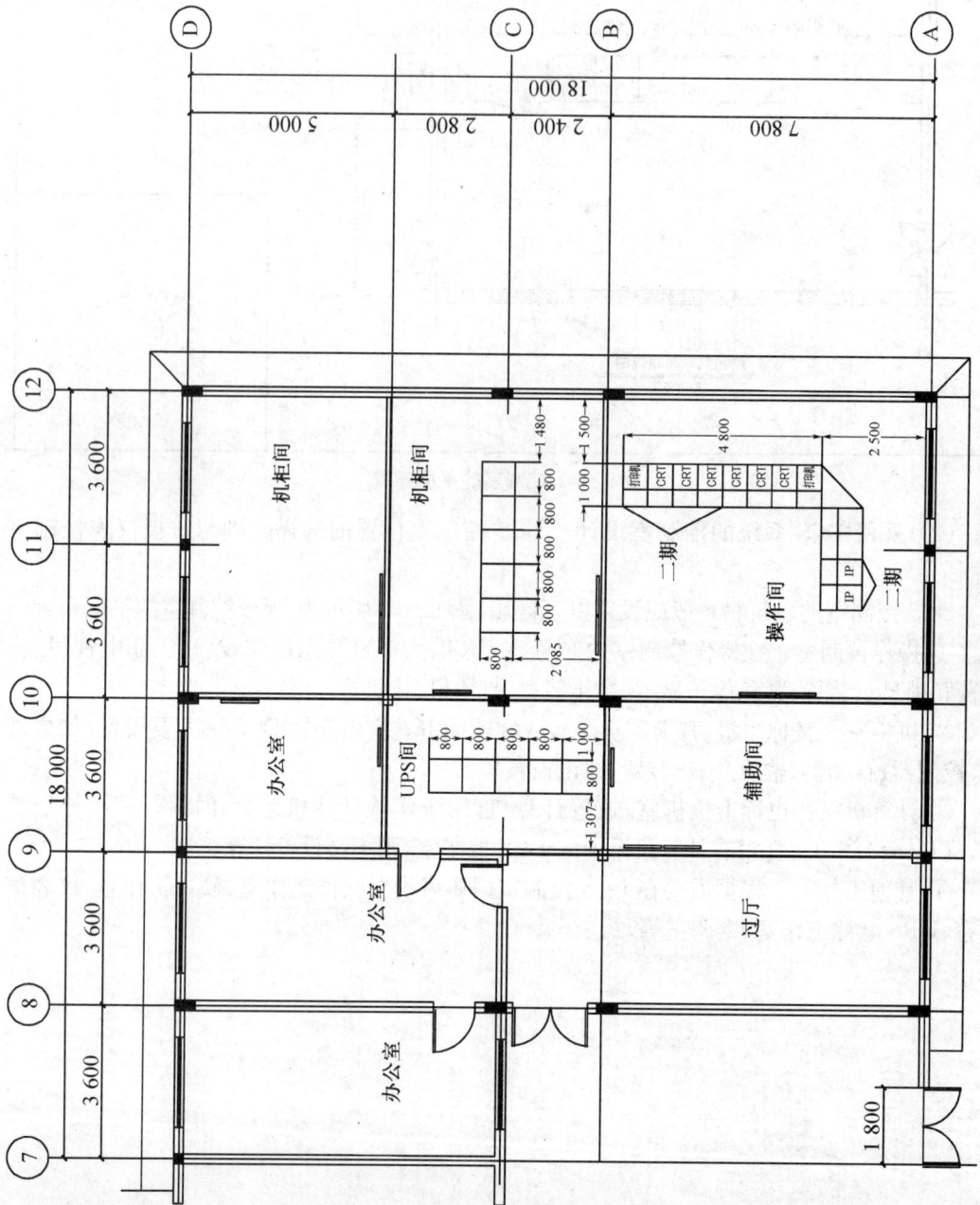

图 9 - 10 所示为 DCS 控制室的平面布置

9.3.2　仪表盘设计

常用仪表盘有屏式(KP)、框架式(KK)、柜式(KG)、通道式(KA)及变型品种。仪表盘面仪表的安装,应按照工艺流程和操作岗位的顺序,从左到右进行排列。

仪表盘面通常分三段布置:上段距离地面标高在 1 700～2 000 mm,宜布置较醒目的供扫视的仪表,如指示仪表、闪光报警器、信号灯等。中段距离地面标高在 1 100～1 700 mm 范围内,宜布置供经常监视和调整的重要仪表,如记录仪表、控制仪表等。下段距离地面标高在 850～1 100 mm 范围内,宜布置操作类仪表,如操作器、切换器、开关、按钮等。

在整个仪表盘组的盘面上,一定要注意同类仪表相互位置的对应关系,排列成行。仪表盘面布置图是按照 1∶10 的比例进行绘制的。

如果仪表盘后还有架装仪表时,还应给出"架装仪表布置图"。

9.3.3　仪表回路接线图

自控工程设计中,除了确定恰当的控制方案,选择合适的控制工具(测量仪表、常规二次仪表、DCS 系统、FCS 系统、PLC 系统与各种执行机构),正确安装仪表之外,还要正确连接各个控制单元来构成控制系统。

控制系统各个单元之间的信号是通过相互连接的电(管)缆、电(管)线进行传递的。仪表连接除了各个单元之间信号的连接之外,还包括仪表工作时所需能量的连接,即还需要进行仪表电源、气源和液压源的连接。要保证控制系统和仪表的正常工作,仪表连接过程中还需要考虑抗干扰和使用安全的问题,因此仪表连接还包括信号电缆屏蔽层接地、仪表接地、端子接地等内容。

关于仪表连接的工程表达,《自控专业施工图设计内容深度规定》(HG20506—92)中规定,控制室内仪表盘仪表(包括盘装仪表和架装仪表)的连接关系,可采用"仪表回路接线图＋仪表盘端子图"/"仪表盘背面电气接线图＋仪表回路接线图"表达电动仪表的连接关系,可采用"仪表回路接管图＋仪表盘穿板接头图"/"仪表盘背面气动管线连接图＋仪表回路接管图"表达气动仪表的连接关系。现场仪表的连接关系,则由电缆表/管缆表(或电缆、管缆敷设图)和接线箱接线图/接管箱接管图来表达。

1. 仪表回路接线/接管图(系统连接图)

仪表回路接线图和仪表回路接管图给出了一个系统(包括控制室内仪表和现场仪表)整体清晰的连接关系,所以有时也称之为系统连接图。

图 9-11 和图 9-12 是仪表回路接线图和仪表回路接管图示例。在仪表回路接线图中,根据仪表的安装位置不同,可分为现场安装仪表和控制室室内安装仪表,控制室室内安装仪表又可分为仪表盘盘面安装仪表(盘装仪表)和仪表盘盘后架装仪表(架装仪表)。因此,图中划分了三个区域,即现场仪表区、架装仪表区和盘装仪表区,将所连接的仪表分别置于相对应的区域内。为了表达出仪表之间的相互连接,应当绘制出该仪表相应的接线端子,不用的端子可不绘出。

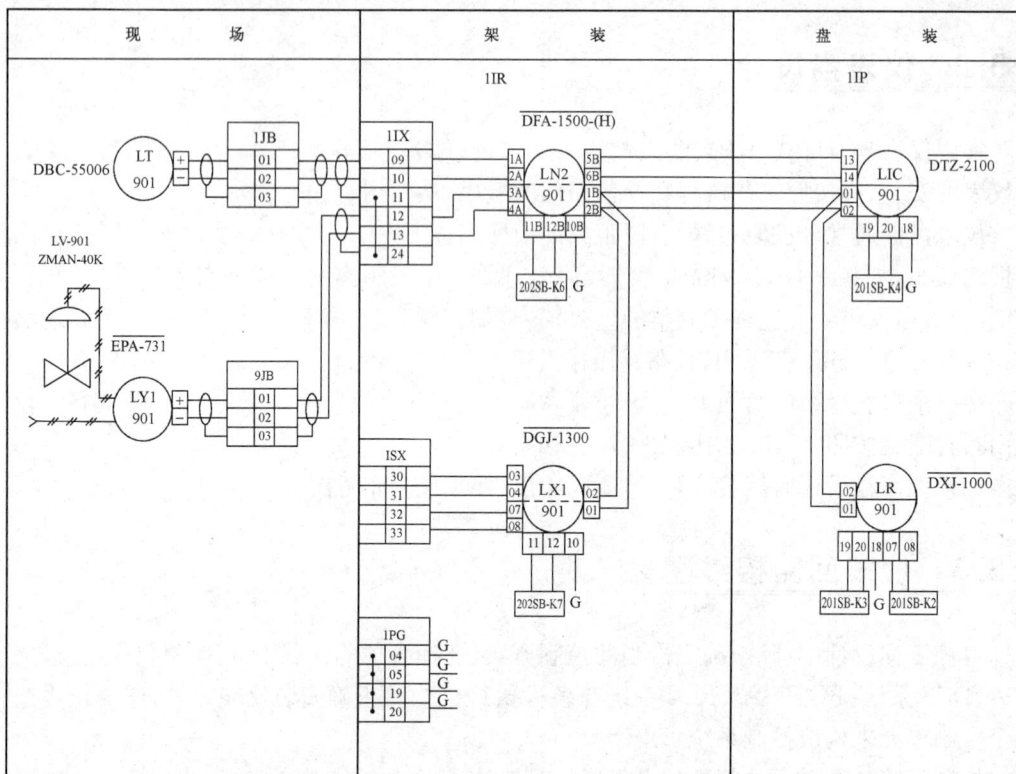

图 9－11　仪表回路接线图

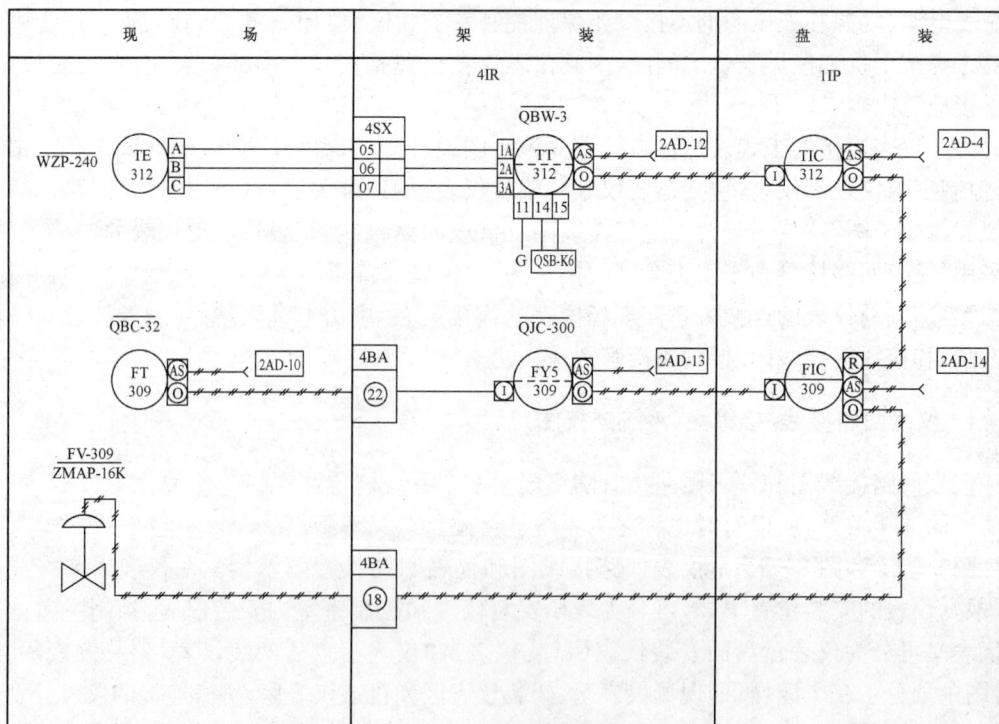

图 9－12　仪表回路接管图

如果现场仪表采用接线箱连接,则在现场仪表区内,在现场仪表的右侧绘制出接线箱,标上接线箱编号和接线箱端子编号。接线箱端子编号只绘制与该表连接有关的端子,包括该表的屏蔽与接地连接端子,其他与该表接线无关的端子则不必绘制。接线箱端子左侧与现场仪表连接,右侧与控制室内仪表连接。

现场仪表区内的检测仪表通常是变送器或各种传感器。采用变送器进行过程变量测量的通常采用的是两线制连接,加上连接电缆的屏蔽层,共有三根连线。如果是用热电阻测温,则三根热电阻连线加上一根连接电缆的屏蔽层,共有四根连线。如果是用热电偶测温,则两根热电偶连线加上一根连接电缆的屏蔽层,共有三根连线。如果现场变送器/传感器需要连接电源,则需要绘制电源连接端子(包括接地端)。现场仪表区内的执行器通常是带有电气阀门定位器的调节阀,电气阀门定位器的连接有电气接线和气动管线连接两种,这两种连接都需要用不同类型的连线表示在图纸中,其连线类型按《过程检测和控制系统用文字代号和图形符号》(HG20505—92)规定绘制。电气阀门定位器的电气接线包括两根信号线加一根连接电缆的屏蔽层,共有三根连线。

架装仪表区内安装的仪表是多种多样的,通常是一些安全栅、配电器、信号分配器、各种计算单元、可安装在框架上的变送器等。这些仪表除了与现场仪表相互连接,与盘装仪表相互连接之外,还有可能与其他架装仪表相互连接,因此,相对于现场仪表的接线来说,稍复杂一些。

由于控制室内的盘装仪表和架装仪表与现场仪表或其他仪表盘上的仪表连接时都要通过端子排相互连接,因此,需要在该图的架装仪表区绘制出该仪表上的接线端子排。仪表盘盘后的端子排通常有两个,即信号端子排(SX)和接地端子排(PG),在小规模自控工程中,有时将这两个端子排合并为一个端子排(SX)。如果是采用本质安全防爆技术的自控工程,还需要单独设置本安信号端子排,因此,图中还需要绘制出本安信号端子排(IX)。

盘装仪表区内安装的仪表通常是一些记录仪、指示仪、调节器、报警器、按钮、切换开关等设备。这些仪表通常只与架装仪表、仪表盘上的端子排、本盘上的其他盘装仪表发生连接关系,个别场合也会与现场仪表发生直接连接,但这种情况比较少。

在现场仪表区、架装仪表区和盘装仪表区内绘制出相关仪表和端子之后,按照各仪表说明书中的端子定义和构成该回路的要求,将各仪表的相应端子用相应的线型连接起来,即绘制完成该回路的仪表回路接线图。绘制仪表回路接线图的过程中,有时需要从一个端子上引出多根线连接到其他仪表上,此时需注意,一个端子上引出线不可过多,通常可引出两根,一般不能超过三根,如果确需较多引线时可考虑采用短接型端子进行分接。

图 9-12 仪表回路接管图是气动仪表的整体连接关系的表达。与电动仪表相似,仪表盘盘内仪表(包括仪表盘盘面安装仪表和仪表盘盘后框架安装仪表)之间采用单根直径为 6×1 的紫铜管或尼龙管相互连接;仪表盘与现场仪表,其他仪表盘内的仪表之间的相互连接,仪表盘与现场接线箱以及现场接线箱之间则采用多芯、直径为 6×1 尼龙管缆相互连接。仪表回路接管图所要表达的是连接关系,因此该图中并未表示出哪些是管线连接,哪些是管缆连接。

采用 DCS,FCS 或 PLC 等计算机化控制工具的自控工程,其回路图与仪表回路图相似。图 9-13 是采用 DCS 系统的仪表回路图。

采用 DCS 系统的自控工程,自动化装置可分为两部分,第一部分是传统的测量变送仪

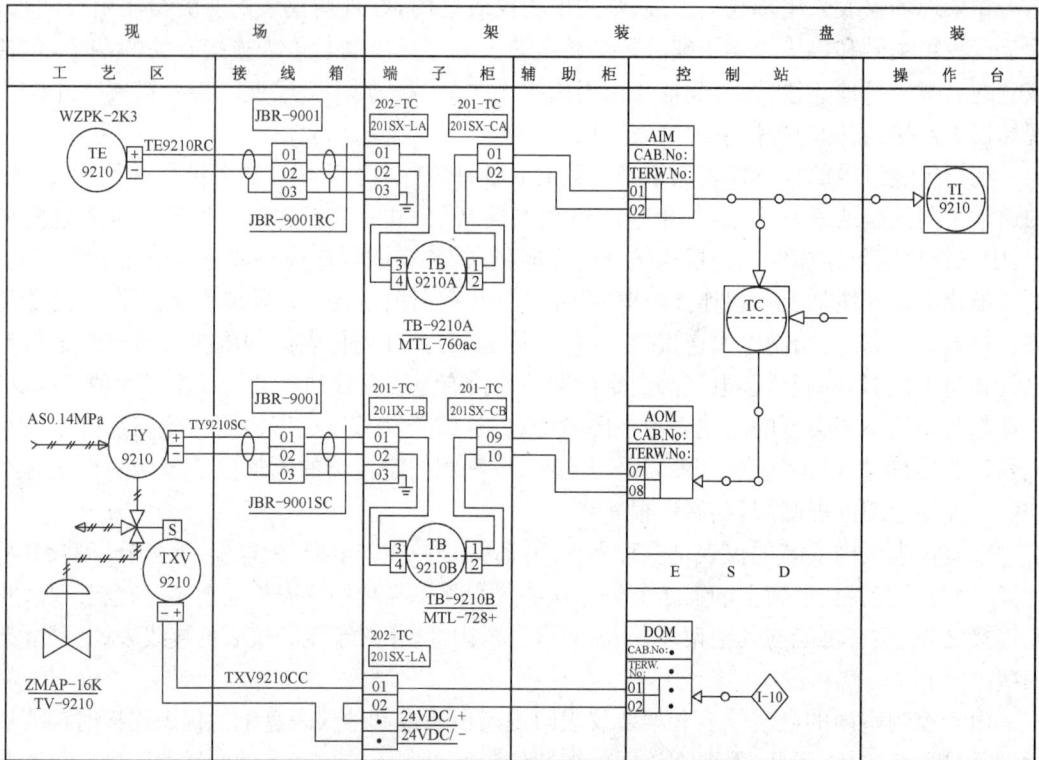

图 9-13 采用 DCS 系统的仪表回路图

表与执行器,第二部分是 DCS 系统,其中 DCS 系统包括了传统仪表中所有二次仪表的功能,所有过程参数都在 CRT 上显示,所有过程参数都记录在系统中的硬盘上,传统的二次仪表功能在 DCS 系统中由相应的软件模块所取代。由于不存在物理意义上的仪表,所以也不存在其物理意义上的连接,这些模块之间只存在数据上的联系,因此,专业术语就称这种联系为数据链路。

该仪表回路图中将现场部分分为工艺区和接线箱区两部分,这两部分与常规仪表回路图中的含义相同。采用 DCS 系统后,控制室内没有仪表盘,根据 DCS 系统的组成,将控制室内分为端子柜、辅助柜、控制站和操作站四部分。

与采用常规仪表控制系统的仪表回路图相比,该控制系统内部即有传统的模拟 DC4～20 mA 信号、DC1～5 V 信号、热电偶(mV)、热电阻(Ω)信号,等等,同时还存在着数字信号,构成控制系统各单元之间的信号联系可能是传统的模拟信号,也可能是数字信号,因此在该仪表回路图中又引用一种线型来表示数据链路。该种线型所表示的相应功能模块之间的数据联系,并不是仪表之间的连接。但是,在模拟量输入模块中模拟信号将变为数字信号(或数据),在模拟量输出模块中数字信号(或数据)将变为模拟量。在这些地方既有数据联系又有仪表连接,因此,在该模块的数据联系一侧用一根数据链路线表达出数据联系关系,在该模块的模拟信号一侧用相应的线型与端子号一起表达出模拟信号的连接关系。

由于 DCS 系统用一些软件模块取代了相应的计算仪表功能,用 CRT 显示取代了指示和记录仪表,因此引入了一些新的符号来表示这些"虚拟仪表"。有关表示这些"虚拟仪表"的图例符号,请参考《过程检测和控制系统用文字代号和图形符号》(HG20505—92)和

《自控专业工程设计用图形符号和文字代号》(HG/T20637.2)的规定。

　　除了上述这些区别之外,采用 DCS 系统的自控工程的仪表回路图与采用常规仪表的自控工程的仪表回路图的符号含义和绘制都相同。

2. 仪表盘端子图/仪表盘穿板接头图

　　仪表盘端子图是指安装在某个仪表盘盘后(通常装在框架下部)的信号端子排的接线图。仪表盘穿板接头图是指安装在某个仪表盘盘后(通常装在框架上部)的信号穿板接头的接管。自控工程中,一般是以信号端子排为界,接线到该盘内部(包括盘装仪表和架装仪表)的一侧称为盘内侧,接线到该盘外部(包括现场仪表和其他仪表盘)的一侧称为盘外侧。

　　图 9-14 是端子接线图的一个示例,图 9-15 是仪表盘穿板接头接管图示例。

　　接线设计时注意端子排两侧不能混用,即不能从端子排下面引线到仪表盘内,也不能从端子排上面引线到仪表盘外。在某些分包工程中,信号端子常常是工程的划分界面。

　　采用 DCS 系统的自控工程,应当绘制端子柜配线图,该图的绘制可参考《自控专业工程设计文件深度的规定》(HG/T20638—1998)中的例图。

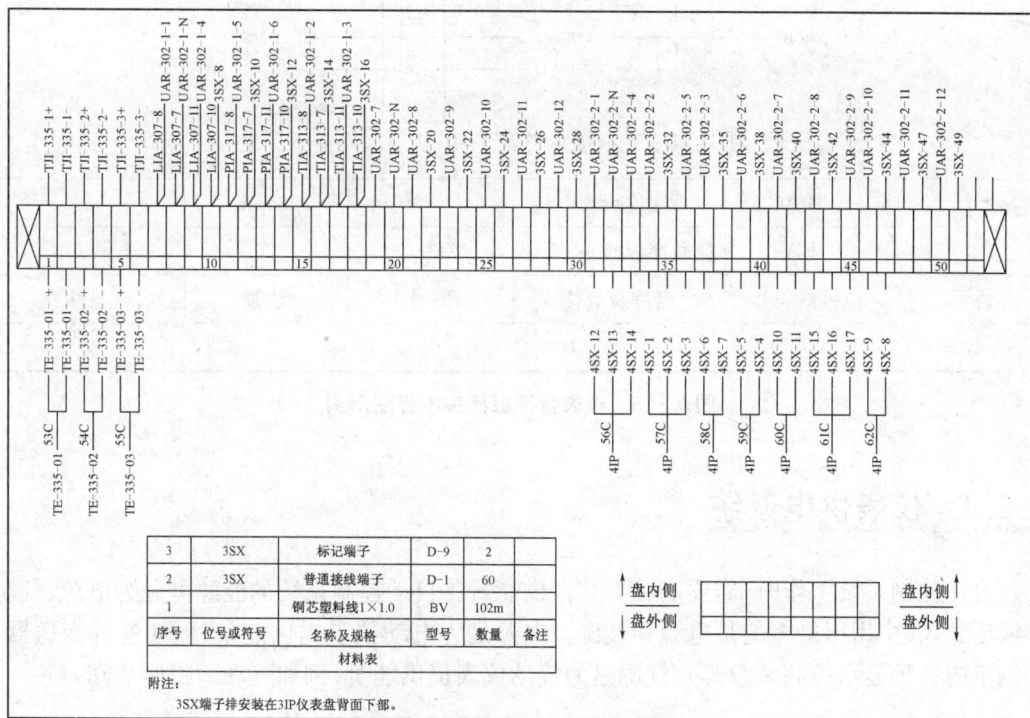

图 9-14　端子接线图示例

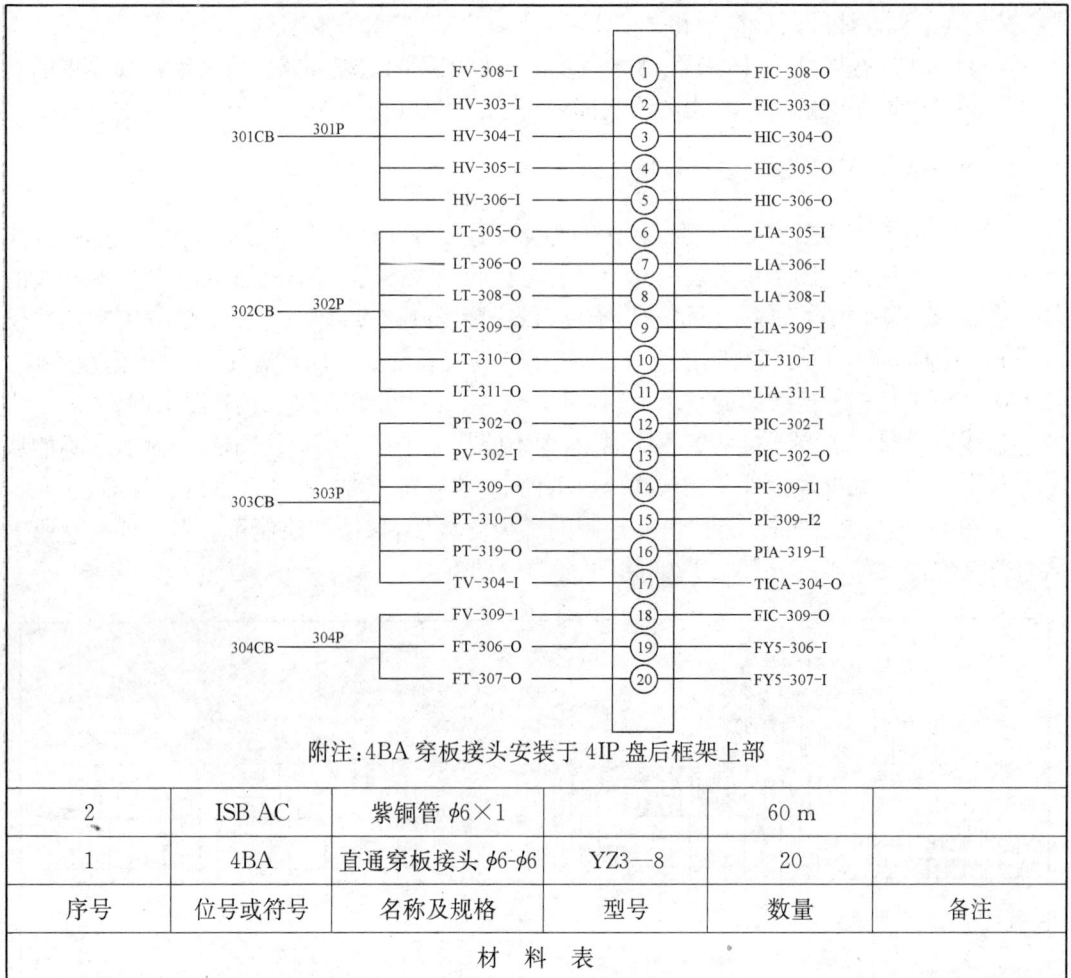

附注:4BA 穿板接头安装于 4IP 盘后框架上部

2	ISB AC	紫铜管 φ6×1		60 m	
1	4BA	直通穿板接头 φ6-φ6	YZ3—8	20	
序号	位号或符号	名称及规格	型号	数量	备注
材 料 表					

图 9-15　仪表盘穿板接头接管图示例

9.3.4　仪表供电系统

自动控制系统工作时,需要能源为其提供能量。自动控制系统的能源可分为电源、气源和液压源,其中用得最多的是电源和气源。电源是为电动仪表提供能量(例如各种变送器、控制室内各种显示控制装置等),气源是为气动仪表提供能量(例如气动薄膜调节阀)。

1. 供电系统设计内容

(1) 根据生产工艺以及所选用的自动化仪表的具体特点对供电的安全级别、电源交变类型、电压等级、用电量和供电质量提出要求;

(2) 根据自动化仪表的具体配置情况进行配电设计;

(3) 提供相应的电气设备材料表以备订货采购;

(4) 如果仪表测量管线采用电伴热,还要进行电伴热设计。

2. 仪表供电系统的工程表达

自动化工程中供电系统的工程表达以供电系统图为主要表达方式，内容为：供电箱各端子的编号，连接电缆的信号和规格，连接对象位号，连接对象的型号、规格和所需容量，熔断器容量，从何处接入或接到何处，接入电源的交变类型和电压等级，供电系统所用设备（在其他图纸中已经统计过的设备不再列入其中）。

图 9－16 是自动化工程中的“供电系统图”示例。图中绘制出各个总供电箱、电源箱和

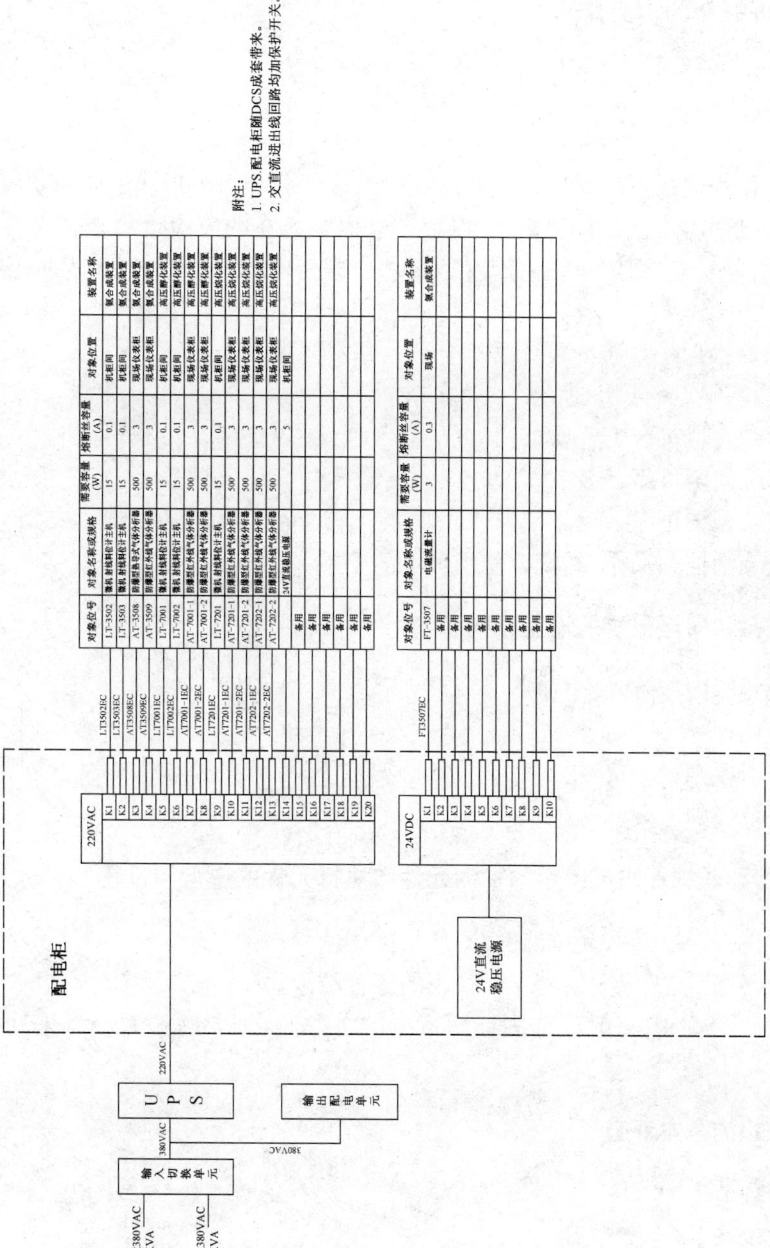

对象位号	对象名称或规格	需要容量(W)	熔断丝容量(A)	对象位置	装置名称
LT-3502	微机 射线料位计主机	15	0.1	机柜间	氨合成装置
LT-3503	微机 射线料位计主机	15	0.1	机柜间	氨合成装置
AT-3508	防爆型热导式气体分析器	500	3	现场仪表柜	氨合成装置
AT-3509	防爆型红外线气体分析器	500	3	现场仪表柜	氨合成装置
LT-7001	微机 射线料位计主机	15	0.1	机柜间	高压醇化装置
LT-7002	微机 射线料位计主机	15	0.1	机柜间	高压醇化装置
AT-7001-1	防爆型红外线气体分析器	500	3	现场仪表柜	高压醇化装置
AT-7001-2	防爆型红外线气体分析器	500	3	现场仪表柜	高压醇化装置
LT-7201	微机 射线料位计主机	15	0.1	机柜间	高压烷化装置
AT-7201-1	防爆型红外线气体分析器	500	3	现场仪表柜	高压烷化装置
AT-7201-2	防爆型红外线气体分析器	500	3	现场仪表柜	高压烷化装置
AT-7202-1	防爆型红外线气体分析器	500	3	现场仪表柜	高压烷化装置
AT-7202-2	防爆型红外线气体分析器	500	3	现场仪表柜	高压烷化装置
	24V直流稳压电源		5	机柜间	
备用					
备用					
备用					
备用					
备用					
备用					

对象位号	对象名称或规格	需要容量(W)	熔断丝容量(A)	对象位置	装置名称
FT-3507	电磁流量计	3	0.3	现场	氨合成装置
备用					
备用					
备用					
备用					
备用					
备用					
备用					
备用					
备用					

图 9－16　供电系统图

供电箱,标明其代号、电源交变类型、型号(供电箱或电源箱)、容量和安装位置等内容,用直线代表电缆,表明相互之间的连接关系。电缆上注明电源电压等级和交变类型,此外在该图纸标题栏上方的设备表中列出所使用电气设备的名称、型号或规格、容量等内容。

图中配电柜中 K0～K20 为 AC220 V 供电的电源开关,每个开关对应着两个接线端子,分别接入电缆的两个线芯。K14 是为 DC24 V 供电的电源开关,工程设计中,除了供电容量要留有一定的余量之外,通常供电路数也要留有一定的余量,图中留有两路后备供电回路。

9.3.5　联锁系统逻辑图

1. 基本要求

信号报警与联锁保护系统是现代工业的重要组成部分。由于现代工业的规模一般比较大,连续自动化程度高,工艺条件苛刻,所以生产过程中潜在的危险也越来越大。为了保证工艺、设备和人生的安全,保障正常生产有条不紊地进行,信号报警与联锁保护系统的设计是至关重要的。

信号报警与联锁保护系统的设计需符合下列基本要求。

(1) 报警点、联锁点的数量适宜;

(2) 报警联锁内容符合工艺要求;

(3) 整套系统高度可靠;

(4) 能源供给系统可靠;

(5) 便于安装维护和操作,并符合使用环境的要求。

2. 报警、联锁和安全保护的设置原则

(1) 独立设置原则;

(2) 冗余结构;

(3) 故障安全原则;

(4) 中间环节最少原则。

3. 信号报警和联锁保护系统中的检测元件和执行元件的选型和设置

(1) 检测元件:灵敏可靠,动作准确,不产生虚假信号;

(2) 检测线路:能区别仪表误动作和真正的工艺故障;

(3) 执行元件:电磁阀一般应选用长期带电的电磁阀,重要联锁系统宜采用双三通电磁阀。

4. 报警、联锁的基本环节

(1) 自复位环节;

(2) 手动复位环节;

(3) 旁路环节;

(4) 延时环节;

（5）表决环节。

以上这些环节实际上是基本联锁环节中的一部分，在线路设计时可以灵活组合运用。从而提高系统设计的功能及可靠性。

图9-17～图9-19为联锁系统图形的符号与说明、功能及逻辑图。

图形符号和说明

序号	符号	说 明
1	&（I1,I2→O1）	逻辑符号说明 / 基本的与门：只有当I1,I2逻辑输入全部为"1"状态时，逻辑输出O1才呈"1"状态。
2	≥1（I1,I2→O1）	基本的或门：只有当I1,I2逻辑输入中的一个或两个呈"1"状态时，逻辑输出O1才呈"1"状态。
3	S1/R（I1,I2→O1）	基本的双稳单元：当I1逻辑输入呈"1"状态时，逻辑输出O1立即呈"1"状态，并持续保持呈"1"状态。除非输入I2再度呈"1"状态，逻辑输出O1取代I2使输出O1呈"0"状态；若输入I1和I2同时呈"1"状态，则I1取代I2使输出O1呈"1"状态。
4	非门（I1→O1）	非门（反向器）：只有当I1逻辑输入呈"1"状态时，逻辑输出O1才呈"0"状态。
5	输入端非门（I1→O1）	输入端非门：只有当I1逻辑输入呈"1"状态时，逻辑输出O1才呈"0"状态。
6	输出端非门（I1→O1）	输出端非门：只有当I1内部逻辑输出呈"1"状态时，外部逻辑输出O1才呈"0"状态。
7	t（I1→O1）	延时单元：当I1逻辑输入呈"1"状态时，则逻辑输出O1即呈"1"状态，当延迟时间t之后，逻辑输出为"0"状态。
8	t（I1→O1）	单稳单元：当I1逻辑输入呈"1"状态，而不论其状态如何变化，逻辑输出O1呈"1"状态；延迟时间t后，逻辑输出O1又呈"0"状态而不论其状态如何变化，逻辑输出O1返回到"0"状态。
9	≥2（I1,I2,I3→O1）	三取二选择器：只有当I1,I2,I3逻辑输入中的二个或三个呈"1"状态时，逻辑输出O1才呈"1"状态。

序号	符号	说 明	
		电气元件符号说明	
1	Ⓐ	一般报警	A ：状态报警在DCS上。
2	ＡⒶ	第一原因报警	L ：状态指示在DCS上。
3	Ⓛ	状态指示	Ⓐ：报警灯在控制盘上。
5	开关	开关	Ⓛ：指示灯在控制盘上。
6	按钮开关	按钮开关	
7	二位转换开关	二位转换开关	

图9-17 联锁系统逻辑图形符号与说明

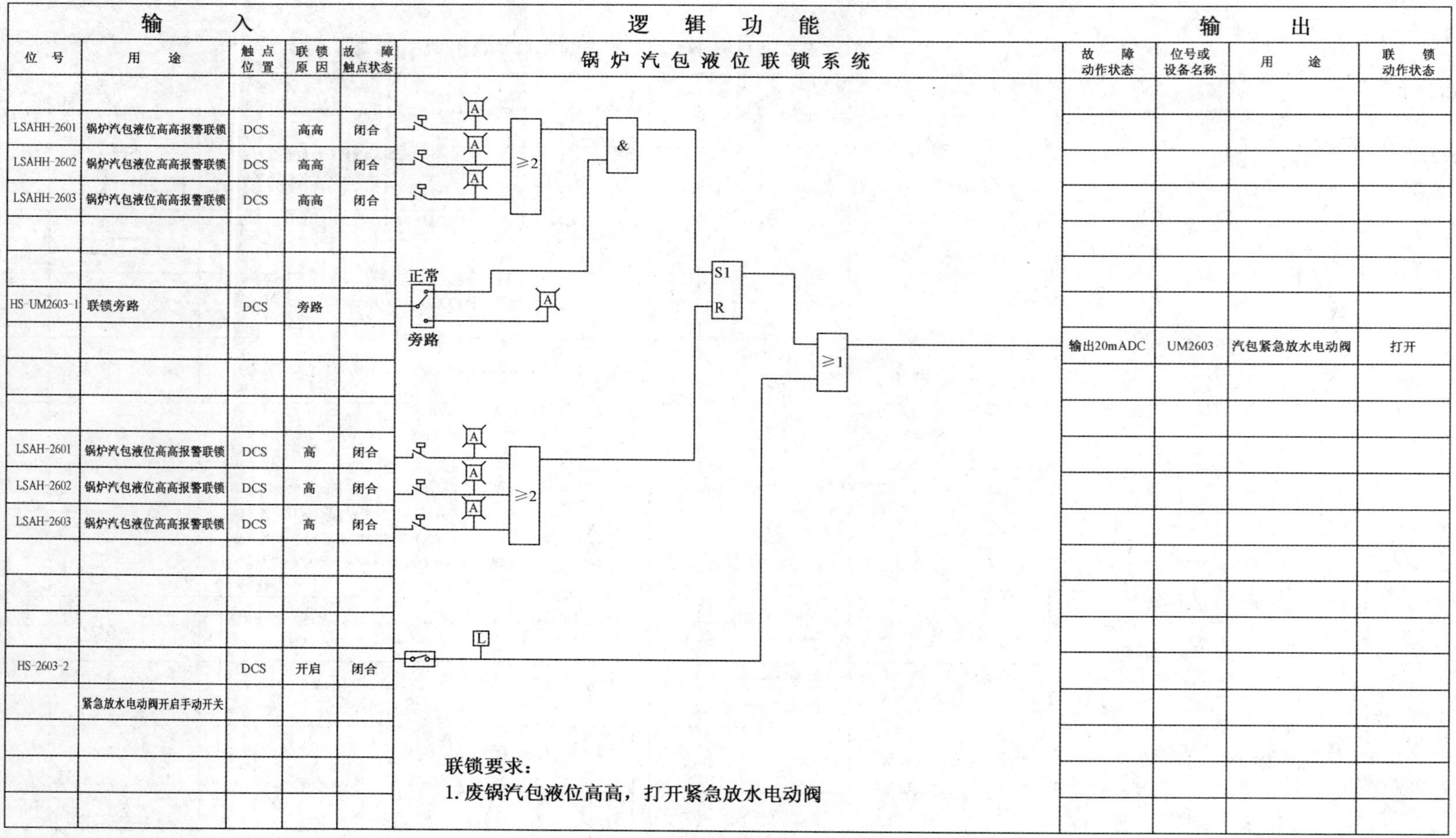

锅炉汽包液位联锁系统 逻辑功能

输入					逻辑功能	输出			
位号	用途	触点位置	联锁原因	故障触点状态		故障动作状态	位号或设备名称	用途	联锁动作状态
LSAHH-2601	锅炉汽包液位高高报警联锁	DCS	高高	闭合					
LSAHH-2602	锅炉汽包液位高高报警联锁	DCS	高高	闭合					
LSAHH-2603	锅炉汽包液位高高报警联锁	DCS	高高	闭合		输出20mADC	UM2603	汽包紧急放水电动阀	打开
HS UM2603-1	联锁旁路	DCS	旁路						
LSAH 2601	锅炉汽包液位高高报警联锁	DCS	高	闭合					
LSAH 2602	锅炉汽包液位高高报警联锁	DCS	高	闭合					
LSAH 2603	锅炉汽包液位高高报警联锁	DCS	高	闭合					
HS 2603-2	紧急放水电动阀开关手动开关	DCS	开启	闭合					

联锁要求:
1. 废锅汽包液位高高,打开紧急放水电动阀

图 9-18 联锁系统逻辑功能

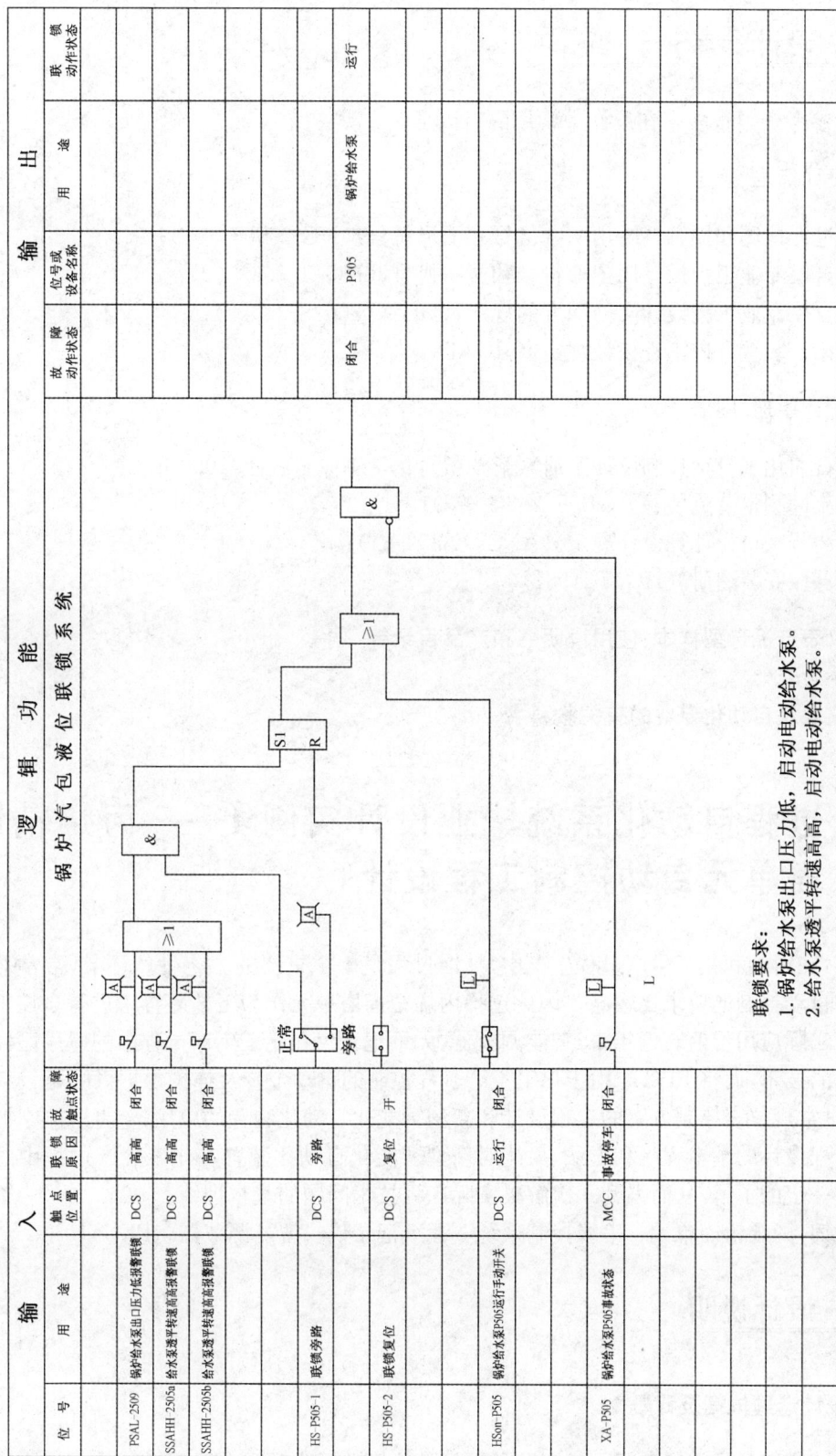

锅炉汽包液位联锁系统 逻辑功能系统

输入

位号	用途	触点位置	联锁原因	故障触点状态
PSAL-2509	锅炉给水泵出口压力低报警联锁	DCS	高高	闭合
SSAHH-2505a	给水泵透平转速高高报警联锁	DCS	高高	闭合
SSAHH-2505b	给水泵透平转速高高报警联锁	DCS	高高	闭合
HS P505-1	联锁旁路	DCS	旁路	
HS P505-2	联锁复位	DCS	复位	开
HSon-P505	锅炉给水泵P505运行手动开关	DCS	运行	闭合
XA-P505	锅炉给水泵P505事故状态	MCC	事故停车	闭合

输出

故障动作状态	位号或设备名称	用途	联锁动作状态
闭合	P505	锅炉给水泵	运行

联锁要求:
1. 锅炉给水泵出口压力低，启动电动给水泵。
2. 给水泵透平转速高高，启动电动给水泵。

图 9 – 19 联锁系统逻辑图

9.3.6　设计参考资料简介

设计参考资料很多。在设计中常用的有以下四大类:

1. 设计标准、规定

①《过程检测和控制系统用文字代号和图形符号》(HG 20505—92);
②《自控专业工程设计用图形符号和文字代号》(HG/T 20637.2);
③《自控专业工程设计文件深度的规定》(HG/T 20638—1998);
④《化工装置自控工程设计规定》(HG/T 20636～20639)。

2. 设计手册、图册

①《石油化工自动控制设计手册》(第3版),化学工业出版社,2000年;
②《流量测量节流装置》(GB/T 2624—93);
③《调节阀口径计算设计规定》(ANSI FCI62—1);
④《自控安装图册》(HG/T21581)。

3. 仪表产品选型样本、使用说明书和产品目录等

4. 仪表及自动化专业的有关教科书

9.4　过程自动化系统毕业设计实例1——丙烯精馏塔单元自动控制工程设计

摘要:在石油和化工生产过程生产中,精馏过程是一个重要的工艺生产环节,常常对精馏过程的自动控制的要求比较高。因此选择丙烯精馏塔单元作为工艺装置来进行自控工程设计具有实际应用价值。近年来,智能调节器、无纸记录仪在化工生产过程中的应用已经是比较成熟的技术,而将PLC应用于化工生产过程控制的自动报警及连锁保护系统是较新的技术,通过常规仪表控制方案的工程设计和新型智能化自动化装置的应用,笔者既能掌握自动控制工程设计的基本程序和方法,又能对新型智能化自动化装置在化工生产过程中的应用技术有一定的了解,从而得到一次解决实际工程技术问题的基本训练。

关键词:丙烯精馏单元　串级控制系统　无纸记录仪　智能调节器　PLC

9.4.1　设计说明

1. 设计选题依据及背景

本设计是以扬子乙烯车间丙烯工艺的丙烯精馏塔单元为项目单元而进行的。精馏过程是石油和化工生产中应用极为广泛的典型的生产过程,它是利用混合液中各组分挥发度的不同,将各组分进行分离、提取,从而生产出达到规定纯度要求的产品。由于近年来化工工业的发展以及环保的要求,分离的组分不断增加,对产品纯度的要求也不断提高,这对精馏过程的自动控制提出了更高的要求,因此我们选用精馏塔的设计作为设计的课题。在精馏过程设计中,可以结合过去所学的理论知识,学会解决实际问题的方式方法,并熟悉设计工作以及专业技术标准和相关规范。

近年来,智能调节器、无纸记录仪在化工生产过程中的应用已经是比较成熟的技术,而将 PLC 应用于生产过程控制的自动报警及连锁保护系统是较新的技术,本设计试图通过常规仪表控制方案的工程设计和新型智能化自动化装置的应用,使我们能掌握自控工程设计的基本程序和方法,又能对新型智能化自动化装置在化工生产过程中的应用技术有一定的了解,从而得到一次解决实际工程技术问题的基本训练。

2. 设计目的

本次设计是学校培养学生创新精神和技术应用能力的重要环节,是培养实际应用性人才必要的基础训练和从业、创业的适应阶段。通过毕业设计环节的训练,应使学生学会根据指定的设计任务搜集实际工程资料,分析、研究实际工程问题,灵活、正确地应用所学的的基本理论、基本知识、基本技能和专业知识,联系生产实际,独立地完成一项实际工程设计项目工作,以全面检验学生分析问题、解决问题的能力,使得学生能够了解工程设计的基本程序,基本掌握工程设计方法,学会将工程技术文件编号并受到一次解决实际工程技术问题的基本训练。

3. 设计内容

本次设计包括工艺流程图的绘制和自控专业的施工图设计,其中以控制方案的确定为重点,进行仪表选型、系统连接和安装等方面的图纸设计并从安全角度进行联锁系统的设计,完成丙烯精馏塔的自控工程设计工作。设计图纸内容和深度符合施工图设计要求,其中所涉及到的工艺参数均为实际工况参数,因而设计是完全可以交付施工的。

4. 工艺概况

丙烯精馏塔的精馏过程是一个传热传质过程,在精馏塔的每块板上,都同时发生上升蒸汽部分冷凝,和回流液体部分汽化的过程,这个过程是一个传热过程,伴随着传热过程同时发生的是易挥发组分不断汽化,从液相转化为气相,而难挥发的组分不断冷凝,从气相转入液相。这种物质间的转换过程是一个传质过程,其工艺情况总体如下:

丙烯精馏塔将进料分离成两部分:一是塔顶的聚合级丙烯产品,二是塔釜的 C_3 LPG 产品(丙烷)。塔压选择是按照回流液能够用冷却水冷凝的原则,操作压力为 1.952 MPa,塔顶温度为 $46℃$,塔釜温度为 $55℃$,回流比是 14.6,回流液温度为 $44℃$。

丙烯精馏塔的进料口有两个,即 70 板和 80 板,而在生产时,只用一个进料口,其目的是随着物料组成的变化而相应地改变进料口的位置。当组分重或温度较高时,进料口选择 80 板;反之,组分轻或温度低时,进料口位置选择 70 板。

塔顶气体经 E—EA—408A/B 塔顶冷凝器,用冷却水冷凝后进入 E—FA—409 丙烯精馏塔回流罐,然后用泵抽出,部分回流入塔顶,一部分作为成品去丙烯成品罐。

塔釜物部分送再沸器 E—EA—407A/B,经循环急冷水加热后送回精馏塔,部分在塔釜液位调节器 LIC—102 的控制下,去 C₃ 液体再蒸塔。

丙烯精馏塔的具体流程请见图纸《丙烯精馏塔带控制点流程图》。

5. 影响塔正常工作的主要干扰分析和控制要求

由于工艺过程中多种因素的存在影响塔的稳定操作,在精馏塔的控制方案设计前必须查清扰动因素对塔的影响,主要有:

(1) 塔压的波动影响。会破坏原来的气液平衡,也将影响塔的物料平衡。

(2) 进料量波动的影响。对于液体进料,进料量增加会使塔顶和塔釜产品的轻组分增加;对于气体进料,进料量增加,塔溢增加,重组分含量增加;对于气液二相进料时,进料量增加,塔溢(顶)增加,塔釜温度减小,塔顶重组分增加,塔釜轻组分增加。

(3) 进料组分的影响。进料中轻组分增加,塔溢减小。

(4) 进料温度影响。进料温度减小,塔釜轻组分增加。

(5) 塔的蒸汽速度和加热量的波动液会使塔的经济性和效率得到提高。

(6) 回流量及冷剂量的波动使塔顶重组分增加。

从上述关于精馏塔的干扰来看,精馏塔是一个复杂多变的对象,在控制方案的确定过程中必须考虑它的合理性和可靠性。所选取的方案应该是经过实践考验后比较可靠的,因此,在本设计中参照了扬子乙烯车间的实际工艺要求,进行控制方案的设计,为了保证该工艺装置可顺利进行生产,减少进料波动对塔操作的影响,对塔的进料设置了流量定值控制。为了保证精馏塔具有良好的分离效果,对外回流量采用流量定值调节,以克服外界的干扰,使塔保持热量平衡,为了使塔釜液位和冷凝罐液面在一定的范围内波动,不至于液面过深而产生设备抽空的危险或因液面过高而影响传热效果,并且为了克服动态上的滞后,应设置液位定值系统,但是整道工序在有压力扰动的情况下,塔釜出料流量会变化,为了使液位(塔釜)和塔釜出料量在规定的范围内能缓慢均匀地变化,保证前后设备在物料供求上相互兼顾,均匀协调,因此,需采用塔釜液位—塔釜流量均匀控制系统。此外为了维持塔压的恒定,在精馏塔中设置压力定值控制系统,调节冷凝器的冷剂量及回流罐的大气管道,以保证塔压保持在一定的数值,这是因为如果温度与组分间有一个对应的关系,就会有利于混合物的分离。另外因为塔的进料的组分波动会影响塔内温度,所以采用了质量控制回路,把它设置在第135块塔板上,如进料位分变化,利用与塔内沸器的急冷水组成的串级回路,改变急冷水的流量,从而改变塔内温度,以克服进料组分的变化,采用串级回路是因为成分分析仪表滞后,温度控制通道长,由于有副回路的快速控制,使整个回路抗干扰能力增强,另外串级控制系统可改善对象特性,使控制通道滞后减小,提高回路的控制质量。

6. 典型控制方案的确定

为了能够使精馏塔稳定运行和产品达到规定的分离纯度,并且在提高生产效率的基础上,降低能耗,根据上面的主要扰动影响,我们比较针对性地设置了 6 个控制回路,其中两个是串级控制回路,4 个是简单控制回路,分别如下:

(1) **FRCQ—101** 进料量流量控制回路,主要是克服进料量对产品品质的影响。

(2) **TRC—102(主),FIC—102(副)** 温度—流量串级控制系统,主被控变量为精馏塔的温度,C 为急冷水出口流量,操作变量是急冷水出口流量。

(3) LIC—102(主),FRCQ—103(副)　液位—流量串级均匀控制系统,主被控变量为精馏塔塔釜液位,主被控变量为塔釜产品流量,操作变量也为塔釜产品流量。

(4) PRCA—101　塔压控制回路,被控变量为塔压,操作变量为冷却水的出口流量,并且设置了塔压报警。

(5) PIC—102　塔压控制回路,被控变量为塔压,操作变量为去火炬系统的丙烯量。

(6) FIC—104　回流量控制回路,被控变量和操作变量数均为回流量。

(7) LICA—103　回流罐液位控制回路,被控变量为回流罐的液位,操作变量为回流罐的产品采出量。

特别说明的是,在精馏塔的控制中,塔压的稳定非常重要。在本设计中,设置了两个压力控制系统,还设置了塔压报警联锁系统:第一步的压力控制是对冷却水出口流量的调节,即 PRCA—101 控制回路,当塔压太高时,调节冷却水使流量增加,从而使回流液的温度降低,使塔压降低,保证塔压得到控制;当这一步还不能稳定控制塔压时,另一 PIC—102 控制回路起控制作用,即控制去火炬系统的丙烯量来控制塔压;当塔压超高时,则联锁系统工作,切断急冷水流量,使精馏塔停止加热工作,并发出报警信号提醒操作人员采取必要措施。

7. 塔压报警与联锁系统(PSA—107A/107B)

信号报警与联锁系统是在现代工业生产中,对事故状态实现自动监督和保证安全的重要措施之一。当设备运行状态发生异常情况时,闪光报警器的灯光和电铃就会"报告"操作者,采取必要的措施,本系统为了安全,采用了双重保险的连锁系统。

本设计中,两台压力变送器检测塔压,再由控制室的两台数字显示报警仪表设定塔压高高限报警设定值,通过闪光报警器实现塔压高高限信号的声光报警;数字显示报警仪表设定的高高限接点信号输入可编程控制器(PLC),完成塔压高高限报警和联锁系统的复位等工作。

8. 仪表选型

根据课本所学的理论知识,结合本工程特点和毕业设计的需要,突出实用、可靠、先进的原则,控制室仪表选用带 PID 自整定功能的智能调节器和和无纸记录仪。数字显示仪表实现精馏塔单元的控制方案,现场仪表选用隔爆型一次元件和本质安全型变送器、阀门定位器,配以防爆安全栅以实现安全火花防爆要求。可编程控制器(PLC)在该工程项目的报警和安全联锁系统中的应用,增强了此设计的先进性和可靠性。

其主要选型原则为:

(1) 压力或绝压变送器参照上海自动化仪表股份有限公司的样本,选择 SH2188 扩散硅压力、绝压变送器。

(2) 差压变送器参照上海自动化仪表股份有限公司的样本,选择 1151DP 型电容式差压变送器。

(3) 温度一次元件参照福建虹润精密仪表公司的选型手册,选择 WZPB 系列一体化本安型热电阻温度变送器。

(4) 流量一次元件选择孔板,配合上海自动化仪表股份有限公司的 1151DP 差压流量变送器,实现流量测量。

（5）就地液位计选择玻璃板液位指示仪，液位变送器参照上海自动化仪表股份有限公司的 1151LT 型液位变送器。

（6）二次表中，显示仪表、记录仪表、控制器和流量积算仪均参照福建虹润仪表公司的选型手册进行选型，采用智能型仪表实现。

（7）安全栅参照上海自动化仪表股份有限公司的样本，选择 KAG—5000 系列的安全栅。

（8）调节阀参照上海自动化仪表七厂的选型样本，选择气动薄膜调节阀和气动蝶阀，并且配套阀门定位器等附件。

所有现场变送器和阀门定位器的防爆均为本质安全型防爆，其防爆标志为 Exia Ⅱ CT5；联锁用电磁阀为隔爆型，随阀提供；差压流量变送器的输出为开方后的标准 4～20 mA 电流输出。

9. 仪表供电供气

现场没有需单独供电的仪表或设备，主要用电设备是控制室的盘装仪表，有无纸记录仪用的 AC 220 V 和控制室智能仪表、安全栅用的 DC 24 V 两种电源，均由厂方提供到控制室。

调节阀用仪表空气也由厂方提供，气源压力≥2.5 kgf/cm²。

10. 仪表盘的设计

为便于控制室布置，将两块并列摆放。1#仪表盘（位号为 1IP）型号为 KG—231，为左侧封闭、右侧敞开后开门的柜式仪表盘；2#仪表盘（位号为 2IP）型号为 KG—321，为左侧敞开、右侧封闭后开门的柜式仪表盘。

两块仪表盘的外表面统一漆成银灰色。

仪表盘面布置原则：自上而下，第一排为积算器，显示仪等；第二排为调节器，指示仪等；第三排为各种记录仪及按钮和开关。

柜内的导轨、汇线槽、供电箱和接线端子牌在仪表盘出厂前一并做好。

仪表盘盘面仪表的安装参照仪表盘正面布置图，安全栅和 PLC 安装在导轨上，报警用电铃固定在盘内任何空位置即可，所有电线电缆均就近引入汇线槽，并进行必要的捆扎，外露的导线要横平竖直保证美观。

11. 仪表盘成套订货说明

仪表盘厂家按有关图纸制作，并将外表喷涂成银灰色，铭牌上标注相应仪表位号，订货时使用的图纸包括：仪表盘正面布置图、接地系统图、仪表回路接线图、仪表盘背面接线图、轨道安装仪表接线图、报警连锁系统接线图。

12. 施工要求

（1）**室外缆线的施工** 从控制室到接线箱，气源管线，现场供电箱的缆、线按图施工；从箱到现场仪表的单根电缆穿管敷设，穿线管用∠40×40×4 的角钢固定，由施工单位本着避免高温和机械损伤，不影响交通及整齐美观的原则进行施工。

（2）**仪表保温** 易冻介质的现场仪表（如变送器等），均安装在保温箱内，测量管路及保温箱采用蒸汽伴热保温，在需要包缚保温材料的设备或管道上安装的仪表随设备或管道一起保温。

（3）**仪表防护防腐** 室外的变送器安装在保护箱内，其他非不锈钢管线和仪表安装支架等均应涂防腐漆。

（4）**安装材料** 在仪表安装过程中涉及到的电缆、电线、管线、桥架以及仪表管阀件等材料在本设计中均未能提供，由施工单位和厂方协调解决。

13. 附图目录表（见表 9-10）

表 9-10 附图目录表

南京化工职业技术学院自动化			工程名称	毕业设计	设计项目	丙烯精馏塔自控设计
编制					设计阶段	施工图
校核			附图目录		图 号	bysj—01
审核					第 1 页	共 1 页
序号	名 称	图号或编号	复用或标准图纸、文件编号	修改标记	张数	备 注
1	附图目录表	bysj—01			1	
2	丙烯精馏塔带控制点流程图	bysj—02			1	附图一张
3	自控条件表	bysj—03			1	未附表
4	自控设备表	bysj—04			8	附表一张
5	节流装置数据表	bysj—05			2	未附表
6	调节阀数据表	bysj—06			2	未附表
7	仪表盘正面布置图	bysj—07			2	附图一张
8	仪表盘背面布置图	bysj—08			2	附图一张
9	轨道安装仪表接线图	bysj—09			2	附图一张
10	精馏塔温度—急冷水流量串级控制回路接线图	bysj—10			1	附图一张
11	精馏塔釜液位—出料流量串级控制回路接线图	bysj—11			1	附图一张
12	精馏塔压控制（报警）回路接线图	bysj—12			1	未附图

南京化工职业技术学院自动化		工程名称	毕业设计	设计项目	丙烯精馏塔自控设计
编制				设计阶段	施工图
校核			附图目录	图　号	bysj—01
审核				第 1 页	共 1 页
序号	名　称	图号或编号	复用或标准图纸、文件编号	修改标记	张数	备　注
13	精馏塔压控制回路接线图	bysj—13			1	未附图
14	回流罐液位控制回路接线图	bysj—14			1	附图一张
15	产品流量积算回路接线图	bysj—15			1	附图一张
16	精馏塔压差指示回路接线图	bysj—15			1	附图一张
17	回流量控制回路接线图	bysj—16			1	未附图
18	进料量记录积算回路接线图	bysj—17			1	未附图
19	温度检测回路接线图	bysj—18			1	未附图
20	报警连锁系统接线图	bysj—19			1	未附图
21	PLC 梯形图	bysj—20			1	未附图

"备注"一栏指的是本书中摘录的图表数量，"张数"一栏指的是毕业设计中实际的图表数量。

14. 图表

因为篇幅所限，仅列了设计中部分所用图表，如图 9-20～9-27 及表 9-11 所示。

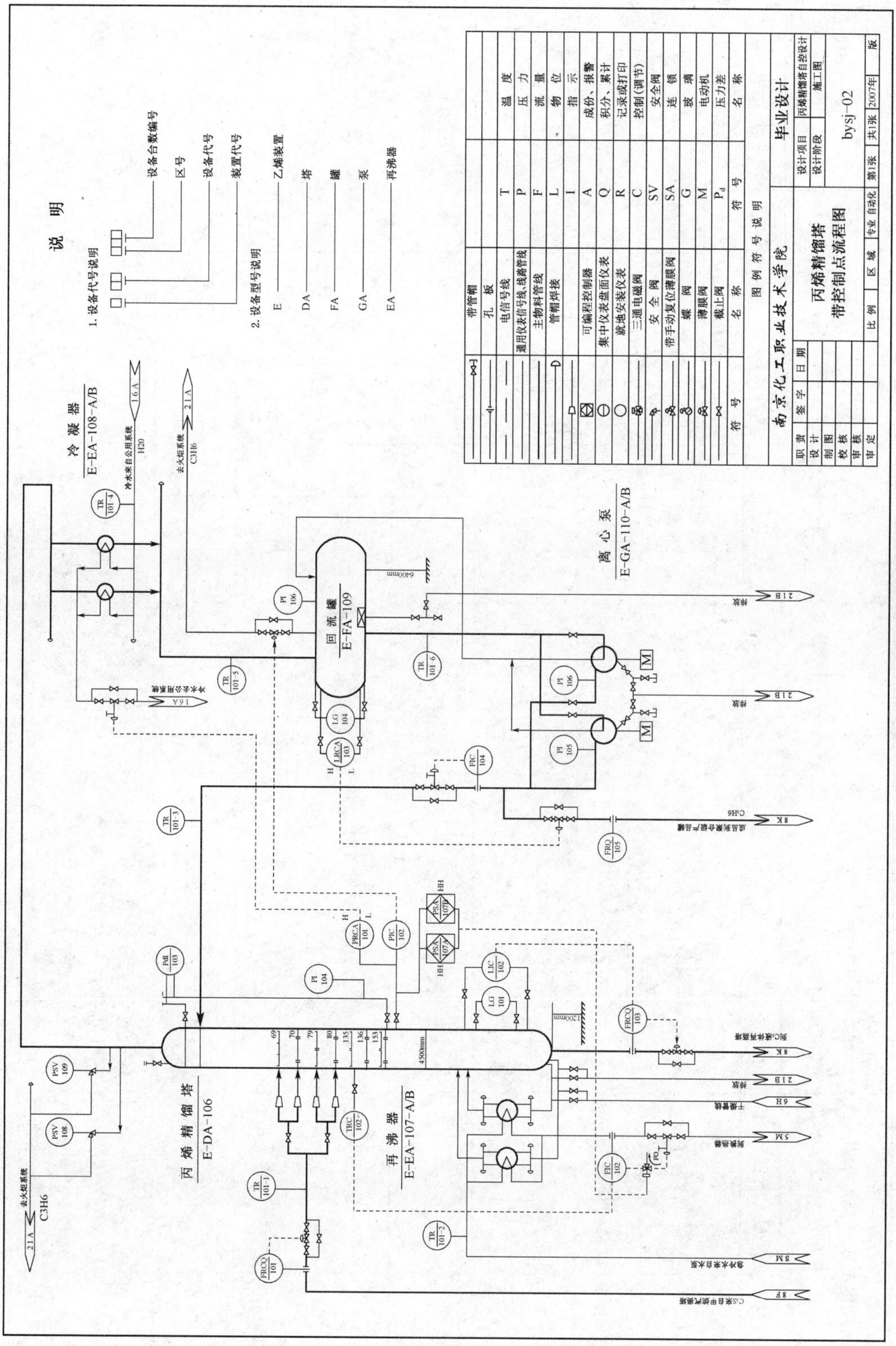

图 9-20　丙烯精馏塔带控制点流程图

表 9 – 11 自控设备表

南京化工职业技术学院					自控设备表(表二)			丙烯精馏装置 丙烯精馏塔自控设计 施工图					bysj—04 第1张 共8张 版
专业自控	区域/自动化	2007年						设计项目					
编制								设计阶段					
校核								操作条件					
审核								介质密度	温度 ℃	表压 MPa	流量液位		
仪表位号	检测点名称	仪表名称及规格	型 号	数量	安装地点	安装图图号							备 注
LIC—102	塔釜液位指示控制												
LT—102		差压液位变送器 量程:0~37.29 kPa 精度:±0.25%	1151DP4SJ13M₁	1	现场			C_3液化气	55	2.0			输出信号:4~20 mA 供电电源:24 V DC
LN₁—102		检测端端安全栅 精度:0.2%	KAG—5100	1	导轨								供电电源:24 V DV± 10%
LIC—102		PID自整定/光柱显示控制仪 精度:0.2% FS±1字	HR—WP—S805 —822—NN—P —WB	1	盘面								24 V DC 供电
FRCQ—103	塔釜产品流量控制												
FE—103		孔板(见节流装置数据表)	LGKF	1	现场			C_3液化气	55	1.42			C_3液化气
FT—103		1151DP流量变送器 测量范围:0~120 kPa	1151DP3SJ12M₂	1	现场			C_3液化气	55	1.42			精度:±0.25%就地指示:0~1 800 kg/h
FN₁—103		检测端安全栅	KAG—5100	1	导轨								规格同 LN₁—102

（续表）

专业自控 自动化	区域/ 2007 年	检测点名称	仪表名称及规格	型　号	数量	安装地点	安装图号	介质密度	温度℃	表压 MPa	流量	液位	备　注
南京化工职业技术学院 编制 校核 审核	仪表位号							操作条件					bysj—04 / 第 1 张 / 共 8 张 / 版
	FC—103		PID 自整定/光柱显示控制仪 精度:0.2% FS±1字	HR—WP—S805—822—NN—P—WB	1	盘面							24 V DC 供电
	FRQ—103		"防盗型"流量积算无纸记录仪 精度:±0.2% FS±1字	HR—CSR—L8202—80—C—NNNN—TB	1	盘面							输入信号:1~5 V 220 AC 供电
	FN₂—103		操作端安全栅 供电电源:24 V DC±10%	KAG—5300	1	导轨							限制电压 UK:<28 V 限制电流 IK:<33 mA
	FY—103		阀门定位器 基本误差≤1%	ZPD—1111—B	1	现场							供气压力:0.14 MPa
	FV—103		气动薄膜直通单座调节阀	ZMAP—40B	1	现场		C₃ 液化气	55	1.42			详细见调节阀数据表
	PRCA—101	精馏塔塔压控制											
	PT—101		扩散硅压力变送器 精度:0.2% F.S	SH2188G5EHXE	1	现场		C3H6	55	2.0			测量范围:0~5 MPa 工作电源:12~36 V
	PN₁—101		检测端安全栅	KAG—5100	1	导轨							规格同 LN₁—102

自控设备表（表二）　丙烯精馏塔装置　丙烯精馏塔自控设计　施工图

（续表）

南京化工职业技术学院 自动化			设计项目	丙烯精馏塔装置				bysj—04	
编制		2007年	设计阶段	丙烯精馏塔自控设计					
校核		区域/		施工图				第1张	共8张 版
审核									

自控设备表（表二）

仪表位号	检测点名称	仪表名称及规格	型号	数量	安装地点	操作条件 介质密度	温度℃	表压 MPa	流量液位	备注
PC—101		PID自整定/光柱显示控制仪 精度:0.2% FS±1字	HR—WP—S805—822—LH—P—WB	1	盘面					具有报警输出24 V DV供电
PA—101		闪光报警器 八通道常开输入	WP—X803A—OAW	1	盘面					与LA—103共用 电源:220 AC
PN₂—101		操作端安全栅	KAG—5300	1	导轨					规格同FN₂—103
PY—110		阀门定位器	ZSHW—16B	1	现场					规格同FLY—103
PV—101		气动活塞阀调节阀	ZSHW—16B	1	现场	冷水	48	2.0		详细见调节阀数据表
LICA—103	回流罐液位控制									
LT—103		差压液位变送器 量程:0~37.29 kPa 精度:±0.25%	1151DP4SJ13M₁	1	现场	C3H6	48	1.75		输出信号:4~20 mA 供电电源:24 V DC
LN₁—103		检测端安全栅	KAG—5100	1	导轨					规格同LN₁—102
LC—103		PID自整定/光柱显示控制仪 精度:0.2% FS±1字	HR—WP—S805—822—LH—P—WB	1	盘面					具有H,L报警输出24 V DC供电
LA—103		闪光报警器	WP—X803A—OAW	1	盘面					与PA—110共用
LN₂—103		操作端安全栅	KAG—5300	1	导轨					规格同FN₂—103

（续表）

南京化工职业技术学院 自动化			丙烯精馏塔装置								
区域/	2007 年		设计项目	丙烯精馏塔自控设计							bysj—04
专业 自控			设计阶段	施工图							第 1 张　共 8 张　版
编制	校核	审核	自控设备表（表二）								
仪表位号	检测点名称	仪表名称及规格	型号	数量	安装地点	安装图号	操作条件				备注
							介质密度	温度 ℃	表压 MPa	流量液位	
LY—103		阀门定位器	ZPD—1111—B	1	现场						规格同 FY—103
LV—103		气动薄膜直通双座调节阀 流量特性：线型	ZMAN—40K	1	现场		C3H6	44	24		详细见调节阀数据表
FRQ—105	产品出口流量积算										
FE—105		孔板（见节流装置数据表）		1	现场		C3H6	44	24		
FT—105		1151DP 流量变送器 精度：±0.25%	1151DP4SI12M₂	1	现场						测量范围：0～19.3 kPa 就地指示：0～24 000 kg/h
FN₁—105		检测端安全栅	KAG—5100	1	导轨						规格同 LN₁—107
FRQ—105		"防盗型"流量积算无纸记录仪 精度：±0.2% FS±1字	HR—CSR—L8202 —80—C—NNNN —TB	1	盘面						24 V DC 供电
PdI—103	精馏塔压差测量										
PT—103		1151DP 流量变送器 精度：±0.25%	1151DP5SI12M₂	1	现场		C3S	55	21.9		测量范围：0～19.3 kPa 就地指示：0～24 kPa
PN₁—103		检测端安全栅	KAG—5100	1	导轨						规格同 LN₁—102
PI—103		数字/光柱控制显示仪 精度：±0.2% FS±1字	HR—WP—C801 —82—14—WB	1	仪表盘						24 V DC 供电 指示：0～24 kPa 以下省略

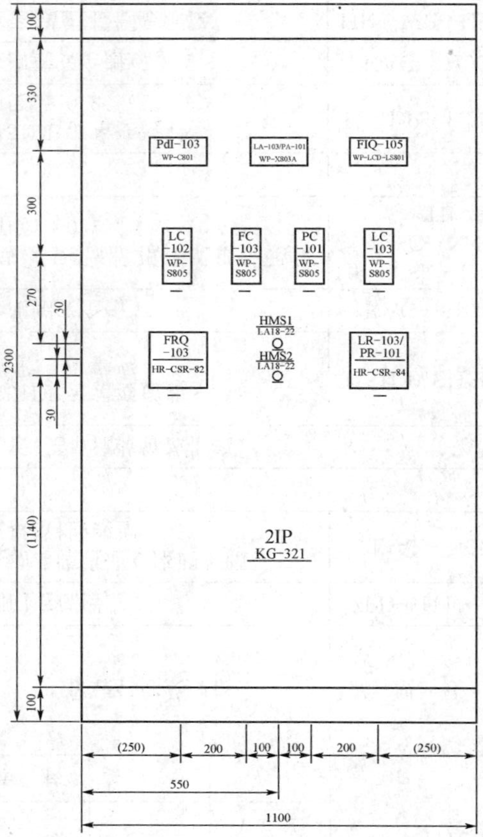

说明：

1. 仪表盘的颜色为银灰色
2. 1#仪表盘为右侧敞开，左侧封闭，后开门的柜式仪表盘
3. 2#仪表盘为左侧敞开，右侧封闭，后开门的柜式仪表盘

序号	位号	名 称 及 规 格	型号	数量	备注
12		铭牌		11	
11	FRQ-103	"防盗型"流量积算无纸记录仪	HR-CSR84-84-14-NNNN-4P-TP	1	
10	LC-102	PID自整定/光柱显示控制仪	WP-S805-822-14-LH-WB	1	
9	FC-103	PID自整定/光柱显示控制仪	WP-S815-822-14-NN-WB	1	
8	LIC-103	PID自整定/光柱显示控制仪	WP-S805-822-14-LH-WB	1	
7	FIQ-105	防盗型流量积算仪	WP-LCD-LC801-80A-NN-WB	1	
6	LR-103/PR-101	无纸记录仪	HR-CSR84-84-14-NNNN-4P-TP	1	
5	KA-103/PA-101	八回路闪光报警器	WP-X803A-0AW	1	
4	PC-101	PID自整定/光柱显示控制仪	WP-S805-822-14-LH-WB	1	
3	HMS1/HMS2	瞬时闭合开关　消声/试验按扭	LA18-22	2	
2	PdI-103	数字/光柱显示控制仪	WP-C801-82-14-WB	1	
1	2IP	柜式仪表盘　2100*1100*900	KG-321	1	

设 备 材 料 表

南京化工职业技术学院　自动化				工程项目	毕业设计
职责	签字	日期	仪表盘正面布置图	设计项目	丙烯精馏塔自控设计
设计				设计项目	施工图
制图				bysj-07	
校验					
审核					
审定			比例　1:10	第2张	共2张

图 9－21　仪器盘正面布置图

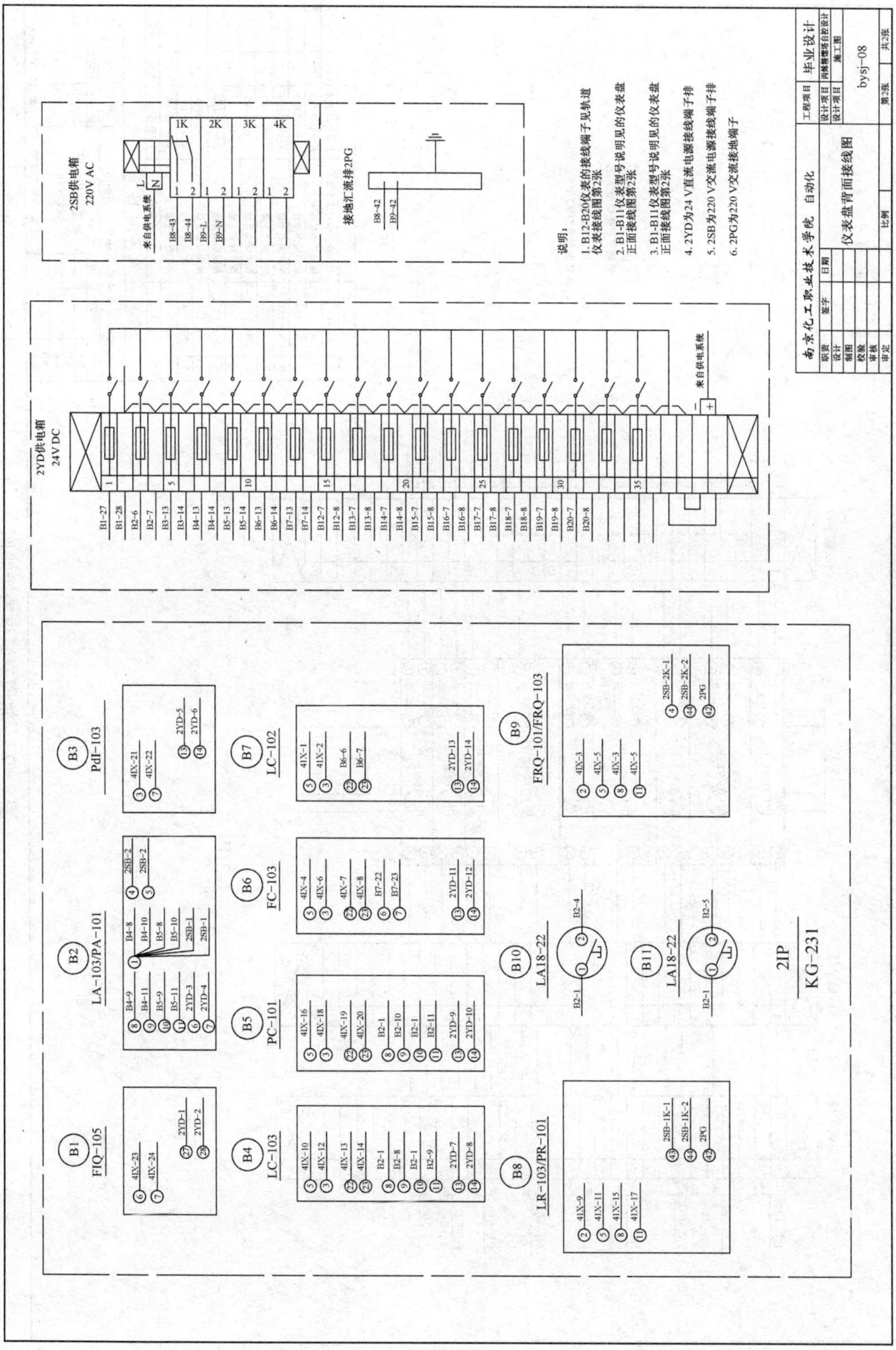

图 9 - 22 仪表盘背面布置图

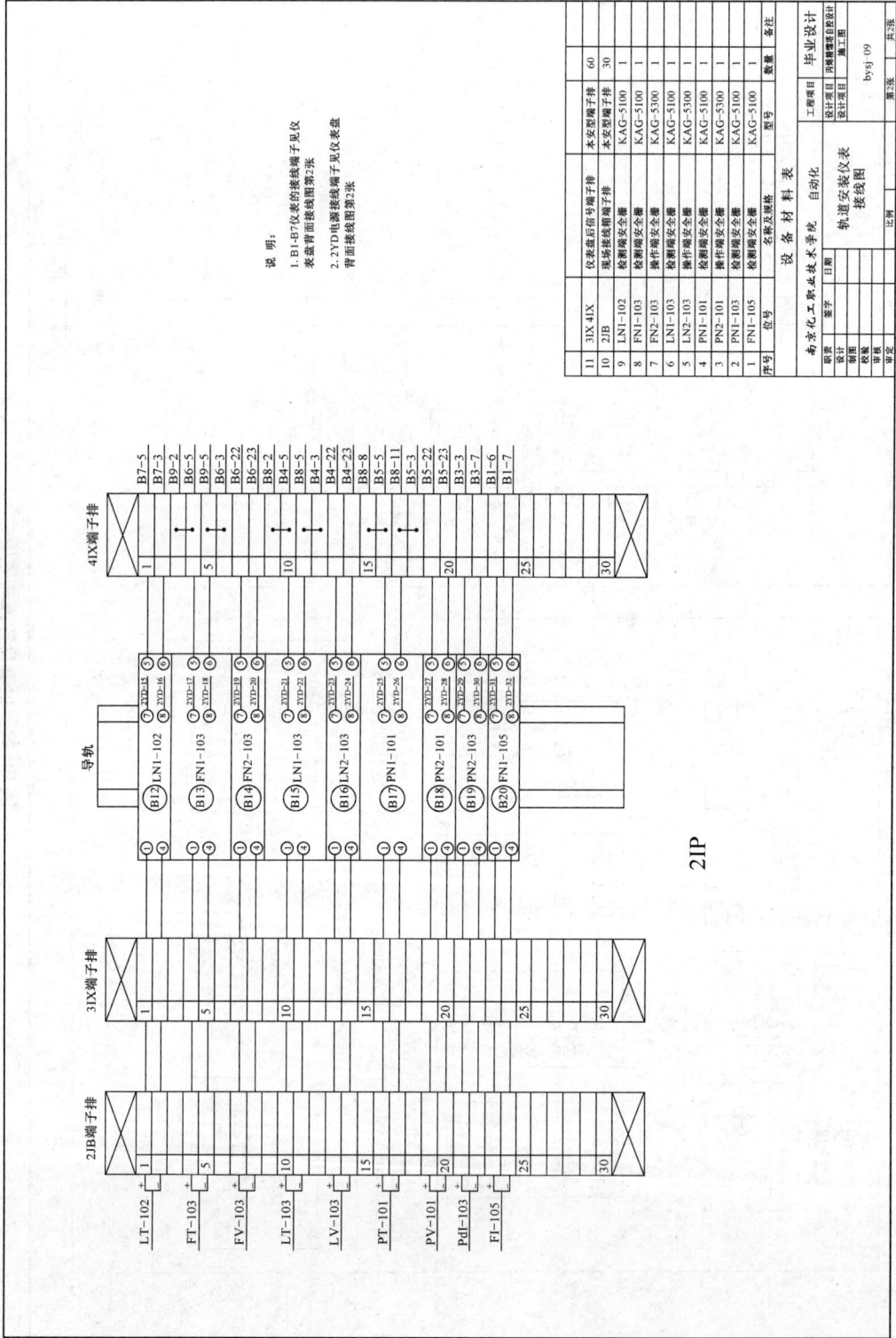

图 9 - 23　轨道安装仪表接线图

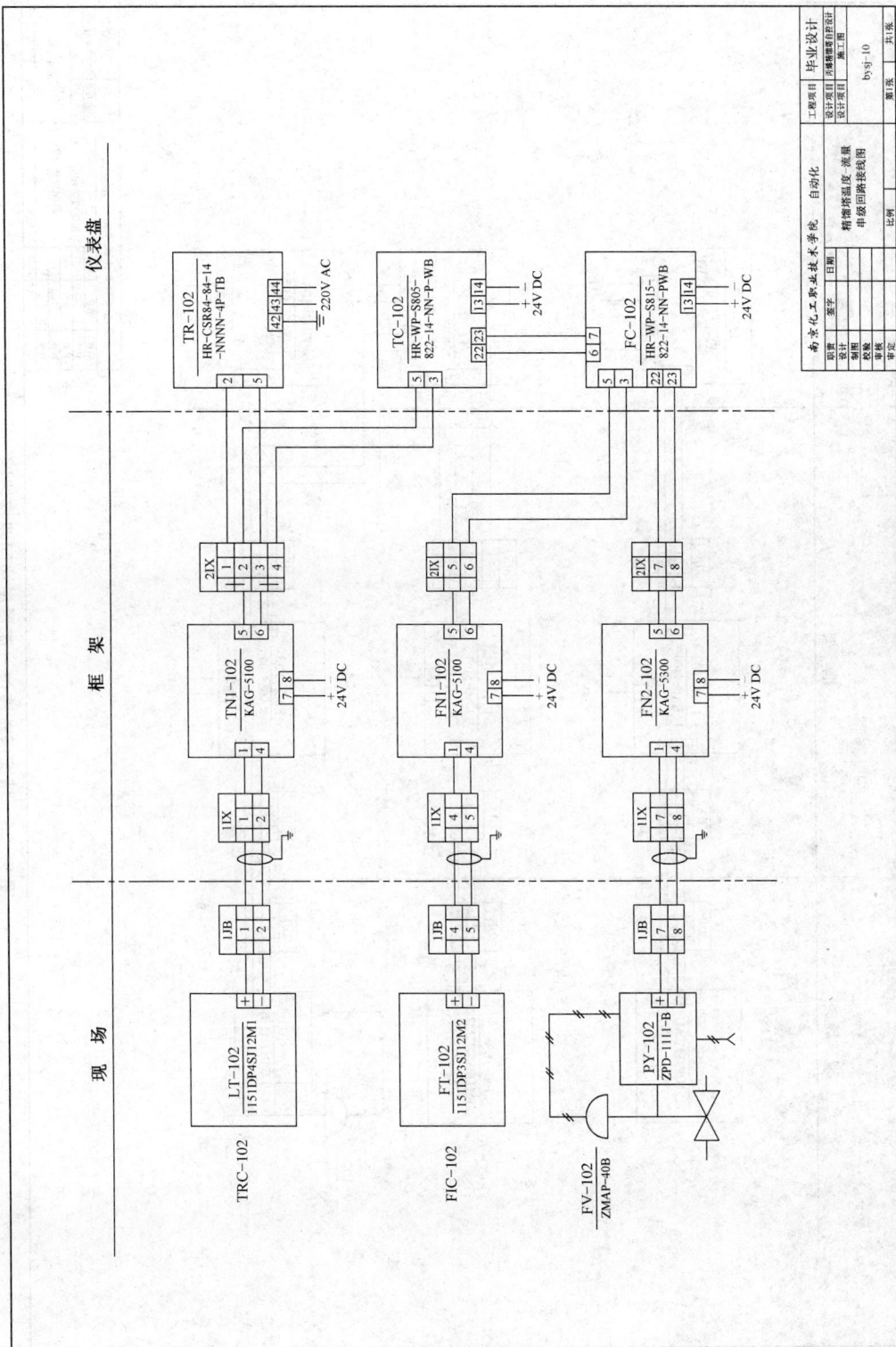

图 9 - 24　精馏塔温度—流量串级回路接线图

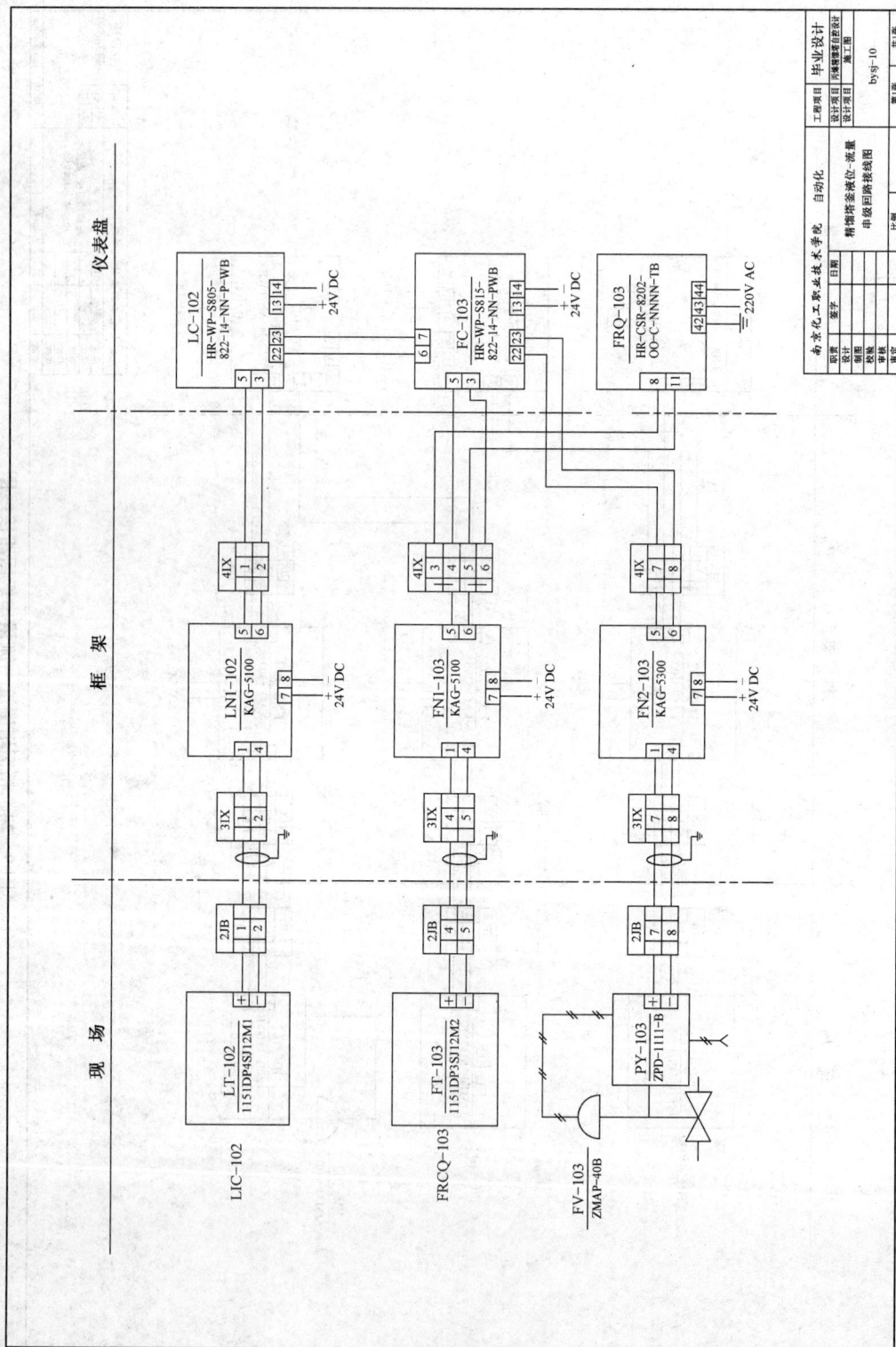

图 9－25　精馏塔塔釜液位—流量串级回路接线图

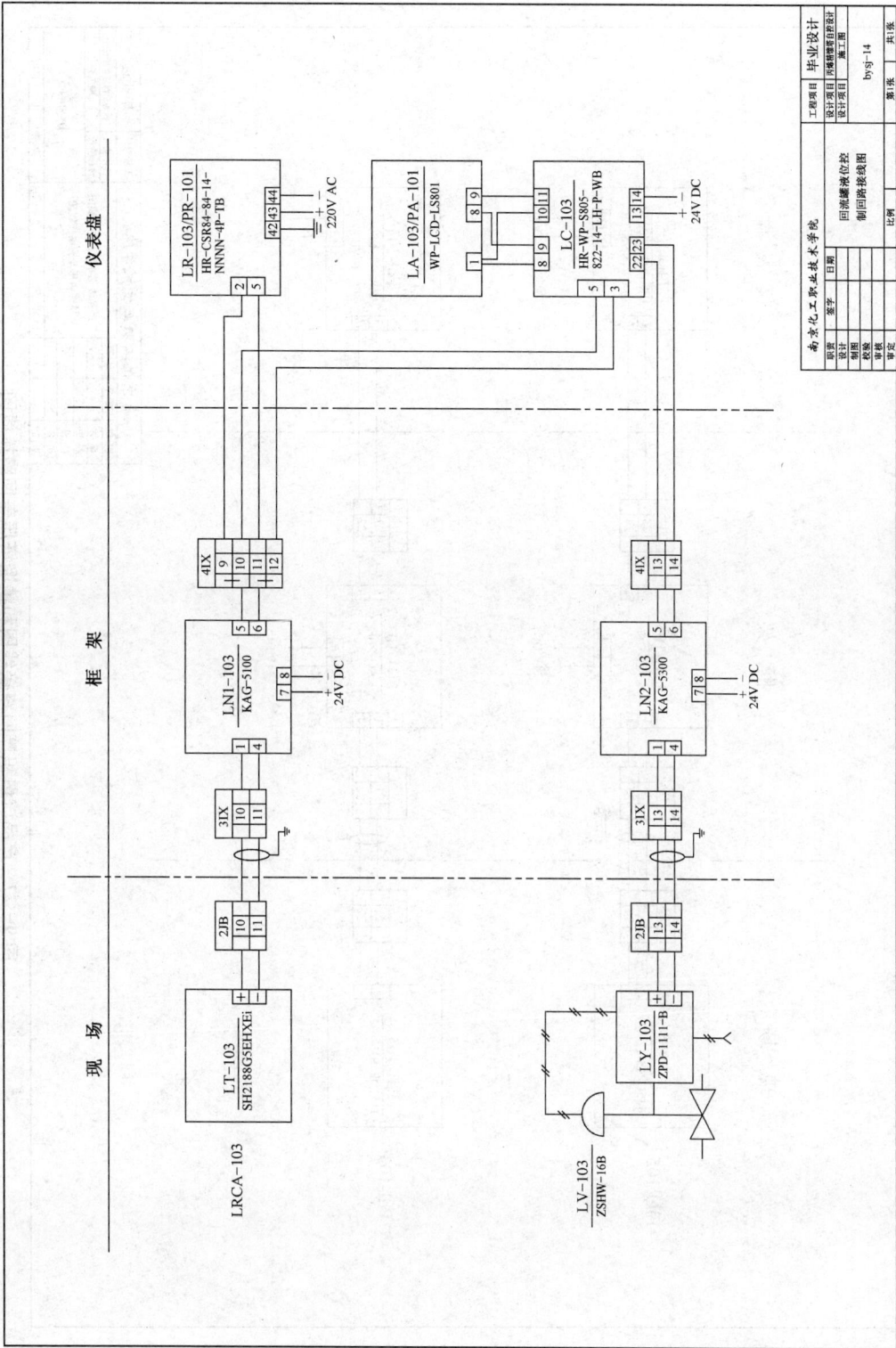

图 9 – 26 回流罐液位控制回路接线图

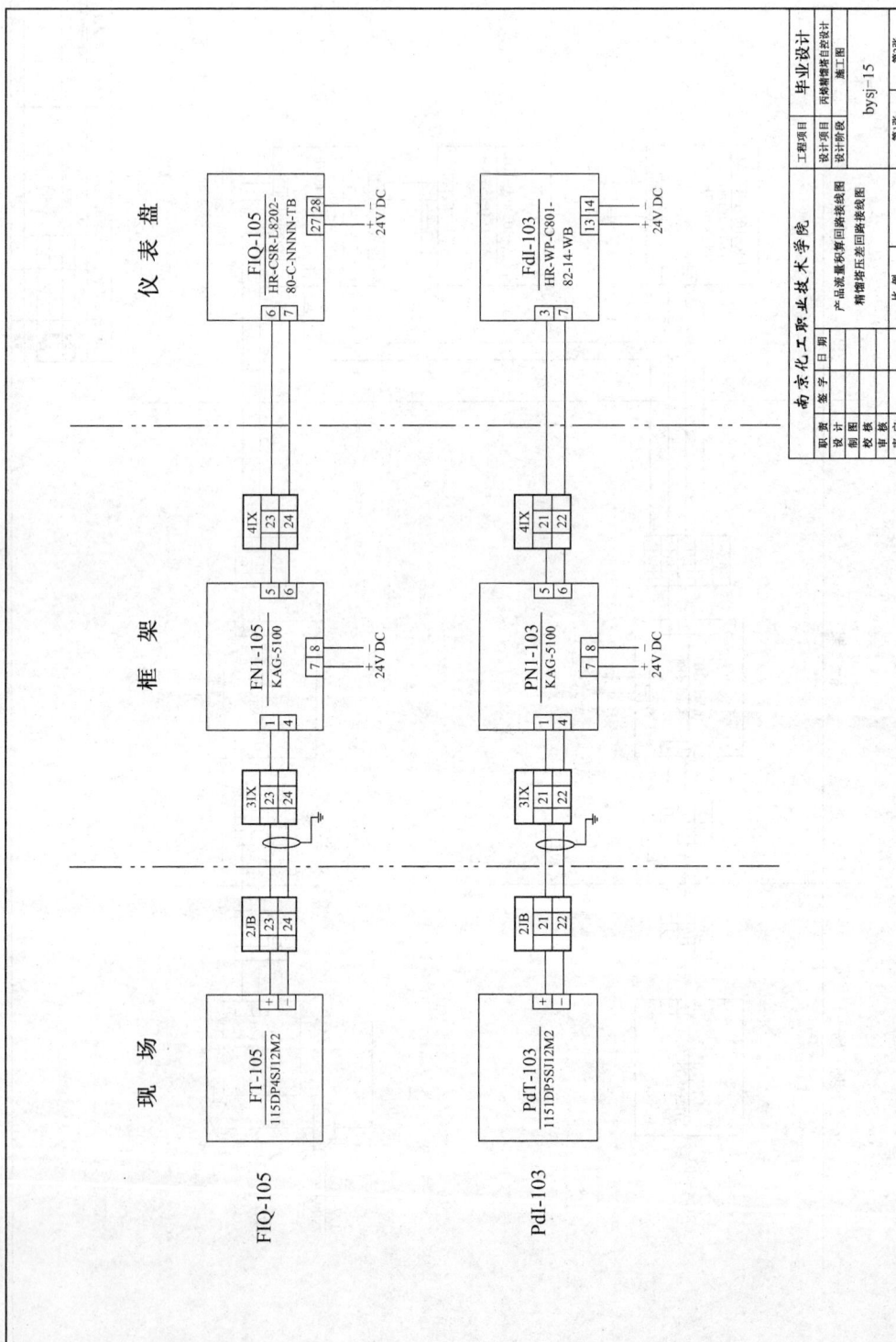

图 9－27 产品流量积算回路接线图和精馏塔压差回路接线图

9.4.2 参考文献

[1] 王永红主编. 过程检测仪表[M]. 北京:化学工业出版社,1999.

[2] 刘巨良主编. 过程控制仪表[M]. 北京:化学工业出版社,1998.

[3] 孙洪程主编. 过程控制工程设计[M]. 北京:化学工业出版社,2001.

[4] 王爱广,王琦主编. 过程控制技术[M]. 北京:化学工业出版社,2005.

[5] 翁维勤主编. 过程控制系统及工程[M]. 北京:化学工业出版社,2002.

[6] 张万忠主编. 可编程控制器应用技术[M]. 北京:化学工业出版社,2002.

[7] 自控专业施工图设计内容深度规定 HG/T 20506[S].

[8] 自动化仪表选型规定 HG/T 20507[S].

[9] 过程检测和控制系统图用图形符号和文字代号 HG 20505[S].

[10] 三菱 FX2N 系列 PLC 使用手册.

[11] 上海自动化仪表股份有限公司仪表选型样本.

[12] 福建虹润精密仪表选型样本,2003 年版.

[13] 北京英华达电力电子工程科技有限公司无纸记录仪操作手册.

[14] 上海自动化仪表七厂选型样本.

[15] 乙烯工艺技术规程,扬子内部资料.

[16] 乙烯装置操作手册,扬子内部资料.

9.5 过程自动化系统毕业设计实例 2——75 t/h 循环流化床锅炉自动控制方案

9.5.1 锅炉概况及控制特点

循环流化床锅炉的自动控制包括主汽压力控制、主汽温度控制、燃烧控制(包括给煤,一、二次风,返料量控制)、汽包水位控制、料层差压控制及炉膛负压控制等。其中的燃烧控制是整个 CFB 锅炉自动控制的难点和重点,炉膛燃烧的稳定直接影响到锅炉的安全性、经济性以及产生蒸汽的品质(主汽温度及主汽压力),同时燃烧控制中的给煤,一、二次风,返料量等耦合性强,往往一个参数的变化影响到几个参数的同时变化,直接影响工况,同时其非线性、时变性强(即使同一批煤的煤质也会有较大的变化),再加上大滞后特性,因此对象极其复杂,常规的 PID 控制不能达到理想的控制效果,因此通过汇总操作人员的实际经验,建立规则库的规则控制方法,使 CFB 锅炉燃烧自动控制成为可能。

75 t/h 循环流化床锅炉如果采用操作人员手控的控制方式,虽能基本进行稳定控制,但控制的人为因素较多。其控制上的不足主要表现在:

① 没有一个统一的操作规程,每个司炉均有各自的操作方式及习惯,个体差异较大。

② 炉床温度及炉膛出口温度波动范围大。床温波动范围在 800 ℃~1 000 ℃,炉膛出

口温度波动也有近 300 ℃（600 ℃～900 ℃）。

③ 由于操作幅度较大，主汽温度经常超限（＞450 ℃），有时超 500 ℃，且经常控不下来，影响蒸汽品质。

④ 操作工操作一般都处于过渡过程，基本没有达到最佳风煤比及最佳返料量。

采用学习有经验操作人员的计算机规则控制可以弥补上述不足，其主要优点是：

① 一天 24 小时工作"认真"，决不会"偷懒"，相当于一个尽心尽责的优秀操作工。

② 控制规则统一，控制相对稳定。

③ 真正做到"少量多次"，操作幅度不会过大。

④ 遇到紧急情况能冷静分析，沉着操作，不会"头脑发热"，引起误操作。

⑤ 有可能再进行上层优化。

9.5.2　75 t/h 循环流化床锅炉操作经验规则

1. 稳定负荷下

（1）**负荷稳定标志为主汽压力稳定及主汽温度稳定**　主汽压力稳定范围为（3.5±0.2）MPa，主汽温度为 435 ℃～450 ℃。

（2）**主汽压力调节手段**　当主汽压力小范围波动，床温及炉膛出口温度比较稳定时，主要通过小范围增减煤量并相应改变风量维持床温、炉膛出口温度稳定来调节主汽压力稳定（定值控制）。

（3）**主汽温度调节手段**　主要通过改变减温水流量来调节。由于 3# 炉减温水管较细，当调节幅度不够时，要人工开关旁通阀来帮助调节；仍不足以使主汽温度调至设定值时，要通过增、减二次返料灰来调节。主汽温度偏高时，开大二次返料灰阀，减少二次返料；主汽温偏低时，关小二次返料灰阀，增加二次返料量（主汽温亦属定值控制）。

（4）**稳定炉床温度**　CFB 锅炉稳定运行与否关键是炉床温度是否稳定。炉床温度稳定范围在 850 ℃～950 ℃，并不需要定值控制。炉膛出口温度要视负荷大小而定：一般主汽流量 70 t/h 时为 840 ℃～850 ℃，60 t/h 时为 810 ℃～830 ℃，低负荷 35 t/h 时为 650 ℃～700 ℃，也不需定值控制。控制的关键是使炉膛出口温度及炉床温度在稳定负荷下基本稳定，看其变化率来进行控制（使其在一段时间内变化率尽可能小）。控制中最担心的紧急情况是断煤引起床温快速下降导致熄火或煤风比太大，床温上升过快导致结焦（超过 1 100 ℃）。

稳定床温及炉膛出口温度的方法：可在小范围内改变煤量或风量（主要是一次风），原则上是温度上升则减煤或加风，温度下降则加煤或减风。满负荷运行稳定负荷下，一次风基本开满（即在最佳值），操作工一般只通过增减给煤量来调节（小范围内改变煤量），并做到"少量多次"原则，稍调一下，看一下温度（床温及炉膛出口温度）变化趋势，再决定下一步操作。

控制重点：掌握炉床温度，特别是炉膛出口温度变化趋势提前控制，并密切注意操作后效果。

（5）**稳定床温操作经验**

① 炉膛烟气氧含量反应极为灵敏，是判断是否断煤的主要过程参数，正常工况下氧含

量值在 4～5,变化超过 1 则可判为断煤。

② 嵊州厂 3♯炉的氧化锆氧量分析仪工作不稳定,实际操作中采用炉膛出口温度,此参数也能直接反映炉膛内煤燃烧情况,操作人员主要根据这个参数(同时结合床温)来控制给煤量大小,判断是否断煤。这是与普通锅炉床温控制方案的不同之处。

③ 烟气氧含量增大超过 1,或炉膛出口温度下降快(达 1 ℃/s～2 ℃/s),床温跟着下降时,则首先判断为断煤。

措施:

➤ 方案 1:先加煤,再通煤,通煤后看炉膛出口温度,如稳住有上升趋势时,则减煤至原先值。

➤ 方案 2:先加煤,再看炉膛出口温度是否稳住有上升趋势,如是,则稍减煤(比原值高);如否,则通煤,通煤后同方案 1。

➤ 方案 3:先通煤,看出口温是否稳住有上升趋势,如是,则稍加煤,过一小段时间(看温度上升情况),再减煤至原先值;如否,则加煤稍大,再通煤,至温度有上升趋势,再减煤至原先值。

一般情况下,我们认为方案 1 较好,它能最快地使温度稳住上升。

④ 如炉膛出口温度较稳定(符合稳定负荷工况要求),但床温太高(>950 ℃)或太低(<850 ℃)则要么操作返料阀,太高则关紧些,太低则开大些,要么小范围调节一次风量,太高则开大些,太低则关小些。

⑤ 如炉膛出口温度、床温均稳定,但偏低或较平稳缓慢下降,则考虑小范围内增加给煤量至稳定且有上升趋势时,稍减煤,使其稳定。

⑥ 炉膛出口温度太高(较稳定),床温也偏高,则考虑稍减煤量,使其稳定。

⑦ 炉膛出口温度太高,床温偏低(均稳定),可考虑小范围内关紧二次返料灰阀。

⑧ 炉膛出口温度平稳缓慢上升,床温平稳缓慢下跌,且均在正常范围内,则考虑为正常,不操作(一般在通煤后较常见),最后系统会自动达到一新平衡值(同一批煤,煤质也会稍有差异)。

⑨ 出口温度较平稳或平稳缓慢上升,床温下降较大,则

a. 床温还较高,则不动作,系统可能会自动达平衡值。

b. 床温下降至某一低限值,则小范围打开返料灰阀,抬高床温。

⑩ 上次操作情况会给工况带来一定的影响,因此看现象判断时,要考虑上次动作的滞后效应。

(6) **炉床温度及炉膛出口温度与负荷同时波动并相矛盾时**　原则上应首先保证炉床温度及炉膛出口温度在规定范围内稳定,然后再调节负荷。

(7) **紧急情况**　正常运行时,如发现炉床温陡高(1 ℃/s～2 ℃/s)且超过 950 ℃,则立即减煤或停煤加风,这多是由于控制不当使燃烧室积煤太多造成,待温度恢复正常后,再加煤继续调整,恢复负荷,稳定床温。如发现结焦,则立即停炉,如发现炉膛出口温度及床温下降过快,则按(5)中②情况处理。

(8) **二次返料变化会影响床温及炉膛出口温度**　启动初期,一般不调整返料量,一般低负荷时,返料量也较小,待负荷增加时,将逐渐增加返料量。正常运行时,一般控制在最佳返料量。

（9）**针对不同的煤种及负荷条件** 一次风维持燃烧室流化状态及适当的床温。二次风控制总风量,保证炉膛内燃料燃尽,并有 10% 左右过剩空气量,根据煤种及程度不同,达到满负荷时,一次风约占总量的 50%~60%,二次风占 40%~50%。

（10）**料床差压** 一般满负荷(60 t/h~70 t/h)时控制在 7 600 Pa,降负荷后(35 t/h)一般在 7 000 Pa 左右,满负荷一般 25~30 分钟排渣一次来控制料床差压(人工排渣)。每次放一车(300 Pa 左右)排渣后料床温度也下降,可通过加煤来补偿(一般操作工操作时不补偿)。

（11）**汽水系统** 主要维持汽包水位在规定范围内±50 mmH₂O。一般情况下,操作调节给水流量大体与主汽流量相当(同时看汽包水位值),利用三冲量(汽包水位、主汽流量、给水流量)来调节,如图 9-28 所示。

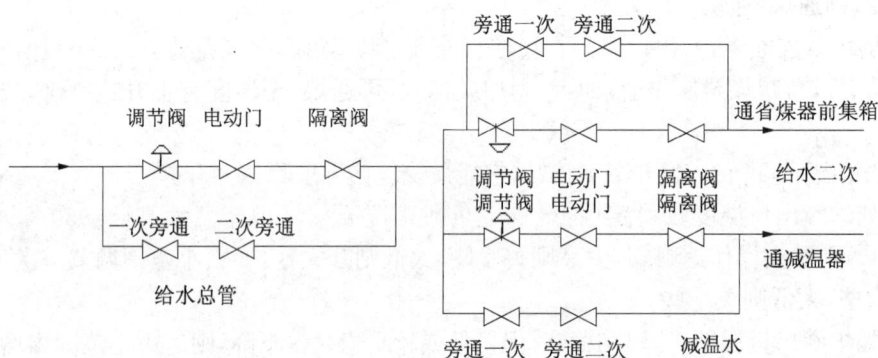

图 9-28 汽水系统

给水量管路太细,所以有时要通过旁通阀人工调节。其他炉共用一给水总管,有时需要两炉协调给水。

2. 降负荷

① 时间。一般在晚上 10:00、10:30 降至低负荷(35 t/h),操作工一般提前降下来。

② 步骤。先减煤,看床温及炉膛出口温度有下降趋势,再减风,再减煤,再看趋势再减风,直至降至规定负荷。做到少量多次,走一步,看一步。

③ 减的幅度要小,看主要参数变化再进行下一步操作。主要参数为炉膛出口温度及床温。原则上,随着给煤量减少,炉膛出口平稳下降,床温基本稳定。

④ 自控设计中,可以连续减煤,同时减风,炉膛出口温度及床温作为主要监视参数,出口温度下降变缓甚至有上升趋势时,或床温有上升趋势时,则减少一次风下降速率,煤维持原速下减。若床温下降较快,则暂时停止减煤或稍加煤,待床温稳定后再减。

⑤ 降负荷中要特别注意出现断煤情况(炉膛出口温度下降速率变快)。

⑥ 降负荷中允许汽包压力及主汽温度稍有下降,且稳定在一稍低值。

⑦ 降负荷最担心的是断煤或给煤过多引起结焦。

⑧ 在降煤、降风的同时随着主汽流量下降降负荷,同时降给水流量。降负荷初一般先关死减温水电动门,维持主汽温度,待降负荷完毕后再打开。低负荷下减温水流量维持在较低水平。

3. 升负荷

① 时间。一般在早上 7:30、8:00 中升至高负荷,操作工一般提前升完。

② 步骤与降负荷相反。先加风,再加煤,看炉膛出口温度及床温变化趋势,有上升趋势再加风、加煤,直至升完。

③ 与降负荷中的③④⑤⑥⑦刚好相反。

④ 在加风、加煤的同时随着主汽流量上升升负荷,同时加大给水流量。

9.5.3　锅炉自动控制系统的构成

循环流化床稳定负荷下的自动控制系统由以下几个子系统组成:燃烧控制系统、主蒸汽压力(母管压力)调节系统、主蒸汽温度控制系统、气包水位控制系统及料层差压控制系统和炉膛负压控制系统。循环流化床运行的特点是维持炉膛稳定的温度分布,维持稳定的床温及床高。

1. 燃烧控制系统及主蒸汽压力(母管压力)调节系统(如图 9－29)

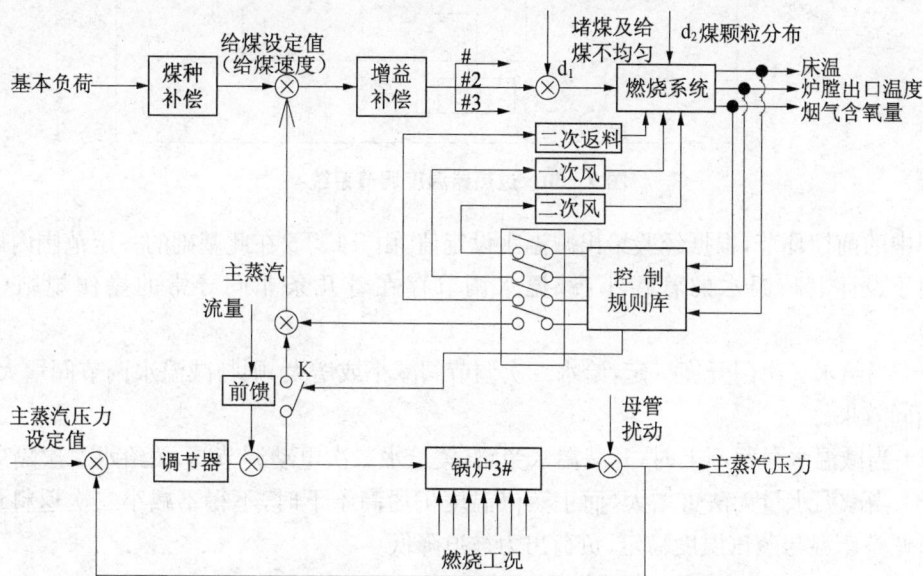

图 9－29　燃烧控制系统及主蒸汽压力(母管压力)调节系统

图 9-29 绘出了燃烧控制系统大致的框架,包括了各种主控参数及中间控制参数、调节手段及各种扰动。控制规则库则体现了需要总结的控制规律,循环流化床控制的特点是保持床温的稳定,避免结焦与熄火的意外发生,因此原则上是先稳定住循环流化床的运行工况的前提下,再考虑 3 号炉所带负荷的调节,如开关 K 所体现的。K 接通相当于接上外环,主要克服由于并行运行制带来的主管压力的扰动。

控制规则库与床温和炉膛出口温度,相当于内环,用来克服堵煤异常情况和给煤质与量的不均匀。一次风的重要作用是保持床的正常流化状态,避免局部超温结焦现象,因此与给煤有一个恰当的比例关系，一般并不随意变动。二次返料量决定了冷灰再入炉膛的量，对床温及负荷出力也有很大影响，一定负荷与煤种也有一个最优量，因此也不随意变动。以上一次风及二次返料量，只在床温或炉膛出口温度临近临界范围时，才有必要做微量的调整。另外烟气含氧量主要通过二次风微调，以达到相应负荷下的经济燃烧。

2. 主蒸汽温度控制系统

蒸汽温度控制由于过热蒸汽温度测点在过热蒸汽出口处，存在着大的传递滞后与容量滞后，而一般靠减温水控制容量滞后也很大。因此对这样的系统，一般控制的波动很大，过热蒸汽温度受到烟气量、烟气温度和蒸汽流量的扰动影响，特别是烟气中的固体颗粒浓度对过热器的传热系数有显著影响，而这是与二次返料量密切相关的。但烟气量、温度及返料量都不能作为调节手段，因此只能由前馈消除它们的干扰。

过热器温度调节系统如下（如图 9 - 30）：

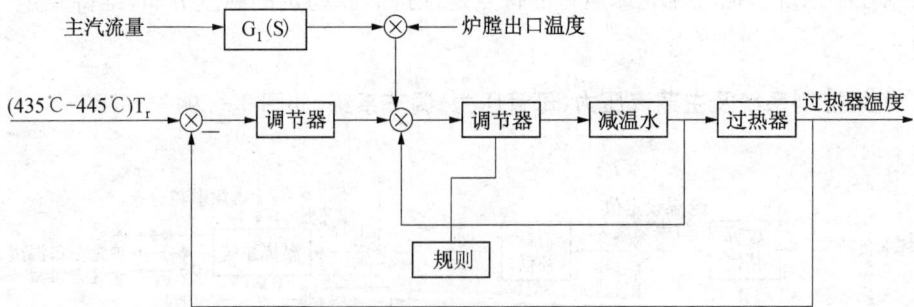

图 9 - 30　过热器温度调节系统

图中的前馈环节，根据经验给出减温水设定值，由 T1、T5 在此基础的一定范围内调节。

由于设计上减温水的管径小，减温水调节存在着几条非同寻常的操作规则（如图 9 - 31）。

（1）当给水一次门开度一定，给水二次调节阀减小或增大，则与减温水调节阀增大或减小有相同效果。

（2）当减温水量跟不上时，开减温水旁路，关给水二次电动调节阀，关给水二次隔离阀。

（3）当减温水量无法再增大，而主蒸汽温度仍居高不下时，不得不减小二次返料量，此时重新调整床温与蒸汽温度稳定，负荷出力被迫降低。

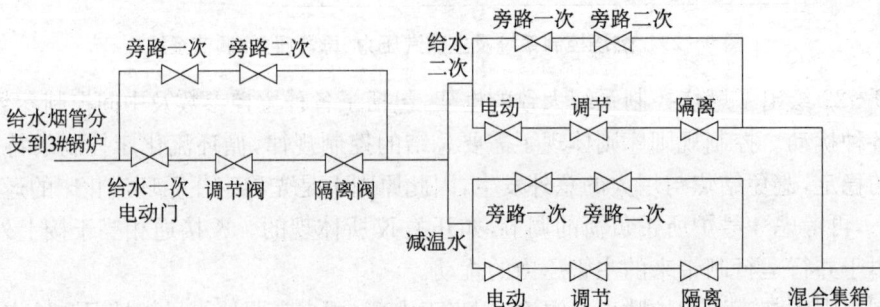

图 9 - 31　给水系统管路图

3. 汽包水位控制系统（如图 9 - 32）

汽包水位控制系统可以采用三冲量基础上的串级控制系统。

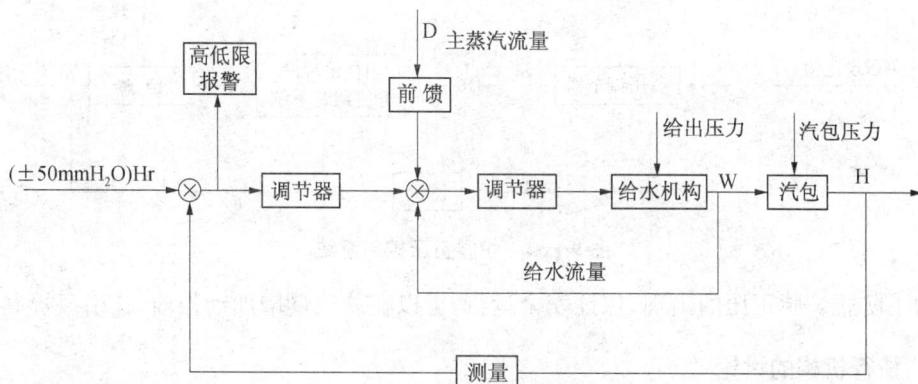

图 9 - 32　汽包水位控制系统

操作工操作的缺点也体现在上述串级控制系统,内环操作较频繁,让给出流量追踪主蒸汽流量,只有在汽包水位临近高低限,且趋势仍应是向外走时,才做外环调节,但操作工的操作频率比较低,调整幅度较大,汽包水位经常偏出高低限,由于汽包水位有一个较宽的范围,因此采用规则控制可以控制,对测量的干扰更有适应性。因此外调节器拟用规则调节器。

4. 料层差压控制系统（如图 9 - 33）

现在只能采取间隙排渣手段。

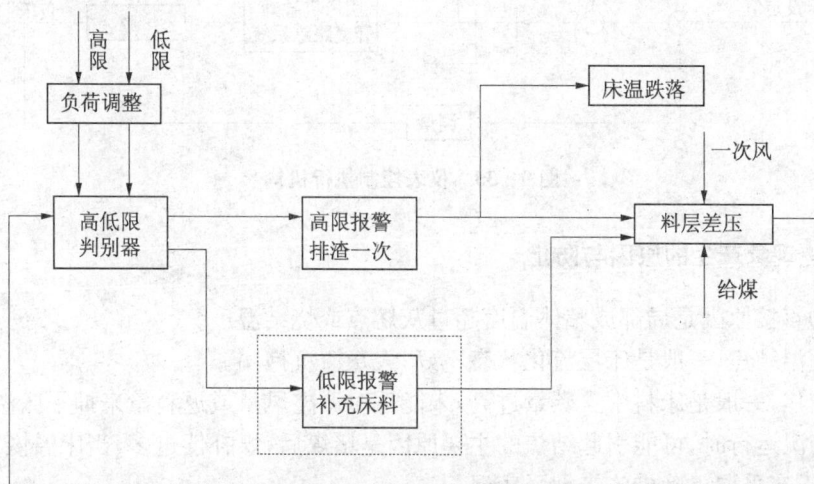

图 9 - 33　料层差压控制系统

5. 炉膛负压控制系统（如图 9 - 34）

炉膛负压控制系统与一般锅炉的没有什么本质区别。

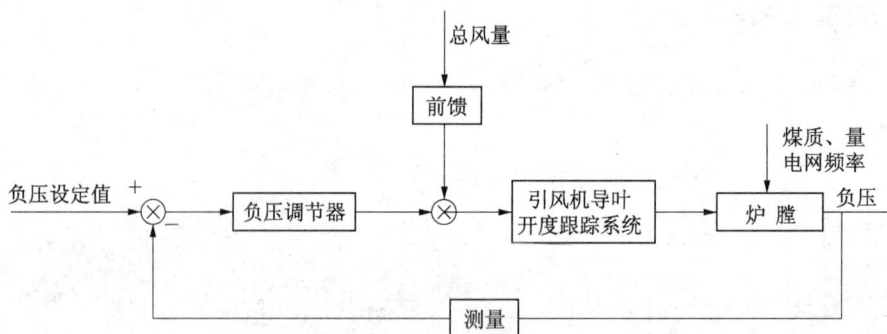

图 9 - 34 炉膛负压控制系统

为了防止炉膛正压的出现,保证安全运行,可以在总风量增加动作前,让引风提高动作。

6. 执行机构的讨论

75 t/h 循环流化床锅炉上的仪表控制执行机构(如图 9 - 34),虽然大部分都有 4～20 mA 标准信号的接口输出,但仪表控制输出大多直接控制电动阀的正向导通与反向导通。对于炉膛负压控制系统,可以采用如图 9 - 35 所示的形式,只输出开关量信号,更接近操作工的运行方式。

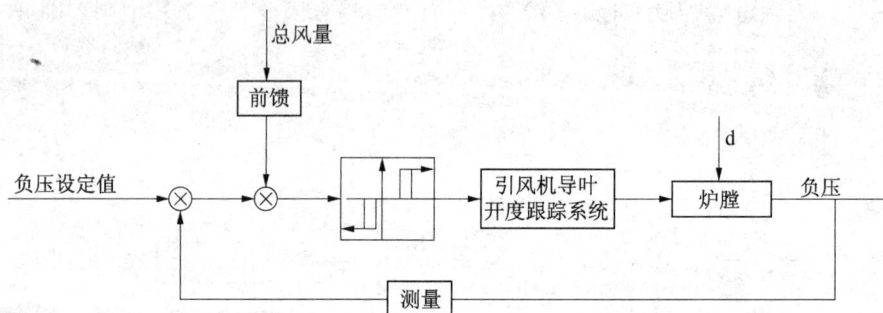

图 9 - 35 仪表控制执行机构

7. 结焦现象产生的原因与防止

结焦的直接原因是局部或整体温度超过灰熔点或烧结温度。

局部超温结焦,一般是床层流化状态不好,大灰渣沉抱团。

高温结焦,一般是床料中含碳量过高,未能适时调整风量或返料量来抑平床温。

稳定工况运行时,可能引起结焦的主要原因是堵煤后,煤补偿过多,当床温恢复较高时,燃烧加速,没有采取正确措施来抑平床温。

结焦一般发生在升降负荷时,给煤量无法准确检测,床层里积累的碳量太多,一次风没有正确地配合。

由于结焦现象是一个自加速的过程,因此一定要在升降负荷及稳定运行时保证正常的床温稳定,一旦床温达到快速上升 2 ℃/s 以上,结焦现象常常已不可挽回。

9.5.4　锅炉燃烧规则控制方案

1. 控制目标分阶段实现

由于燃烧控制的复杂性,鉴于目前热电厂操作及工艺运行的现状,我们提出其燃烧控制进行控制目标分阶段实现。其原则是首先能安全、稳定地控住,其次再进行控制参数优化、控制手段细化及扩大控制范围(指升降负荷)。

(1) 首先是保证床温及炉膛出口温度平稳,控制在要求的范围内,保证燃烧工况稳定(也即在稳定负荷下至少达到目前操作工的操作水平)。

(2) 在床温、炉膛出口温度控制平稳的基础上,工作一段时间后,通过运行中不断积累经验,得到各种负荷下的各参数最佳值,再进行控制方案的细化、优化,我们认为比较合理(可以充分利用计算机采集,处理分析运行中各种数据的能力)。目前看操作工操作所得的经验,只能是粗框架的、指导性的、得不到细化的控制量。

(3) 在取得大量经验,床温、炉膛出口温度平稳的基础上,再加上主汽压力控制,保证主汽压力稳定。

(4) 在上面的基础上,再配上控制所需的各种测点及执行机构再进行优化(如返料差压检测,自动执行阀、冷渣器、自动排渣机构,给煤机结构合理改造及提供给煤量监测反馈信号,比较准确的 O_2 量检测元件等),提高对煤种、煤质的适应性,使各种控制参数都能稳定在最佳值附近,床温也能控制在一个较优的稳定值上(对燃烧、脱硫最佳),且实现经济燃烧。

(5) 在稳定负荷控制平稳的基础上,再进行升降负荷的计算机控制。

2. 本阶段燃烧规则控制的初步方案

本阶段的目标是保证炉床温度及炉膛出口温度能稳定在工艺要求的范围内。床温、炉膛出口温度稳定在要求的范围内是锅炉能正常、安全、经济燃烧的表现和关键,也是目前操作工主要的控制目标。热电厂 75 t/h CFB 锅炉,床温工艺要求在 850 ℃～950 ℃,炉膛出口温度视负荷大小而定,一般蒸汽流量 75 t/h 时为 840 ℃～850 ℃,65 t/h 时为 810 ℃～820 ℃,低负荷 35 t/h 时为 650 ℃～700 ℃。工艺要求控制目标为床温及炉膛出口温度能稳定地处在要求范围之内即可,不需要定值控制。

控制方框图在前面方案中已给出,其中的规则库设计如图 9-36 所示:

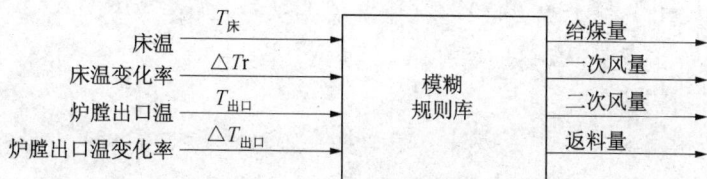

图 9-36　规则库

床温、炉膛出口温度的模糊量为三个值:高、中、低,其变化率的模糊量为五个值:快升、缓升、平稳、缓降、快降。

根据工艺情况及目前经验,作如下设定:床温($T_{床}$)高 930 ℃~970 ℃;中 870 ℃~930 ℃;低 820 ℃~870 ℃。

炉膛出口温度按负荷不同设定不同。

床温变化率

$\Delta T_{床}$　快升 0.5 ℃/1 s~2 ℃/1 s　　　　$\Delta T_{出口}$　快升 1 ℃/2 s~1 ℃/1 s

　　　　缓升 1 ℃/5 s~1 ℃/2 s　　　　　　　　　缓升 1 ℃/3 s~1 ℃/2 s

　　　　平稳 −1 ℃/5 s~1 ℃/5 s　　　　　　　　平稳 −1 ℃/3 s~1 ℃/5 s

　　　　缓降 −1 ℃/2 s~1 ℃/5 s　　　　　　　　缓降 −1 ℃/3 s~1 ℃/5 s

　　　　快降 −2 ℃/1 s~−1 ℃/2 s　　　　　　　快降 −1 ℃/1 s~1 ℃/3 s

这种设定只是目前经验的总结,在以后运行中可作修正。

针对 CFB 燃烧控制特点及热电厂现状,把规则控制库中规则分为两类:故障判断及事件处理;较平稳状态控制。

(1) 故障判断及事件处理

故障判断及事件处理主要应付目前工艺设计不佳造成的堵煤、堵灰及意外工况可能带来的熄灭或结焦状况,一般采用计算机控制加报警,同时控制系统具有方便的手/自动无扰动切换功能,操作工可根据需要进行手/自动切换操作。

主要规则有:

➤ 烟气氧含量增大超过 1(或 $\Delta T_{出口}$ 快降且 $\Delta T_{床}$ 平稳、缓降或快降)。

判断:断煤。

操作:断煤报警,提示操作工通煤,同时加煤约 50%,通煤后,烟气氧含量有下降趋势(或炉膛出口温度及床温稳住或有上升趋势时),则减煤至原先值,操作完成。

➤ $T_{床}$<820 ℃且 $\Delta T_{床}$ 缓降、快降;$T_{床}$>970 ℃且 $\Delta T_{床}$ 缓升、快升。

操作:报警。

$T_{床}$<820 ℃且 $\Delta T_{床}$ 缓降、快降,有可能导致床温太低而熄灭(尤其是降至 700 ℃以下)此时减风 10%,稳住床温,并使之回升至 820 ℃以上再切自动。若减风后,床温继续下降,则反应还原区可能扩大,此时稍加风并注意床温变化趋势,若快速上升,则全开风门,待趋势稳定再恢复一次风量。

$T_{床}$>970 ℃且 $\Delta T_{床}$ 缓升、快升,有可能导致床温过高而结焦(尤其是超过 1 200 ℃时结焦的自加速过难特性无法控制),此时加大风量 20%,减煤 50%,使床温回落。

➤ $\Delta T_{床}$,快升达 2 ℃/1 s。

操作:快速升温报警,加大风量 20%,脉冲停煤。

➤ $\Delta T_{出口}$ 快降,且 $\Delta T_{床}$ 快升或缓升。

判断:二次返料灰管堵。

操作:报警,稍减煤 5%,加大风量 10%以抑平床温。

➤ $\Delta T_{出口}$ 快升、缓升且 $\Delta T_{床}$ 快降。

判断:二次返料灰大块落下。

操作:报警,稍增给煤量,减风 10%以抑平床温。

上面 5 条综合了许多种异常工况,从如何控制最坏情况考虑以保证炉膛燃烧的正常进行,避免熄火或结焦状况的出现。当然在正常情况下上述情况出现的概率应该不大(给煤机构、返料机构应作适当改造)。

(2) 较平稳状态计算机自动控制

① $\Delta T_{床}$ 平稳且 $\Delta T_{出口}$ 平稳。

➤ $T_{床} > 950°$，$T_{出口}$ 高、中。　　　　操作:减煤 3%～5%。

➤ $T_{床} > 950°$，$T_{出口}$ 低。　　　　　　操作:返料加大。

➤ $T_{床} < 850°$，$T_{出口}$ 高。　　　　　　操作:返料减少。

➤ $T_{床} < 850°$，$T_{出口}$ 低、中。　　　　操作:加煤 3%～5%。

② $T_{床}$ 低且 $T_{出口}$ 低，且 $\Delta T_{出口}$ 平稳、$\Delta T_{床}$ 平稳。

操作:加煤 3%～5%。

③ $T_{床}$ 高、$T_{出口}$ 高，且 $\Delta T_{床}$ 平稳、$\Delta T_{出口}$ 平稳。

操作:减煤 3%～5%。

④ $\Delta T_{床}$ 缓降、$\Delta T_{出口}$ 缓降，850 ℃ < $T_{床}$ < 950 ℃、$T_{出口}$ 在正常范围内。

操作:加煤 3%～5%。

⑤ $\Delta T_{床}$ 缓升、$\Delta T_{出口}$ 缓升，850 ℃ < $T_{床}$ < 950 ℃、$T_{出口}$ 在正常范围内。

操作:减煤 3%～5%。

⑥ $T_{出口}$ 高、$T_{床}$ 低、中，$\Delta T_{出口}$ 平稳、$\Delta T_{床}$ 平稳。

操作:稍开二次返料灰阀(开度大小要进一步摸索,操作工极易不规范操作)。

⑦ $T_{出口}$ 低、$T_{床}$ 高、中，$\Delta T_{出口}$ 平稳、$\Delta T_{床}$ 平稳。

操作:稍开二次返料灰阀(开度大小要进一步模索,同⑦)。

⑧ $\Delta T_{出口}$ 缓升或平稳且 $\Delta T_{床}$ 缓跌或平稳,且 $T_{出口}$ 在正常范围内,850 ℃ < $T_{床}$ < 950 ℃。

此况表明处于稳定状态,可维持原输出不变。

⑨ 在工况⑧下可考虑对负荷扰动的补偿。

维持主汽压力在负荷小范围波动下的稳定,维持主汽出力,同时可考虑利用氧量来调节二次风量,提高燃烧效率,如图 9 - 37 所示。

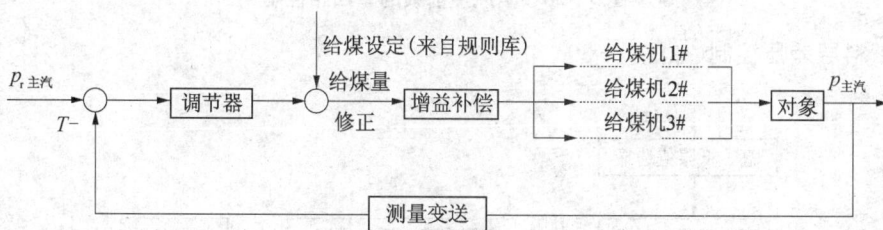

图 9 - 37　主汽压力控制回路

几项说明:

① 每条规则的输出限于控制一个主要量(给煤或返料)。

② 一次风主要维持床料的流化状态,一定负荷下设定一最佳值,一般不再变动。

③ 氧化锆氧量分析仪测量如果不准确,亦可考虑用燃烧效率动态寻优作为目标来调节二次风,维持较佳风煤比,实现经济燃烧。

④ ΔT(温度变化率)的求取。由于温度是一滞后较大的慢变参数,所以对 ΔT 应根据使用状态不同而进行不同定义。

➤ 应于用故障处理时,温度变化较快,应取短时间间隔的提前预报。一般应间隔 1 s,取 $-\Delta T$ 注为 ΔT^1(例 2 ℃/1 s)快升;间隔 2 s,取 $-\Delta T$ 注为 ΔT^2(例 1 ℃/2 s)。

➤ 计算机自控中,温度变化相对较缓,这里采用间隔 5 s,取 $-\Delta T$ 记为 ΔT^3,用于计算机规则判断。

➤ 为判断长期温度趋势再采用间隔 12 s,取 $-\Delta T$ 记为 ΔT^4。

由于燃烧工况的复杂性,一般 PID 无法进行控制。同样我们认为定频率的采样控制也难以奏效。我们认为模仿操作工的操作是:"调一调,看一看",调节后看结果再作下一步动作将比较有效,可以克服由于温度滞后带来的错误操作。基于这种方式的控制周期将是不定的,取决于上一次调节系统反应的快慢程度。

在具体实现中,可以对不同操作设立标志位。例如,给煤标志中 0 代表不加煤也不减煤,1 代表加煤,2 代表减煤。送风、返料同样,执行一次操作即改变标志位。

系统响应后清标志位。标志位值与规则中状态值综合决定是否输出控制值,即如上一次操作系统滞后还没响应时,不进行下一步动作,以免控制量变化太多(如一直加煤或一直减煤等),引起下面扰动太大而无法控制。

3. 控制回路的实现

(1) **炉膛负压控制**(如图 9 - 38)

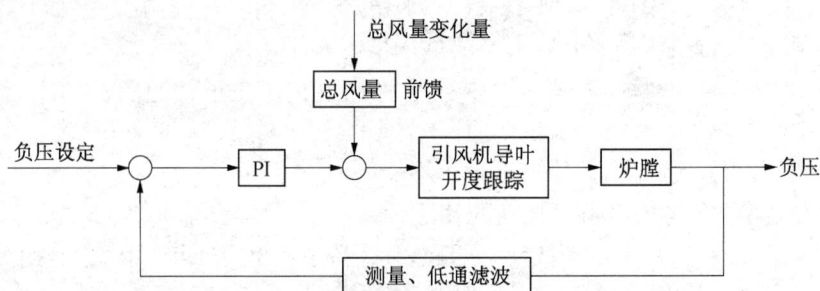

图 9 - 38 总风量前馈的单回路控制

(2) **料层差压控制**(如图 9 - 39)

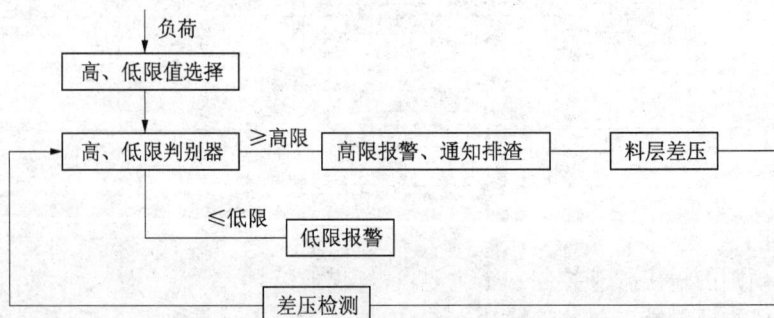

图 9 - 39 逻辑判断,操作提示控制

(3) **汽包水位**(如图 9 - 40)

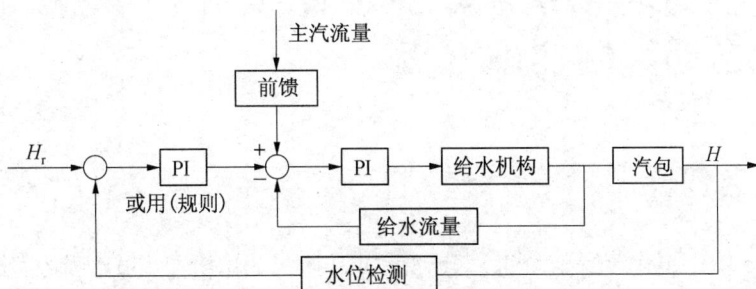

图 9 - 40　串级一前馈的三冲量控制系统

(4) **主汽温度控制**(如图 9 - 41、图 9 - 42)

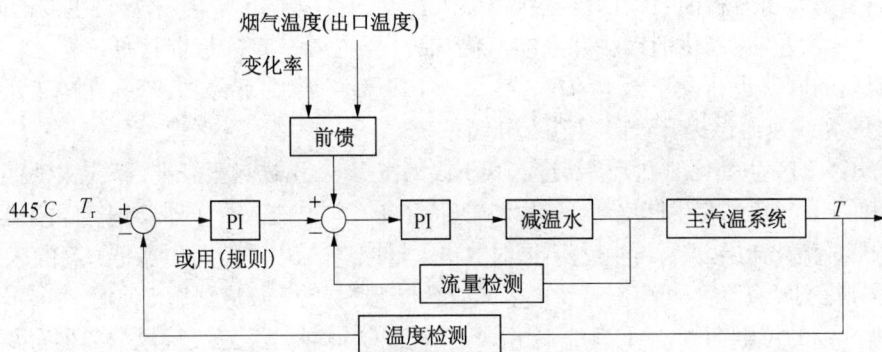

图 9 - 41　主汽温度—减温水流量串级控制

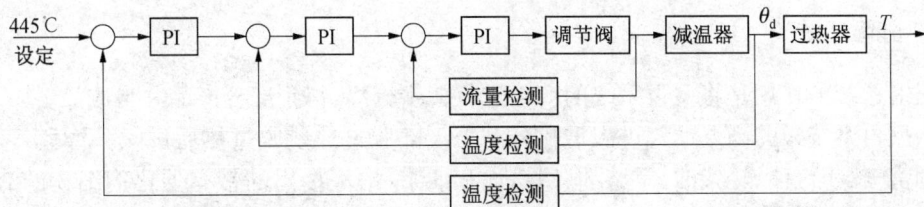

图 9 - 42　主汽温度—减温器出口温度—减温水流量串级控制(要求:减温器出口有温度测点)

9.3.5　结论(略)

9.6 过程自动化系统毕业设计实例 3——催化裂化装置自动控制实施方案

9.6.1 工艺简介

$5×10^4$ t/a 催化裂化装置整个工艺分为反应、再生部分;分馏部分;吸收稳定部分;两机部分及公用工程部分。工艺流程图略。

1. 反再系统

新鲜原料油经过一系列换热后与回炼油混合,进入加热炉预热到 370 ℃左右(温度过高会发生热裂解),由原料油喷嘴以雾化状态喷入提升管反应器下部,与来自再生器的高温(约 650 ℃~700 ℃左右)催化剂接触并立即汽化,油气与主风一起携带催化剂以 7~8 米/秒速度向上流动的同时进行化学反应,在 470 ℃~510 ℃的温度下停留 2~4 秒,然后以 13~20 米/秒的高线速通过提升管出口进入分馏系统。

积有焦炭的待生催化剂由沉降器进入其下面的汽提段,用过热蒸汽进行汽提以脱除吸附在催化剂表面上的油气。待生催化剂经待生斜管、待生单动滑阀进入再生器,与来自再生器底部的主风接触形成流化床层,进行再生反应,同时放出大量燃烧热,以维持再生器足够高的床层温度。再生后的催化剂经淹流管、再生斜管及再生单动滑阀返回提升管反应器循环使用。

烧焦产生的再生烟气,经再生器稀相段进入旋风分离器,经三级旋风分离器分离出携带的大部分催化剂,烟气经集气室和双动滑阀排入烟囱。在生产过程中,少量催化剂粉尘随大气进入分馏系统或随油浆排出,造成催化剂损耗。为了维持反再系统催化剂藏量,需要定期补充新鲜催化剂。

2. 分馏系统

分馏系统的作用是将反再系统的产物进行初步分离,得到部分产品和半成品。

从反再系统来的高温油气进入催化分馏塔下部脱过热段脱过热后进入分馏段,经分馏后得到富气、粗汽油、轻柴油、重柴油、回炼油和油浆(塔底抽出的带有催化剂细粉的渣油)。富气和粗汽油去吸收稳定系统;轻、重柴油经汽提、换热或冷却后出装置;回炼油返回反再系统进行回炼;油浆的一部分送反再系统回炼,另一部分送至吸收塔作为吸收剂(贫吸收剂);吸收了 C3、C4 组分的轻柴油(富吸收油)再返回分馏塔。为了取走分馏塔过剩热量而使塔内气、液负荷分布均匀,在塔的不同位置设有 4 个循环回流:顶循环回流、一中段回流、二中段回流和油浆循环回流。

3. 吸收稳定系统

吸收稳定的目的在于将来自分馏部分的催化富气中 C2 以下组分与 C3 以上组分分离以便分别利用,同时将混入汽油中的少量气体烃分出,以降低汽油的蒸汽压。

从分馏系统油气分离器出来的富气经气体压缩机升压后,冷却并分出凝缩油,压缩富气进入吸收塔底部,粗汽油和稳定汽油作为吸收剂由塔顶进入,吸收了 C3、C4(及部分 C2)的富吸收油由塔底抽出送至解吸塔顶部。吸收塔设有一个中段回流以维持塔内较低的温度,吸收塔顶出来的贫气中尚夹带少量汽油,经再吸收塔用轻柴油回收其中的汽油组分后,成为干气送燃烧气管网,吸收了汽油的轻柴油再由吸收塔底抽出返回分馏塔。解吸塔的作用是通过加热将富吸收油中 C2 组分解吸出来,由塔顶进入中间平衡罐,塔底脱乙烷汽油被送至稳定塔。将汽油中的 C4 以下的轻烃脱除,在塔顶得到液化气,塔底得到合格的汽油——稳定汽油。

另外,两机指主风机和气压机,公用工程指水、蒸汽、净化风、非净化风、隔离液等。

9.6.2　仪表 I/O 清单

仪表 I/O 清单见表 9-12 所示。

表 9-12　仪表 I/O 清单

序　号	类型	数量
1	AI(4~20 mA)	126 点
2	AO(4~20 mA)	61 点
3	DI	54 点
4	DO	10 点
5	T/C	69 点
6	PI	3 点

9.6.3　系统配置

1. 系统配制图(如图 9-43)

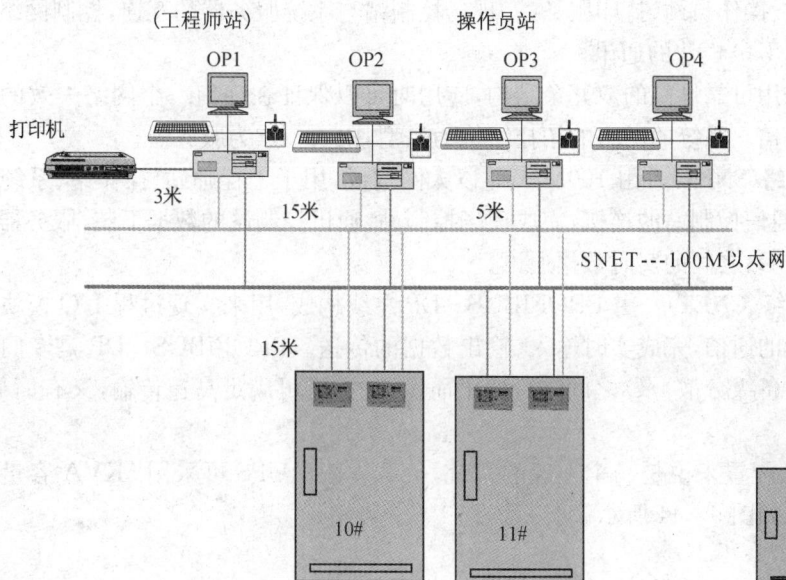

图 9-43　网络结构图

2. 系统配置说明

整套装置 DCS 系统通常配置 2 个操作员站,其中 1 个兼工程师站、1 台冗余现场控制站及 I/O 模块,其中操作员站、服务器、网络、电源和重要 I/O 模块冗余配置。

➤ 服务站主要负责对域内系统数据的集中管理和监视,包括:报警、日志等事件的捕捉和记录管理,并为域内其他各站和其他域的数据请求(包括实时数据、时件信息和历史记录)提供服务。

➤ 工程师站(由操作员站兼任)完成组态修改及下装,包括:数据库、图形、控制算法、报表的组态、参数配置,操作员站、服务站、现场控制站及过程 I/O 模块的配置组态,数据下装和增量下装等。

➤ 操作员站进行生产现场的监视和管理,包括:工艺流程图显示,报表打印,控制操作,历史趋势显示,报警管理等。

➤ 现场控制站又称 I/O 站,是系统实现数据采集和过程控制的重要站点,主要完成数据采集、工程单位变换、控制和联锁算法、控制输出、通过系统网络将数据和诊断结果传送到系统服务器等功能。

➤ 现场控制站由主控单元、智能 I/O 单元、电源单元和专用机柜四部分组成,在主控单元和智能 I/O 单元上,分别固化了实时控制软件和 I/O 单元运行软件。

➤ 现场控制站内部采用了分布式的结构,与系统网络相连接的是现场控制站的主控单元,冗余配置。主控单元通过控制网络(CNET)与各个智能 IO 单元实现连接。

➤ 系统采用 FM1 系列 I/O 模块及 DP 主站组成现成控制站,采用 ProfibusDP 现场总线技术,构成先进的、可靠的 DCS 分布式控制系统。I/O 模块和底座组成现场模块单元(FMU),在现场总线控制系统中成为 DP 从站。现场控制站主要由 I/O 模块、底座、电源模块、终端匹配器、DP 主站接口卡组成。

(1)**系统网络构架** 系统的网络由上到下分为系统网络和控制网络两个层次,系统网络实现工程师站、操作员站、打印服务站、现场控制站与系统服务器的互连,控制网络实现现场控制站与过程 I/O 模块的通讯。

系统网络采用可靠性高的双冗余结构,应用时可以保证在任何一个网络失效的情况下都不影响系统通信。系统的网络的拓扑结构为星型,中央节点为服务器。

(2)**系统网络(SNET)** 由 100M 工业以太网构成,用于工程师站、操作站、系统服务器与现场控制站、通信控制站的连接,完成现场控制、通讯控制站的数据下装,服务器与现场控制站、通讯控制站之间的实时数据通讯。

(3)**控制网络(CNET)** 由 PROFIBUS - DP 总线构成,用来实现过程 I/O 模块与现场控制站主控单元的通信,完成实时输入、输出数据的传送。PROFIBUS - DP 是专门为自动控制系统与在设备级分散 I/O 之间进行通讯而设计的,既可满足高速传输,又有简单实用、经济性强等特点。

DCS 系统从配置来说是一个一般的系统,负载一般。UPS 可采用 5KVA 容量不间断电源。系统配电如图 9 - 44 所示。

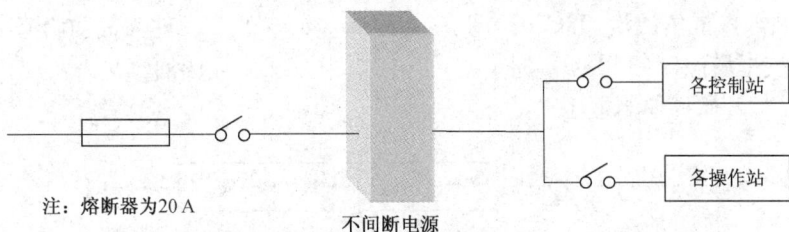

注：熔断器为20 A

不间断电源

图 9-44　系统配电图

9.6.4　控制方案

　　5×10^4 t/a 催化裂化装置工程,整个工艺分为反应、再生部分;分馏部分;吸收稳定部分;两机部分以及公用工程部分。共有 62 个常规单回路,调节元件有气动调节阀、挡板、三通阀、气动滑阀、液动滑阀;有 1 个分程控制,有 5 个常规串级回路,2 个切换串级回路。由于控制回路较多,这里只介绍由 DCS 实施的几个主要控制方案。在工艺过程中,反应热量很高,且有着火及爆炸的危险。因此,为确保安全性、合理性、经济性,工艺对控制的要求较高。

1. 常规单回路控制

　　(1) **反应器油气催化剂温度(TICA101)控制**(如图 9-45)　被调参数 TE101,调节参数为进反应器的油气催化剂流量,通过调节再生滑阀开度来实现,具体见控制框图:

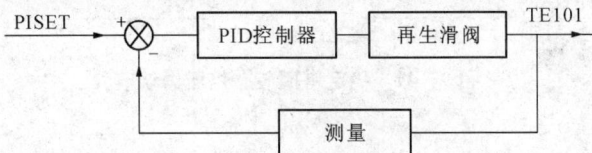

PISET　+ − → PID控制器 → 再生滑阀 → TE101　测量

图 9-45　反应器油气催化剂温度控制

　　(2) **反应器藏量(WIC101)控制**(如图 9-46)　调节元件待生单动滑阀,调节参数为 WIC101,通过调节待生单动滑阀的开度来实现,具体见控制框图:

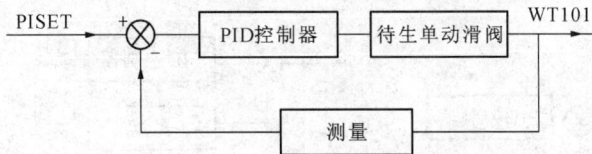

PISET　+ − → PID控制器 → 待生单动滑阀 → WT101　测量

图 9-46　反应器油气催化剂温度控制

　　(3) **分馏塔底液位(LICA203)调节**(如图 9-47)　调节元件为气动调节阀(LV203),调节参数为分馏塔底液位(LT203),通过调节油浆入分馏塔流量来实现,具体见控制框图:

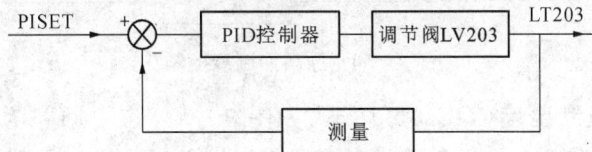

PISET　+ − → PID控制器 → 调节阀LV203 → LT203　测量

图 9-47　分馏塔底液位调节

（4）**柴油入汽提塔温度（TIC202）调节**（如图 9－48） 调节元件为气动调节阀,调节参数为轻柴油入汽提塔温度（TE202）,通过调节分馏塔中段回流轻柴油流量来实现,其调节元件为三通调节阀,具体见控制框图。

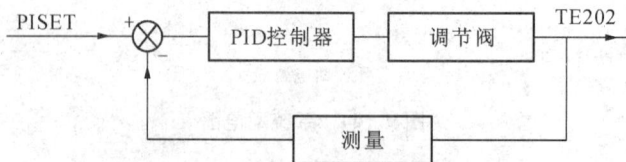

图 9－48 柴油入汽提塔温度调节

2. 分程控制

对于一般的常规控制,用组态中的常规控制来实现,除此之外,分程控制也用组态中的常规控制来实现。至于串级控制,则用 SC 语言来实现。

稳定塔顶液态烃压力（PIC302）调节（如图 9－49）,被调参数为 PT302,通过调节阀门 PV302/1、PV302/2 开度来实现,具体见控制框图：

图 9－49 稳定塔顶液态烃压力调节

3. 串级控制

（1）**原料油温度（TIC103）控制**（如图 9－50） 主回路 TIC103,两个副回路 FIC105（燃料油流量）、FIC106（燃烧干气流量）不同时使用,用切换开关 HS4 切换。控制框图如图 9－50 所示,具体见 SC 语言：

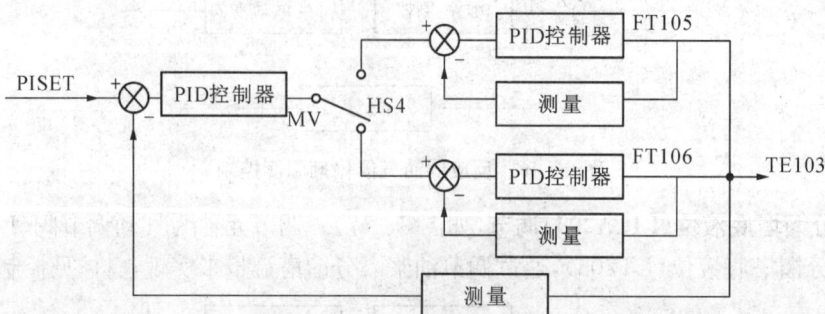

图 9－50 原料油温度控制

（2）**分馏塔顶粗汽温度（TIC201）调节**（如图 9－51） 主回路为 TIC201,副回路为 FRC204,即通过调节回流粗汽油的流量来实现调节分馏塔顶粗汽温度。调节元件为普通调

节阀,具体见控制框图:

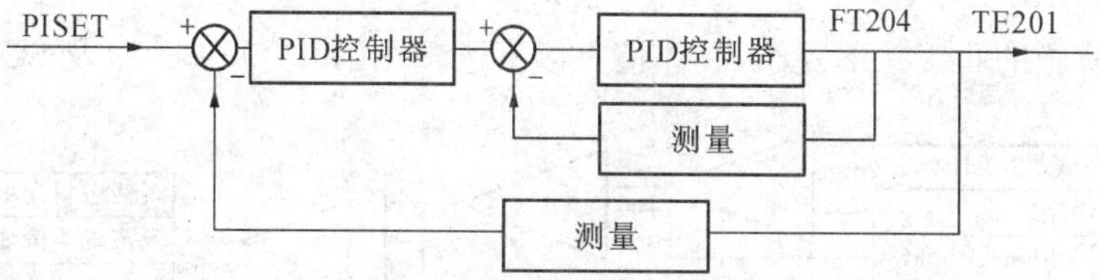

图 9‒51　分馏塔顶粗汽温度调节

（3）**分馏塔顶油气分离器液位（LICAHL205）**（如图 9‒52）　主回路 LICAHL205,副回路 FIC211(粗汽至吸收塔流量),调节参数为 LT205,具体见控制框图:

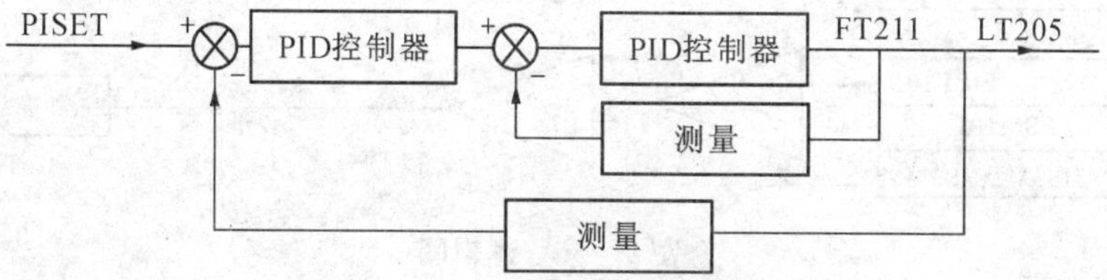

图 9‒52　分馏塔顶油气分离器液位

（4）**RS 剂分离灌液位（LIC401）**控制（如图 9‒53）　主回路 LIC401,副回路 FIC401(RS剂循环泵出口流量),调节对象为 LT401,具体见控制框图:

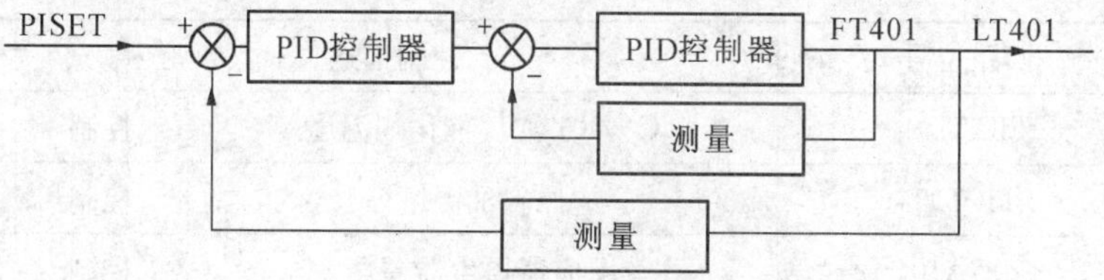

图 9‒53　RS 剂分离灌液位控制

（5）**反应器、再生器差压控制（PdICA101）**（如图 9‒54）　主回路再生器压力 PIC109,副回路反应器、再生器差 PdT101,通过调节滑阀开度来实现,要求两个滑阀开度同步,具体见控制框图及 SC 语言:

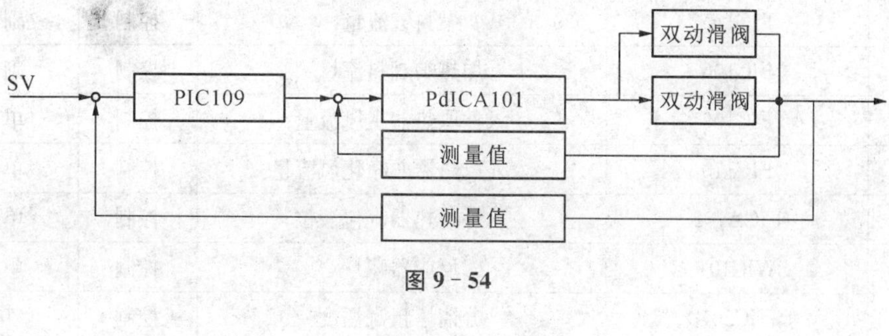

图 9‒54

4. 联锁控制

由 DCS 实施的联锁并不复杂,具体请见以下逻辑图(如图 9 - 55)以及 SC 语言程序。

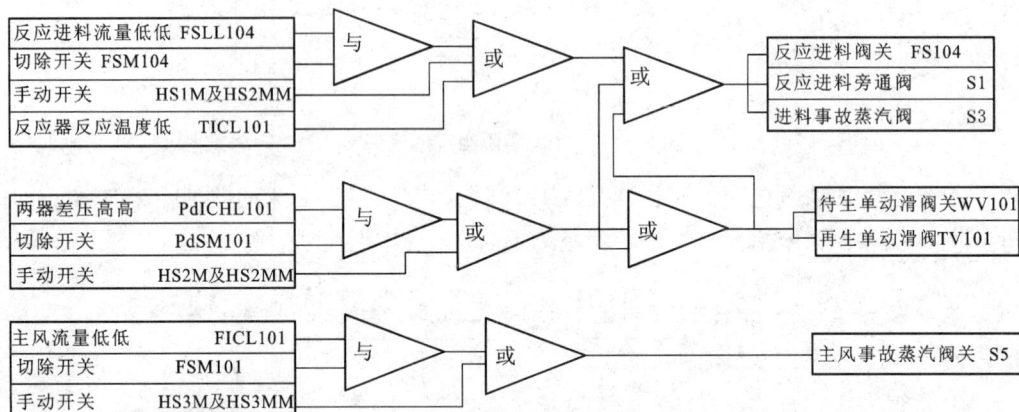

图 9 - 55　逻辑图

5. 控制回路表

催化装置控制回路很多,可用一个表格的形式统计(见表 9 - 13)。

表 9 - 13　控制回路表

序号	回路位号	控制描述		控制方案
1	TICA101	C - 101 油气催化剂温度	控制	串级
2	TIC103	原料油温度	控制	单回路
3	PdICA101	反应器再生器差压	控制	副回路
4	PIC110	燃料压力	控制	单回路
5	PIC111	外取热器汽包蒸汽压力	控制	单回路
6	FICA101	辅助燃烧室主风流量	控制	单回路
7	FICA102	待生斜管蒸汽流量	控制	单回路
8	FIC105	燃料气流量	控制	副回路
9	FIC106	加热炉燃料流量	控制	副回路
10	FSIC109	入外取热器主风流量	控制	单回路
11	FIC110	入外取热器非净化风流量	控制	单回路
12	LICA102	入外取热器汽包液位	控制	单回路
13	WIC101	反应器藏量	控制	单回路
14	TIC201	分馏塔粗汽温度	控制	串级
15	TIC202	轻柴油入汽提塔温度	控制	单回路
16	TIC205	回炼油温度	控制	单回路

序号	回路位号	控制描述		控制方案
17	FIC201	回炼油浆流量	控制	单回路
18	FIC202	回炼油去加热炉流量	控制	单回路
19	FIC203	原料油流量	控制	单回路
20	FIC204	分馏塔顶回流流量	控制	单回路
21	FIC205	分馏塔中段回流流量	控制	单回路
22	FIC206	分馏塔回炼油出口流量	控制	单回路
23	FIC211	粗汽油至吸收塔流量	控制	副回路
24	FIC213	蜡油进料流量	控制	副回路
25	FIC214	常压渣油进料流量	控制	单回路
26	LICAHL203	分馏塔底液位	控制	单回路
27	LICAHL204	汽提塔底液位	控制	单回路
28	LICAHL205	分馏塔顶油气分离器液位	控制	单回路
29	LICAHL206	分馏塔顶油气分离器水包界位	控制	单回路
49	FIC401	RS 剂循环泵出口流量	控制	副回路
50	LIC401	RS 剂分离罐液位	控制	串级
51	PIC501	燃料气分液罐压力	控制	单回路
52	PIC502	干气稳压罐顶干气压力	控制	单回路
53	PIC503	封油压力	控制	单回路
54	LIC501	新鲜水罐液位	控制	单回路
55	LIC502	脱氧水罐液位	控制	单回路
56	LIC503	采暖水罐液位	控制	单回路
57	LICA504	封油罐液位	控制	单回路
58	PIC−504	压缩机入口压力	控制	单回路
59	PIC−505	富气一段分液罐出口压力	控制	单回路
60	PIC109	再生器压力	控制	主回路
61	LIC201	原料油缓冲液位	控制	主回路
...	......	......	...	...

催化裂化装置部分流程图如图 9-56 所示。

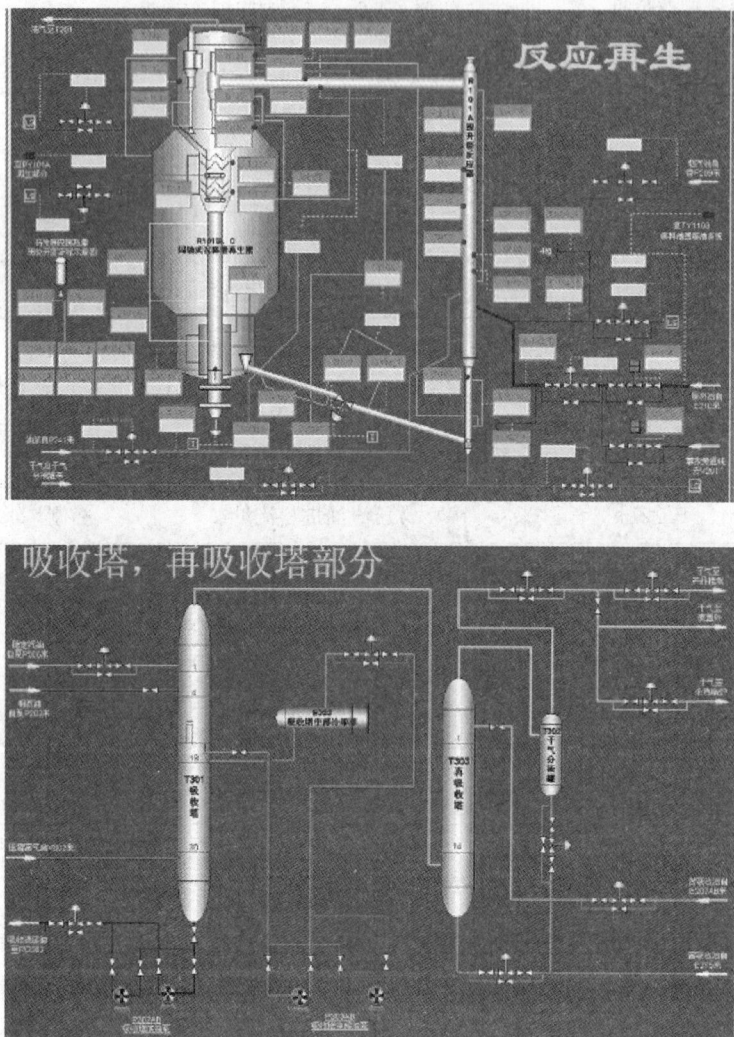

图 9-56 催化裂化装置部分流程图